高等职业学校“十四五”规划土建类工学结合系列教材

建筑施工技术（上册）

（第二版）

主　编　黄喜华　刘豫黔　许锡骏
副主编　刁庆东　黄　柯
参　编　廖海均

华中科技大学出版社
中国·武汉

内容提要

全书共分五个项目，分别为土方工程施工、地基与基础工程施工、脚手架工程施工、钢筋混凝土结构工程施工、预应力混凝土工程施工。

本书可作为高等职业技术院校建筑类、机械类、机电类、材料类等相关专业的教材，也可作为相关技术人员的参考用书。

图书在版编目(CIP)数据

建筑施工技术. 上册/黄喜华，刘豫黔，许锡骏主编. —2 版. —武汉：华中科技大学出版社，2022.9
(2023.8 重印)
ISBN 978-7-5680-8750-6

Ⅰ. ①建…　Ⅱ. ①黄…　②刘…　③许…　Ⅲ. ①建筑施工-高等职业教育-教材　Ⅳ. ①TU74

中国版本图书馆 CIP 数据核字(2022)第 166952 号

建筑施工技术(上册)(第二版)
Jianzhu Shigong Jishu (Shangce) (Di-er Ban)

黄喜华　刘豫黔　许锡骏　主编

策划编辑：金　紫
责任编辑：陈　忠
封面设计：原色设计
责任监印：朱　玢
出版发行：华中科技大学出版社(中国·武汉)　电话：(027)81321913
武汉市东湖新技术开发区华工科技园　邮编：430223
录　排：华中科技大学惠友文印中心
印　刷：武汉市洪林印务有限公司
开　本：787mm×1092mm　1/16
印　张：15
字　数：355 千字
版　次：2023 年 8 月第 2 版第 2 次印刷
定　价：65.00 元

华中出版

本书若有印装质量问题，请向出版社营销中心调换
全国免费服务热线：400-6679-118　竭诚为您服务

前 言

高等职业教育作为高等教育的一个重要组成部分，是以培养具有一定理论知识和较强实践能力，面向生产、服务和管理第一线的实用型、技能型专门人才为目的的职业教育。它的课程特色是在必需、够用的理论知识基础上进行系统的学习和专业技能的训练。

本书根据高等职业教育的特点，按照高等职业教育教学及改革的实际需求，以生产实际工作岗位所需的基础知识和实践技能为基础，更新了教学内容，增加了一些新技术、新知识、新材料，适当扩展了知识面，突出实际性、实用性、实践性。本书基于工作过程的教育理论，阐述建筑分部分项工程以及主要工种的施工原理，以任务为导向，以建筑分部分项工程以及主要工种的施工过程为主线组织教学内容，以提高学生的基本能力和素质为目标，注重分析和解决问题的方法及思路的引导，注重理论与实践的紧密结合。

全书由广西建设职业技术学院黄喜华、刘豫黔和许锡骏共同担任主编，由广西建设职业技术学院刁庆东和黄柯担任副主编。具体编写分工为刁庆东编写项目一，刘豫黔编写项目二，黄柯编写项目三，黄喜华编写项目四，许锡骏编写项目五，中建八局第二建设有限公司的廖海均负责部分案例的整理。黄喜华负责设计教材的总体框架、制定编写大纲、组织老师撰写并承担全书的定稿和统稿工作。

由于编者水平有限，经验不足，书中疏漏在所难免，恳请读者批评指正。

编 者

2022 年 6 月

目录

项目一　土方工程施工

任务一　土方工程施工基础知识

任务目标

了解土方工程施工的特点以及土方工程施工中土的分类和性质。

常见的土方工程施工有基坑(槽)开挖、基坑(槽)回填、场地平整、路基填筑等。为了完成土方工程施工,还必须做好地表构筑物的障碍物清理、排水、降水、土壁支撑等准备工作。另外,土方工程施工受气候、地质、城市施工时段及范围、管控条件等影响大,不确定因素多,具有施工条件复杂、工程量大、作业工人劳动强度高的特点,需要在实施土方作业前周密安排,以确定经济合理、技术可行的施工方案。

一、土的工程分类

在土方工程施工中,根据土的坚硬程度和开挖方法将土方分为八大类(表 1-1)。

表 1-1　土的工程分类

土的分类	土的级别	土的名称	坚实系数 f	密度 $/(t/m^3)$	开挖方法及工具
一类土(松软土)	I	砂土、粉土、冲积砂土层、疏松的种植土、淤泥(泥炭)	0.5～0.6	0.6～1.5	用锹、锄头挖掘,少许用脚蹬
二类土(普通土)	II	粉质黏土;潮湿的黄土;夹有碎石、卵石的砂;粉土混卵(碎)石;种植土、填土	0.6～0.8	1.1～1.6	用锹、锄头挖掘,少许用镐翻松
三类土(坚土)	III	软及中等密实黏土;重粉质黏土、砾石土;干黄土、含有碎石卵石的黄土、粉质黏土;压实的填土	0.8～1.0	1.75～1.9	主要用镐,少许用锹、锄头挖掘,部分用撬棍
四类土(砂砾坚土)	IV	坚硬密实的黏性土或黄土;含碎石卵石的中等密实的黏性土或黄土;粗卵石;天然级配砂石;软泥灰岩	1.0～1.5	1.9	整体先用镐、撬棍,后用锹挖掘,部分用楔子及大锤

续表

土的分类	土的级别	土的名称	坚实系数 f	密度 /(t/m³)	开挖方法及工具
五类土（软石）	V～VI	硬质黏土；中密的页岩、泥灰岩、白垩土；胶结不紧的砾岩；软石灰及贝壳石灰石	1.5～4.0	1.1～2.7	用镐或撬棍、大锤挖掘，部分使用爆破方法
六类土（次坚石）	VII～IX	泥岩、砂岩、砾岩；坚实的页岩、泥灰岩，密实的石灰岩；风化花岗岩、片麻岩及正长岩	4.0～10.0	2.2～2.9	用爆破方法开挖，部分用风镐
七类土（坚石）	X～XIII	大理石；辉绿岩；粉岩；粗、中粒花岗岩；坚实的白云岩、砂岩、砾岩、片麻岩、石灰岩；微风化安山岩；玄武岩	10.0～18.0	2.5～3.1	用爆破方法开挖
八类土（特坚石）	XIV～XVI	安山岩；玄武岩；花岗片麻岩；坚实的细粒花岗岩、闪长岩、石英岩、辉长岩、辉绿岩、粉岩、角闪岩	18.0～25.0 以上	2.7～3.3	用爆破方法开挖

注：1. 土的级别相当于一般 16 级土石分类级别；

2. 坚实系数 f 相当于普氏岩石强度系数。

二、土的工程性质

1. 土的可松性

土的可松性是土经挖掘以后组织破坏、体积增加的性质，以后虽经回填压实，仍不能恢复成原来的体积。土的可松性程度一般以可松性系数表示（表 1-2），它是挖填土方时，计算土方机械生产率、回填土方量、运输机具数量，进行场地平整规划竖向设计、土方平衡调配的重要参数。土的最初可松性系数 K_s 是计算挖掘机械生产率、运土车辆数量及弃土坑容积的重要参数；最终可松性系数 K'_s 是计算场地平整标高及填方所需的挖方体积的重要参数。

表 1-2　各种土的可松性参考数值

土的类别	体积增加百分率/(%)		可松性系数	
	最初	最终	K_s	K'_s
一类（种植土除外）	8～17	1～2.5	1.08～1.17	1.01～1.03
一类（植物性土、泥炭）	20～30	3～4	1.20～1.30	1.03～1.04
二类	14～28	1.5～5	1.14～1.28	1.02～1.05
三类	24～30	4～7	1.24～1.30	1.04～1.07

续表

土的类别	体积增加百分率/(%)		可松性系数	
	最初	最终	K_s	K'_s
四类(泥灰岩、蛋白石除外)	26～32	6～9	1.26～1.32	1.06～1.09
四类(泥灰岩、蛋白石)	33～37	11～15	1.33～1.37	1.11～1.15
五～七类	30～45	10～20	1.30～1.45	1.10～1.20
八类	45～50	20～30	1.45～1.50	1.20～1.30

注:最初体积增加百分率为 $\frac{V_2-V_1}{V_1}\times 100\%$;最后体积增加百分率为 $\frac{V_3-V_1}{V_1}\times 100\%$;

K_s——最初可松性系数,$K_s=V_2/V_1$;K'_s——最终可松性系数,$K'_s=V_3/V_1$;

V_1——开挖前土的自然体积;V_2——开挖后土的松散体积;V_3——运至填方处压实后的体积。

2. 土的部分基本物理性质指标

土的部分基本物理性质指标见表1-3。

表1-3　土的部分基本物理性质指标

指标名称	符号	单位	物理意义	表达式	附注
密度	ρ	t/m^3	单位体积土的质量,又称质量密度	$\rho=\frac{m}{V}$	由试验方法(一般用环刀法)直接测定
干密度	ρ_d	t/m^3	土的单位体积内颗粒的重量	$\rho_d=\frac{m_s}{V}$	由试验方法测定后计算求得
含水量	ω	%	土中水的质量与颗粒质量之比	$\omega=\frac{m_w}{m_s}\times 100$	由试验方法(烘干法)测定
孔隙比	e	—	土中孔隙体积与土粒体积之比	$e=\frac{V_v}{V_s}$	由计算求得
孔隙率	n	%	土中孔隙体积与土的体积之比	$n=\frac{V_v}{V}\times 100$	由计算求得

注:1. 土密度影响土的承载力、土压力及边坡的稳定性。干密度是土的固体颗粒重量与总体积的比值。它是用以检验土压实质量的控制指标。不同种类的土,其最大干密度是不同的;相同种类的土在不同的状态(含水量、压实程度)下,其密实度也不同。

2. 孔隙比和孔隙率反映了土的密实程度。孔隙比和孔隙率越小,土越密实。

3. 含水量影响土方施工方法的选择、边坡的稳定和回填土质量;若土的含水量超过30%,则土方施工机械容易打滑、陷车;回填土在最佳含水量下方能夯压密实,获得最大干密度。

3. 土的渗透系数

土的渗透性指的是水在土体里渗流的特性。渗透性系数用 K 表示。K 值的大小影响涌水量计算和基坑排降水方案的选择。一般 K 值通过试验确定。常用的 K 值见表1-4。

表 1-4 土的渗透系数

土的名称	渗透系数 $K/(\mathrm{m/d})$	土的名称	渗透系数 $K/(\mathrm{m/d})$
黏土	<0.005	中砂	5.00～20.00
亚黏土	0.005～0.10	均质中砂	35～50
轻亚黏土	0.10～0.50	粗砂	20～50
黄土	0.25～0.50	圆砾石	50～100
粉砂	0.50～1.00	卵石	100～500
细砂	1.00～5.00		

三、土方工程的内容

土方工程包括一切土的挖掘、填筑、运输等过程，以及排水降水、土壁支撑等准备工作和辅助工程。常见的土方工程施工内容如下。

(1) 场地平整：包括障碍物拆除、场地清理、确定场地设计标高、计算挖填土方量、合理进行土方平衡调配等，如图 1.1 所示。

图 1.1 某工程场地平整图例

(2) 开挖基槽、基坑(竖井、隧道、修筑路基、堤坝)：包括测量放线、施工排水降水、土方边坡和支护结构等，如图 1.2、图 1.3 所示。

图 1.2 某工程基槽开挖图例

图 1.3 某工程基坑开挖图例

(3) 土方回填与压实：包括土料选择、运输、填土压实的方法及密实度检验等，如图 1.4、图 1.5 所示。

图 1.4　某工程基坑回填图例

图 1.5　某工程基坑回填夯实图例

思考

1. 观察破山而修的道路两边边坡，为何要放边坡？边坡坡度是多大？

2. 若把土从地里面挖出来堆在一旁，请问是土坑的体积大还是土堆的体积大？为什么？

任务二　土方机械化施工要点

任务目标

掌握土方机械化施工要点。

土方机械基础知识及基本作业方法

土方机械化施工要点如下。

(1) 土方开挖应绘制土方开挖图，确定开挖路线、顺序、范围、基底标高、边坡坡度、排水沟、集水井位置以及挖出的土方堆放地点等(图 1.6～图 1.8)。绘制土方开挖图应尽可能使机械多挖，减少机械超挖和人工挖方。

(2) 大面积基础群基坑底标高不一，机械开挖次序一般采取先整片挖至适当标高处，然后再挖个别较深部位(图 1.9)。当一次开挖深度超过挖土机最大挖掘高度(5 m 以上)时，宜分二至三层开挖，并修筑 10%～15%坡道，以便挖土及运输车辆进出。

(3) 基坑边角部位，机械开挖不到之处，应用少量人工配合清坡，将松土清至机械作业半径范围内，再用机械掏取运走(图 1.10)。人工清土所占比例一般为 1.5%～4%，修坡以厘米作限制误差。大基坑宜另配一台推土机清土、送土、运土。

(4) 挖掘机、运土汽车进出基坑的运输道路，应尽量利用基础一侧或两侧相邻的基础(以后需开挖的)部位，使它互相贯通作为车道，或利用提前挖除土方后的地下设施部位作为相邻的几个基坑开挖地下运输通道，以减少挖土量(图 1.11)。

(5) 机械开挖应由深而浅，基底及边坡应预留一层 150～300 mm 厚土层用人工清底、修坡、找平，以保证基底标高和边坡坡度正确，避免超挖和土层遭受扰动(图 1.12)。

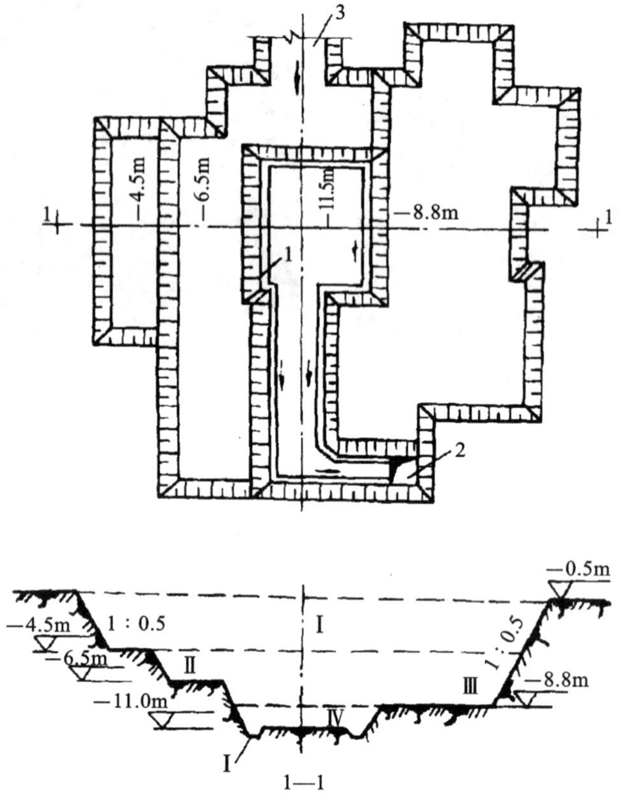

图 1.6 土方开挖图

1—排水沟;2—集水井;3—土方机械进出口;Ⅰ、Ⅱ、Ⅲ、Ⅳ—开挖次序

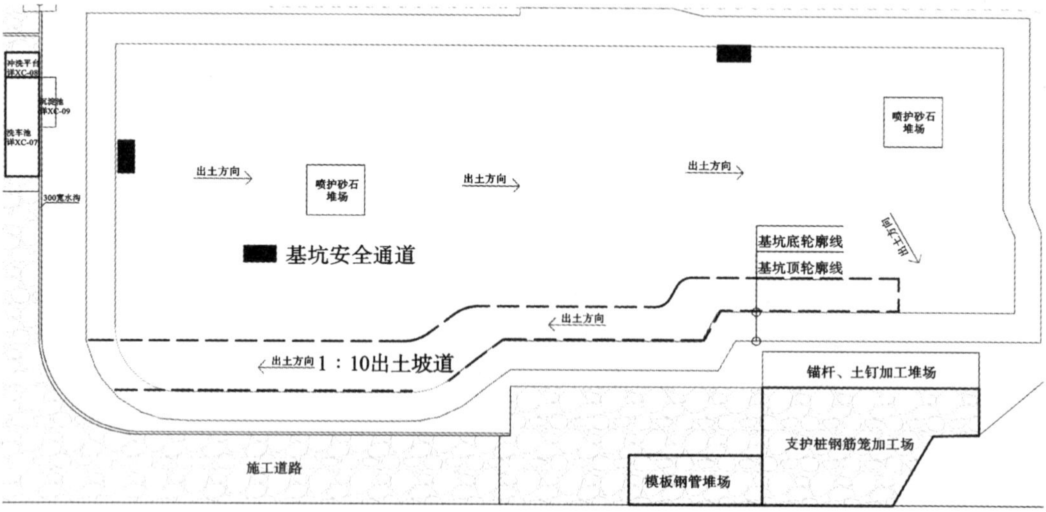

图 1.7 某工程土方开挖平面布置图例

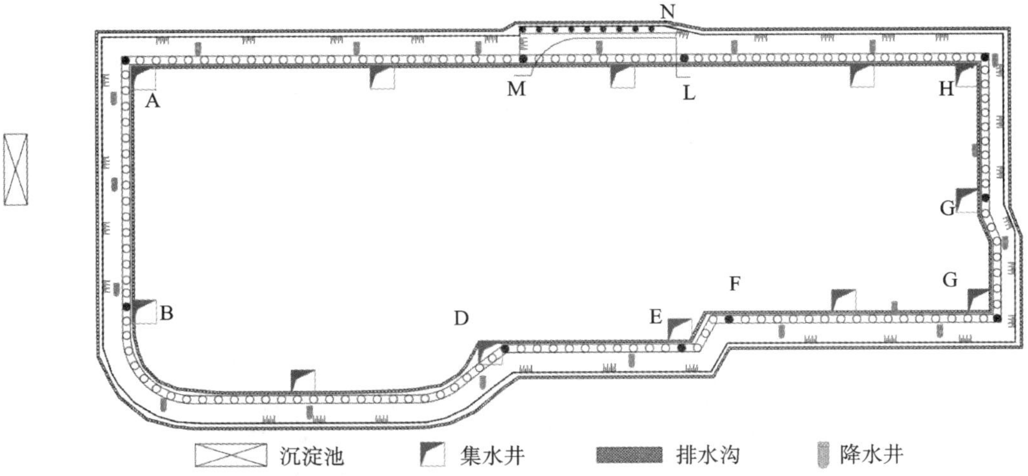

图 1.8　某工程沉淀池、集水井、排水沟、降水井平面图例

图 1.9　基坑坡道设置图例

图 1.10　基坑边角部位采用人工清理

图 1.11　基础一侧设置出土运输道路

(6) 做好机械的表面清洁和运输道路的清理工作，以提高挖土和运输效率(图1.13)。

(7) 基坑土方开挖可能影响邻近建筑物、管线安全使用时，必须有可靠的保护措施(图 1.14)。

图 1.12 基坑超挖示意

图 1.13 工人对车辆进行清洗

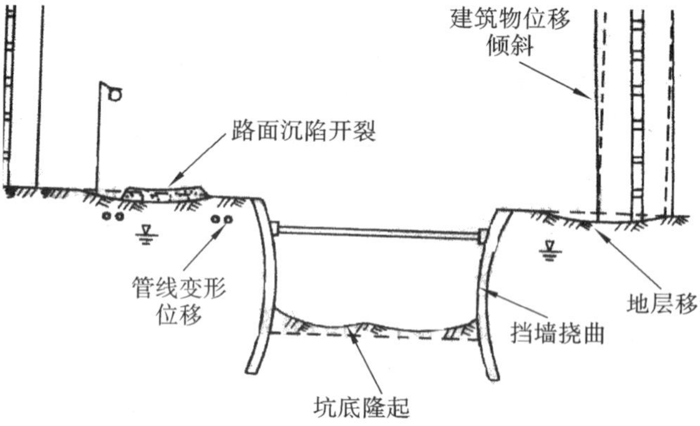

图 1.14 基坑开挖对周围环境的影响示意

(8) 机械开挖施工时，应保护井点、支撑等不受碰撞或损坏，同时应对平面控制桩、水准点、基坑平面位置、水平标高、边坡坡度等定期进行复测检查(图 1.15、图 1.16)。

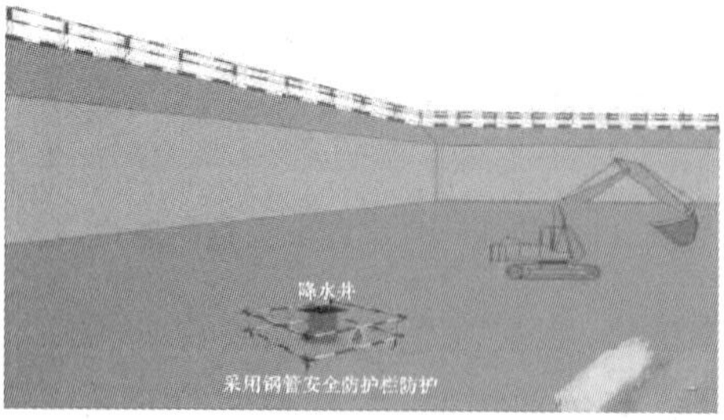

图 1.15 井点保护措施

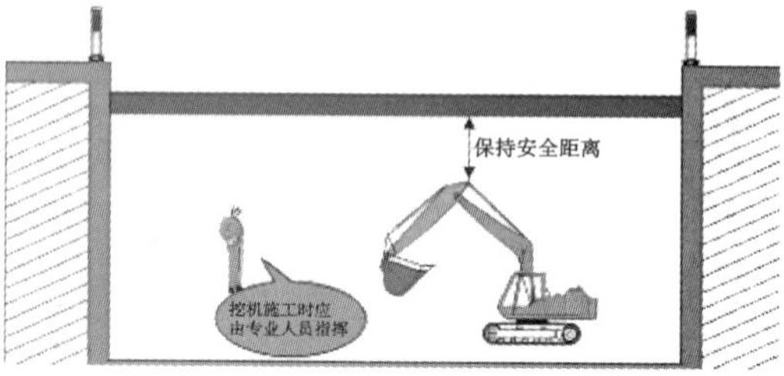

图 1.16 内支撑保护措施

（9）雨期开挖土方，工作面不宜过大，应逐段分期完成（图 1.17、图 1.18）。如为软土地基，进入基坑行走应铺垫钢板或铺路基箱垫道（图 1.19、图 1.20）。坑面、坑底排水系统应保持良好；汛期应有防洪措施，防止雨水浸入基坑（图 1.21、图 1.22）。冬期开挖基坑，如挖完土隔一段时间施工基础，应预留适当厚度的松土，以防基土冻结。

图 1.17　雨后基坑积水

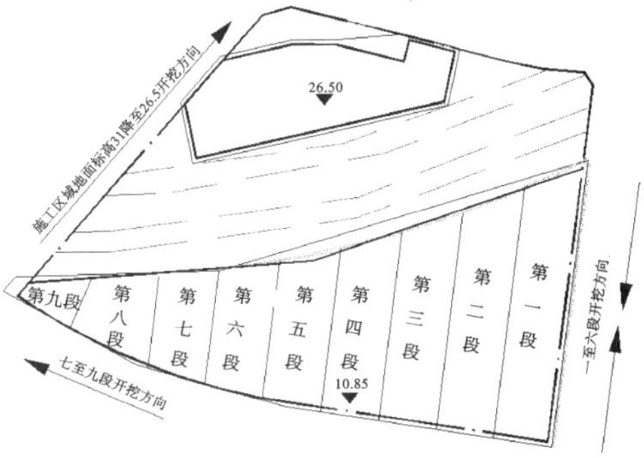

图 1.18　基坑开挖分段施工图例

图 1.19　基坑底部铺设铁板

图 1.20　开挖面通道铺设砖渣

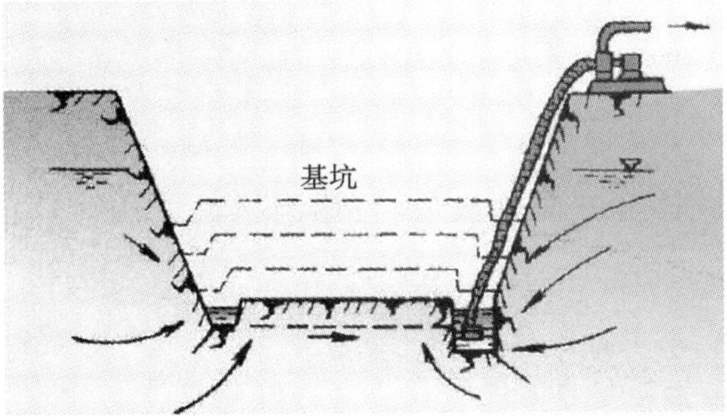

图 1.21　基坑内明排水措施

图 1.22　基坑变坡顶截水措施

（10）当基坑开挖局部遇露头岩石，应先采用控制爆破方法，将基岩松动、爆破成碎块，其块度应小于铲斗宽的 2/3，再用挖土机挖出，可避免破坏邻近基础和地基；对大面积较深的基坑，宜采用打竖井的方法进行松爆，使基坑一次基本达到要求深度。此项工作一般在工程平整场地时预先完成。在基坑内爆破，宜采用打眼放炮的方法，多打炮眼，少装药，分层松动爆破，分层清渣，每层厚 1.2 m 左右。

任务三　基坑(槽)土方工程量计算

场地平整
土方量计算

任务目标

掌握基坑(槽)土方工程量计算方法。

案例1：

某小区要开挖一管道沟槽，截面尺寸为宽2 m、深2.5 m、长200 m，两边放坡，边坡坡度1∶0.5。已知土的最初可松性系数$K_s=1.20$，最终可松性系数$K'_s=1.05$。试计算：

(1) 土方开挖工程量；

(2) 若管道占有体积为500 m^3，则应预留多少松土回填？

(3) 若余土用斗容量为6 m^3 的汽车外运，需运多少车？

案例2：

某基坑底长60 m，宽25 m，深5 m，四边放坡，边坡坡度1∶0.5。已知$K_s=1.20$，$K'_s=1.05$。试计算：

(1) 土方开挖工程量；

(2) 若混凝土基础和地下室体积为3000 m^3，则应预留多少松土回填？

(3) 若余土用斗容量为4.5 m^3的汽车外运，需运多少车？

1. 基坑土方工程量计算

基坑土方工程量可按立体几何中的拟柱体体积公式计算(图1.23)：

$$V=\frac{H}{6}(A_1+4A_0+A_2) \tag{1-1}$$

式中：H——基坑深度(m)；

A_1、A_2——基坑上、下底面面积(m^2)；

A_0——基坑的中截面面积(m^2)。

2. 基槽土方工程量计算

基槽和路堤管沟的土方工程量可以沿长度方向分段后，再用同样的方法计算(图1.24)：

$$V_i=\frac{L_i}{6}(A_1+4A_0+A_2) \tag{1-2}$$

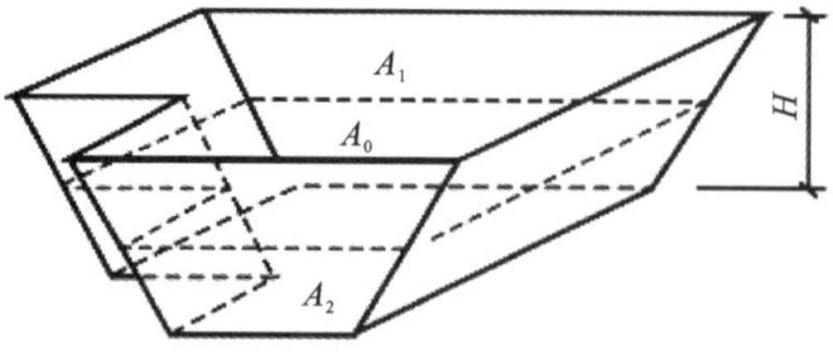

图1.23　基坑土方工程量计算

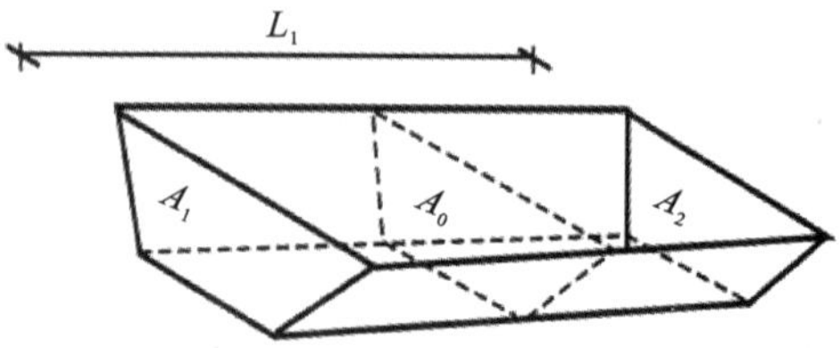

图1.24　基槽土方工程量计算

式中：L_i——第 i 段的长度(m)；

V_i——第 i 段土方工程量(m^3)。

将各段累加汇总即得总土方量 $V_{总}$：

$$V_{总} = \sum V_i \tag{1-3}$$

3. 计算示例

【例 1-1】某基槽断面如图 1.25 所示，该基槽长为 150 m，该类土的 $K_s=1.20$，$K'_s=1.05$，假设槽内砖基础的体积为 1000 m^3。试求：

(1) 基槽挖土量是多少？

(2) 需留多少土(自然状态下)回填？

(3) 余土全部外运，有多少土方量(松散状态下)？

(4) 若用一辆斗容量 3 m^3 的汽车外运，每天运输 8 趟，需要几天？

解：(1)该基槽天然状态下土的体积计算示意如图 1.26 所示，参考计算公式为 $V_i=\frac{L_i}{6}(A_1+4A_0+A_2)$，$V_{总}=\sum V_i$。因仅有一段基槽，所以 $i=1$，$V_{总}=\sum V_i=V_1$，所以 $V_{总}=V_1=\frac{L_1}{6}(A_1+4A_0+A_2)$。其中 A_1、A_0、A_2 分别是首截面、中截面、末截面面积。因该槽等深，故 $A_1=A_0=A_2$，所以 $V_1=\frac{L_1}{6}(A_1+4A_0+A_2)$ 可简化为 $V_1=L_1A_1$，故：

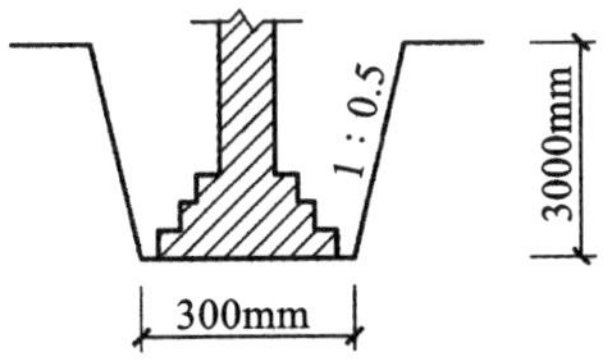

图 1.25　基槽断面示意图

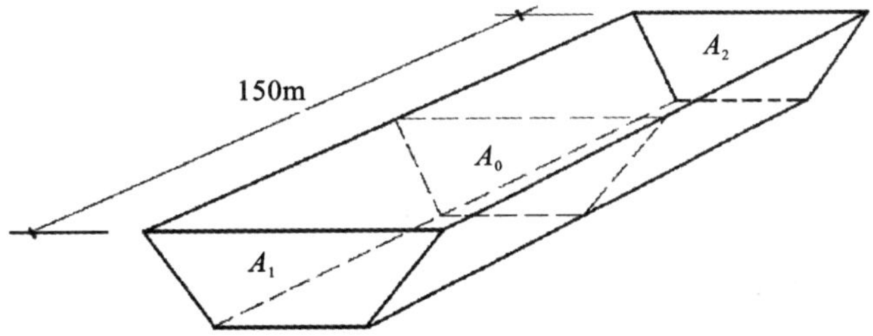

图 1.26　基槽透视图

$$V_{总}=V_1=L_1A_1$$

$$V_{总}=150\times(3+3\times0.5\times2+3)\times3\times\frac{1}{2}=2025(m^3)。$$

基槽开挖的土方量为 2025 m^3。

(2)回填基槽土的状态是压实状态，体积为：$V_{3T}=V_{总}-V_J$。装车外运的土状态为松散状态，根据土的三种状态的体积相互关系可知 $V_{1T}=V_{3T}/K'_s$，所以：

$$V_{1T}=\frac{V_{3T}}{K'_s}=\frac{2025-1000}{1.05}=976.2(m^3)。$$

回填的土方量(天然状态下)为 976.2 m^3。

(3) 余土外运，土方为松散状态。

$$V_{2Y}=(V_1-V_{1T})K_s=(2025-976.2)\times1.20=1258.6(m^3)$$

余土外运的土方量(松散状态下)为 1258.6 m^3。

(4)所需时间：

$$t=\frac{V_{2Y}}{3\times8}=\frac{1258.6}{3\times8}=52.4(天)$$

余土外运所需时间为 52.4 天。

任务四　地下水控制

任务目标

掌握地下水控制的方法。

地下水控制
基础知识

一、集水明排法施工

(一)相关知识

在地下水位高于基坑底面的地区开挖基坑时，地下水涌入基坑内必须及时排出，否则会导致土方开挖困难、边坡易于塌方、建筑物不均匀沉降等。当基坑开挖深度和基坑涌水量不大时，可采用集水明排法。

明沟、集水井排水是在基坑两侧或四周设排水明沟，沿基坑四角或每隔 30～40 m 设集水井，把渗出的地下水汇集于集水井中，用水泵排出基坑外的施工措施(图 1.27、图 1.28)。排水明沟宜布置在拟建建筑基础边 0.4 m 以外，沟边缘离开边坡坡脚应不小于 0.3 m。排水明沟底面始终比挖土面低 0.3～0.4 m。集水井底面始终比沟底面低 0.5 m 以上，随基坑的挖深而加深，以保持水流畅通。

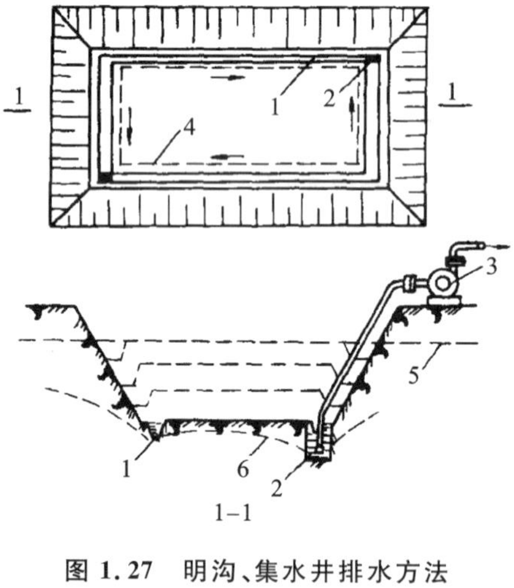

图 1.27　明沟、集水井排水方法

1—排水明沟；2—集水井；3—离心式水泵；4—设备基础或建筑物基础边线；5—原地下水位线；6—降低后地下水位线

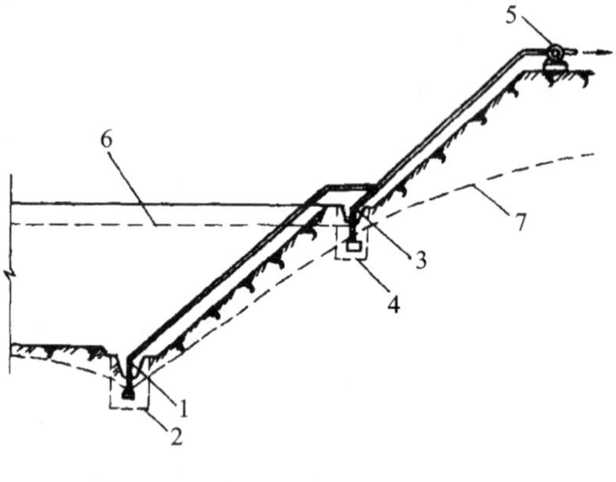

图 1.28　分层明沟、集水井排水法

1—底层排水沟；2—底层集水井；3—二层排水沟；4—二层集水井；5—水泵；6—原地下水位线；7—降低后地下水位线

当地下基坑相连，土层渗水量和排水面积大时，为避免设置大量排水沟，可在基坑内的深基础或合适部位设置一条纵、长、深的主沟，其余部位设置边沟或支沟与主沟连通，通过基础部位用碎石或砂子做盲沟。

集水明排法是用水泵从集水井中排水，常用的水泵有潜水泵、离心式水泵和泥浆泵。

排水所需水泵的功率按式(1-4)计算：

$$N = \frac{K_1 QH}{75\eta_1 \eta_2} \tag{1-4}$$

式中：K_1——安全系数，一般取 2；

Q——基坑涌水量(m^3/d)；

H——包括扬水、吸水及各种阻力造成的水头损失在内的总高度(m)；

η_1——水泵效率，0.4～0.5；

η_2——动力机械效率，0.75～0.85。

一般所选用水泵的排水量为基坑涌水量的 1.5～2.0 倍。

(二) 作业条件

作业条件为填土、粉土、黏性土、砂土等不易产生流砂现象的场地，基坑(槽)受地下水深度范围内地下水渗透系数为 7～20.0m/d，降水深度小于 5 m，周边环境无干扰施工状况。

(三) 施工准备

1. 技术准备

(1) 熟悉施工图纸、工程勘测资料、地质条件，了解地下水位、土层渗透系数；根据基坑形式、开挖支护设计、降水深度、降水范围、降水时间、工程环境影响等进行井点降水设计。

(2) 根据现场实际情况，绘制排降水设施平面布置图、降水设施结构图、降水水位预测曲线平面与剖面图，编制降排水专项施工方案，按程序审核论证后方可施工。

(3) 组织人员进行技术交底。

2. 材料准备

灰砂砖、砂浆、碎石、排水管。

3. 机具准备

明沟、集水井降水机具准备见表 1-5。

表 1-5　明沟、集水井降水机具准备

序号	设备名称	数量	规格型号	备注
1	挖机	若干	满足现场要求	沟槽开挖
2	渣土车	若干	满足现场要求	余土转运
3	水泵	若干	满足现场要求	抽排水

(四) 施工要点

施工工艺流程如图 1.29 所示。排水平面示意如图 1.30 所示。

1. 测量放线

测量放线，定位出排水沟的平面位置，用滑石粉标出开挖范围，如图 1.31 所示。

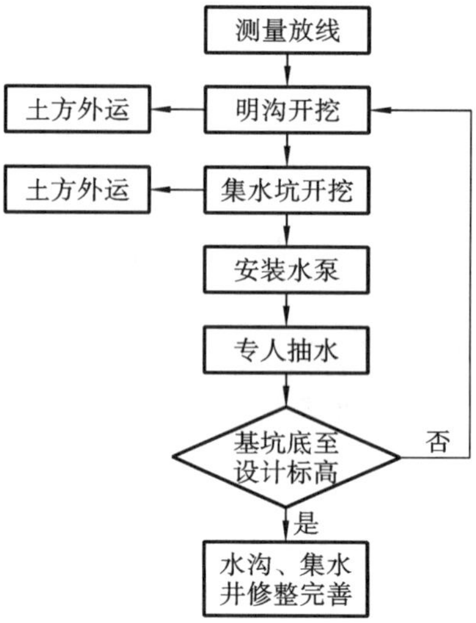

图 1.29 明沟、集水井降水施工工艺流程图

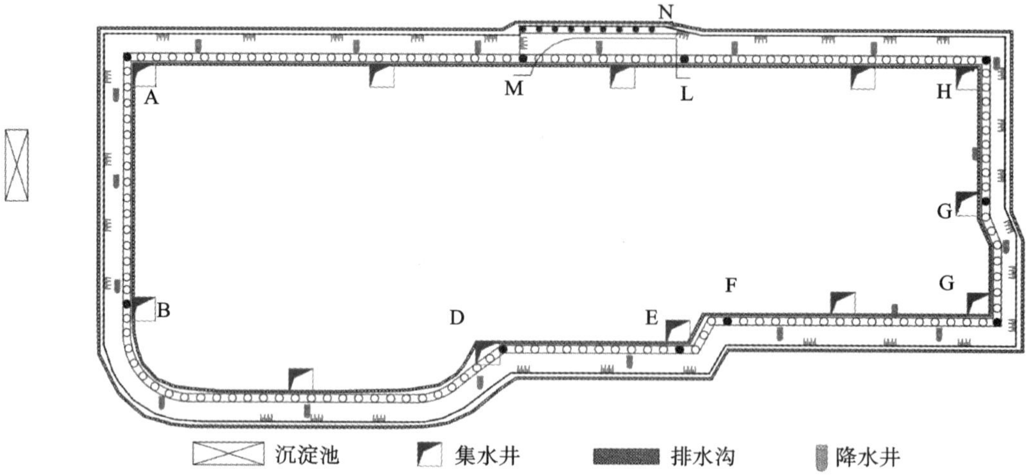

图 1.30 某项目排水平面示意图

2. 明沟开挖

排水沟距坡脚不宜小于 0.5 m,深度、宽度、坡度应根据基坑涌水量确定,排水沟底宽不宜小于 0.3 m,坡度宜控制在 0.1%～0.2%,沟底比基坑底低 0.3～0.5 m。随着基坑的开挖,排水沟随之加深,直到坑底达到设计标高为止。当基坑宽度较大时,可在基坑的中部设置排水沟,沟内分层填满直径为 20～40 mm 的石子,如图 1.32 所示。

3. 集水井开挖

集水井大小和数量应根据基坑涌水量和渗漏水量、积水量确定,应沿排水沟 30～50 m布置一集水井,直径(或宽度)不宜小于 0.6 m,底面应比排水沟深 0.5 m,如图 1.33 所示。集水井壁应用竹、木简易加固。

4. 安装水泵、抽水

放置水泵及安装排水管,接通电路,每台泵应配置一个控制开关,电缆不得有接头、破损。降水期间，必须派专职电工值班抽水，定期对集水井内沉淀物进行清理，保证水泵沉入水中的深度(图 1.34)。

图 1.31　放线图例

图 1.32　明沟开挖图例

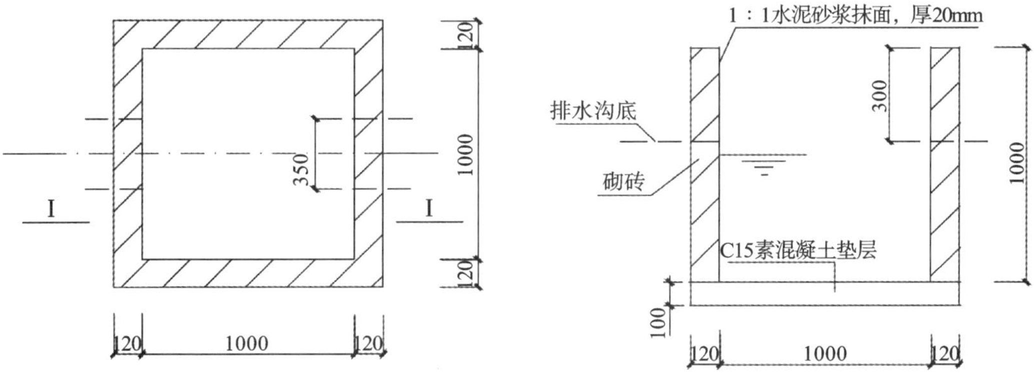

(a) 平面图　　(b) Ⅰ-Ⅰ剖面图

图 1.33　某工程坑底集水井大样图(单位：mm)

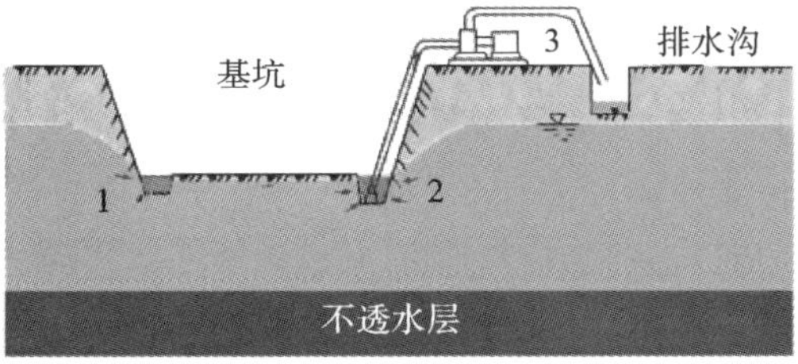

图 1.34　基坑抽排水示意图

1—排水沟；2—集水井；3—水泵

5. 水沟、集水井修整完善

当基坑挖至设计标高后，集水井底部铺设碎石滤水层、泵端纱网，侧壁用灰砂砖砌筑，防止塌陷，如图 1.35 所示。沟壁不稳时还应利用砖石干砌或用透水的砂袋进行支护。

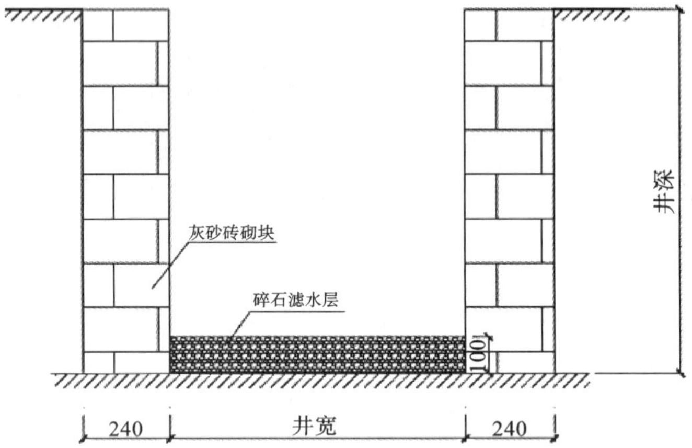

图 1.35 某工程基坑集水井大样图

二、轻型井点降水施工

轻型井点降水施工相关知识

(一) 作业条件

轻型井点降水作业条件为降水深度小于 20 m(单级井点小于 6 m，多级井点小于 20 m)的建筑基坑，含水层渗透系数为 0.005～20.0 m/d 的黏性土、粉质黏土和砂土。

(二) 施工准备

1. 技术准备

(1) 熟悉施工图纸、工程勘测资料、地质条件，了解地下水位、土层渗透系数；根据基坑形式、开挖支护设计、降水深度、降水范围、降水时间、工程环境影响等进行井点降水设计。

(2) 根据现场实际情况，绘制井点平面布置图、降水设施结构图、降水水位预测曲线平面与剖面图，编制降排水专项施工方案，按程序审核论证后方可施工。

(3) 组织人员进行技术交底。

2. 材料准备

粗砂、滤网。

3. 机具准备

轻型井点降水机具准备见表 1-6。

表 1-6　轻型井点降水机具准备

序号	设备名称	数量	规格型号	备注
1	卷扬机	若干	满足现场要求	成孔
2	高压水泵	若干	满足现场要求	成孔
3	真空泵/射流泵/隔膜泵	若干	满足现场要求	降水

其他材料：井点管、连接管、冲水管、集水总管。

(三) 施工要点

1. 工艺流程

按工艺流程要求，先测量放线，根据施工方案中的计算间距确定井点管埋设点位，撒灰线十字交叉点定位，采用冲孔机具冲孔，如图 1.36 所示。

2. 井点管埋设

放线定位井点。井点管的埋设一般多采用冲管冲孔法，分为冲孔和埋管两个过程。冲孔时，先将高压水泵用高压胶管与冲管连接，用起重设备将冲管吊起并对准插在井点的位置上，然后开动高压水泵。高压水冲刷土壤时，冲水孔应作左右转动，将土冲松，同时逐渐下放形成孔洞，冲孔深度宜比滤管底标高深 0.5 m。冲孔完成后，立即拔出冲管，插入井点管，并在井点管与孔壁之间迅速用粗砂填灌砂滤层，填至高出滤管顶 1～1.5 m。冲管冲孔法如图 1.37 所示。

井点填砂后，在地面以下 1 m 深度内须用黏土填实，以防漏气。

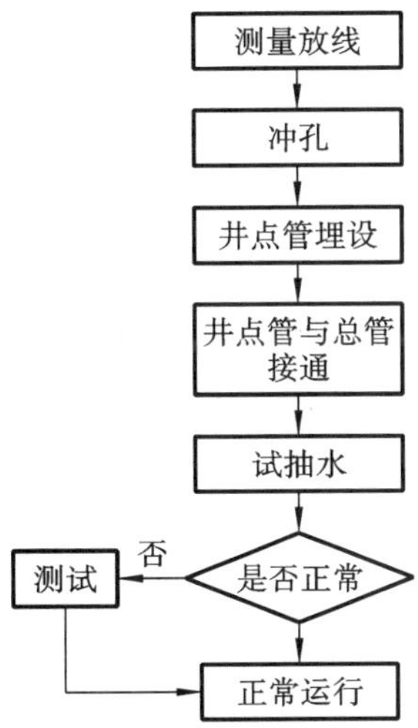

图 1.36　井点降水施工流程图

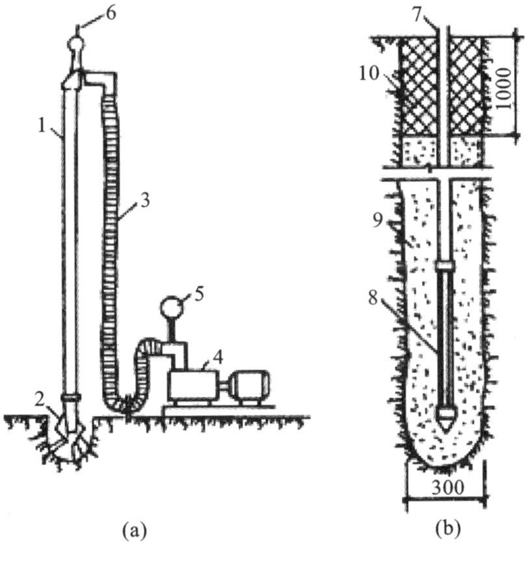

图 1.37　冲管冲孔法示意图

1—冲管；2—冲嘴；3—胶皮管；4—高压水泵；5—压力表；6—起重机吊钩；7—井点管；8—滤管；9—填砂；10—黏土封口

3. 井点管与总管接通

井点管埋设完毕应接通总管。总管设在井点管外侧 50 cm 处，并用胶垫螺栓把每节主管连接起来。用吸水胶管将井点管与主管连接，并用铁丝绑牢，防止管路漏气而降低整个管路的真空度。主管路按 0.5%的坡度坡向泵房。井点管埋设如图 1.38 所示。

图 1.38 井点管埋设图例

4. 试抽水

一组井点管部件连接完毕后，与抽水设备连通，接通电源，即可进行试抽水，检查有无漏气、淤塞情况，出水是否正常，如压力表读数在 0.15～0.20 MPa，真空度在 93.3 kPa 以上，表明各连接系统无问题，即可投入正常使用。如有异常情况，应检修后方可使用。

5. 抽水

轻型井点降水时，真空度应保持在 55.3 kPa 以上。应连续抽水，并准备双电源。若时抽时停，滤网容易堵塞，出水浑浊，并因土颗粒流失而引起附近建筑物沉降、开裂。抽水过程中，应调节离心泵的出水阀以控制水量，使抽吸排水保持均匀，做到细水长流。正常的出水规律是“先大后小，先浊后清”。

（四）质量控制要点

1. 质量控制要点

(1) 真空井点和喷射井点的成孔工艺可选用清水或泥浆钻进、高压水套管冲击工艺(钻孔法、冲孔法或射水法)，对不易塌孔、缩孔的地层也可选用长螺旋钻机成孔；成孔深度宜大于降水井设计深度 0.5～1.0 m。

(2) 钻进到设计深度后，应注水冲洗钻孔、稀释孔内泥浆；滤料填充应密实均匀，滤料宜采用粒径为 0.4～0.6 mm 的纯净中粗砂。

(3) 成井后应及时洗孔，并应抽水检验井的滤水效果；抽水系统不应漏水、漏气。

(4) 孔壁与井管之间的滤料宜采用中粗砂，滤料上方应使用黏土封堵，封堵至地面的厚度应大于 1 m。

2. 降水系统运行要点

(1) 降水系统应进行试运行，如发现井管失效，应采取措施使其恢复正常，如无可能恢复则应报废，另行设置新井管；试运行抽水控制时间为 1 d，并应检查出水质量和出水量。坑内降水井宜在基坑开挖 15 d 前开始运行。

(2) 降水过程中随时检查观测井内水位，调整抽水速度及抽水量。降水时真空度应保持在 55 kPa 以上，且抽水不应间断。

任务五　土方工程施工

任务目标

了解土方工程施工前准备事项，掌握施工工艺流程、施工要点，能按专项施工方案实施作业。

一、场地平整工程施工

1. 作业条件

(1) 土方开挖前，应详细查明施工区域内的地下、地上障碍物。对位于基坑、管沟内的管线和相距较近的地上、地下障碍物应拆、改或加固处理完毕。

(2) 控制坐标和水准点已按设计要求引测到现场，并在工程施工区域设置测量控制网，包括控制基线、轴线和水平基准点。

(3) 夜间施工应设有足够的照明设施；在危险地段应设置明显标志，并设计合理的开挖顺序，防止错挖或超挖。

(4) 施工机械进入现场所经过的道路、桥梁和卸车设施等，应事先经过检查，必要时做好加固和加宽等准备工作。

(5) 在机械无法作业的部位施工，修整边坡坡度以及清理槽底等已配备人工进行。

(6) 当开挖深度范围内遇有地下水时，应根据当地工程地质资料采取措施降低地下水位。一般应降至开挖面以下 0.5 m，再进行土方开挖。做好施工场地防洪排水工作，全面规划场地，平整各部分的标高，保证施工场地排水通畅、不积水，场地周围设置必要的截水沟、排水沟。

(7) 施工机械进入现场所经过的道路和机械上下设施等应事先勘查，做好必要的加宽、加固工作。在施工现场修筑汽车行走的便道，坡度不应大于 1∶5.5，其路面应填筑适当厚度的碎(砾)石或石粉。土方工程机械，其施工坡度应控制在 1∶3 之内，轮胎式机械坡度还要缓一些。

(8) 临时性挖方边坡坡度，应在施工组织设计(方案)中制定，考虑使用时间长短，根据工程地质、地下水位、挖方深度和地面荷载情况，通过计算并结合当地同类土体的稳定坡度值确定(表 1-7)。

表 1-7　临时性挖方边坡坡度值

土的类别		边坡坡度(高∶宽)
砂土(不包括细砂、粉砂)		1∶1.5～1∶1.25
一般黏性土	坚硬	1∶1～1∶0.75
	硬塑	1∶1.25～1∶1

续表

土的类别		边坡坡度(高∶宽)
碎石土	充填坚硬、硬塑黏性土	1∶1～1∶0.5
	充填砂土	1∶1.5～1∶1

注:1. 本表适用于时间较长(超过一年)的临时道路、临时工程的挖土。

2. 岩石边坡坡度根据岩石性质、风化程度、层理特性和挖土深度确定。

2. 机械准备

常用的施工机械包括推土机、铲运机、挖土机、装载机、自卸汽车、洒水车、压路机等。

3. 施工流程与要点

(1) 工艺流程。

清除地面障碍物→标定整平范围→设置水准基点→设置方格网、测量标高→计算土方挖填工程量→平整土方→场地碾压→验收。

(2) 施工要点。

①现场勘察。

当确定平整工程后,施工人员首先应到现场进行勘察,了解场地地形、地貌和周围环境,根据建筑总平面图及规划了解并确定现场平整场地的大致范围。

②清除地面障碍物。

平整前必须把场地平整范围内的障碍物如树木、电线、电杆、管道、房屋、坟墓等清理干净(图 1.39、图 1.40),然后根据总图要求的标高,从水准基点引进基准标高作为确定土方量计算的基点。

图 1.39 清表图例(一)

图 1.40 清表图例(二)

③施工排水。

场地排水流向:碎石盲沟→排水沟→集水井→采用强排措施(潜水泵)排至场地四周市政雨水预留管。

应充分考虑规划道路、施工便道的布置,沿施工便道两侧设置排水沟,同时考虑利用目前场地现存水沟,在整个场地内按网格状布置,进行有组织排水。排水沟每隔一定间距在角点处设置一集水井,边坡及底部设置竹笆做护坡及滤层。

④测量。

在工程施工区域设置测量控制网,包括控制基线、轴线和水平基准点;做好轴线控制测量的校核。控制网应该避开建筑物、构筑物、土方机械操作及运输线路,并有保护标志;场地整平应设 10 m×10 m 或 20 m×20 m 方格网,在各方格点上做控制桩,并测出各标桩处的自然地形、标高,作为计算挖土方量和施工控制的依据(图 1.41)。将每一个桩的挖填高度用红铅笔写在桩上(侧面),填土用"+"号,挖土用"−"号。为便于挂线找平,在方格网内再增设加桩,将方格分成 10 m×10 m 的小方格。如为填方,则根据填方的高度在桩上挂好线填土;如为挖方,在桩点四周挖至所需深度。在填挖过程中,以桩点为准,用尼龙线来检查,校正整个方格范围内标高。

施工过程中,应对控制点进行保护,并经常进行复测,做到准确无误。

图 1.41　方格网线图例

⑤开挖施工。

a.开挖方法。

采用挖掘机开挖配合自卸汽车运输,自上而下开挖,先将山上的树木、植物及树根等杂物清除运弃,再将挖出来的土方回填到相邻的填方区,多余的土方运至业主指定的弃土地点(图 1.42)。

b.开挖标高控制。

待挖至接近地面设计标高时,要加强测量,其方法如下:在挖方区边界根据方格桩设置高程控制桩,并在控制桩上挂线,挂线时要预留一定的碾压下沉量(3～5 cm),使其碾压后的高程正好与设计高程一致。

图 1.42　挖方施工图例

⑥填筑施工。

a.一般要求。

填筑前,先进行场地清理及基底处理。填筑应严格按"三阶段、四分区、八流程"水平分层填筑法组织实施。三阶段是准备阶段、施工阶段、竣工阶段;四分区是填筑区、平整区、碾压区、检验区;八流程是施工准备、基底处理、分层填筑、摊铺整平、碾压夯实、检查签证、场地成型、边坡修整。

在按规范要求清理现场并定好控制桩位后,经监理工程师同意方可进行填筑作业。当在斜坡上填筑时,其原坡陡于 1∶5 时,原地面应挖成台阶,台阶应有不小于 1 m 的宽度,并且应与所用的挖土和压实设备相适用,所挖台阶向内侧倾斜 2%,砂性土可不挖台阶,但应将原地面以下 20～30 cm 的土翻松,再同新填土料一起重新压实。工艺流程如下:施工准备→基底处理→分层填筑摊铺整平→洒水或翻晒→机械碾压→面层修整→检验签证。

b. 施工准备。

填土材料如无设计要求,应符合下列规定。

Ⅰ. 碎石、砂土(使用细、粉砂时应取得设计单位同意,并办好签证手续)和爆破石渣可作表层以下的填料。

Ⅱ. 含水量符合压实要求的黏性土,可作各层的填料。

Ⅲ. 碎块草皮和有机含量大于8%的黏性土,仅用于无压实要求的填方。

Ⅳ. 淤泥和淤泥质土一般不能用作填料,但在软土或沼泽地区,经处理其含水率符合压实要求的,可用于填方中的次要部位。

Ⅴ. 含有机质的生活垃圾土、流动状态的泥炭土和有机质含量大于8%的黏性土等,不得用作填方材料。

c. 基底处理。

在土方工程施工前,由测量人员根据设计图纸,放出分界线,原地面的树墩及主根用挖掘机挖除,并把地面上的长草或植物割除,清除地面上的建筑垃圾,把它们堆放在指定的地方,由自卸汽车运到场外。存在沟塘、淤泥质土等不良地质情况的局部区域,不能直接回填,须根据设计图纸和现场勘察确定它们的具体位置,并做好标志,按要求进行处理。

d. 分层填筑。

在底层土处理经监理工程师检查合格办理隐蔽验收后,按断面全宽分层填筑,由最低处填起,填土压实前松铺厚度不大于30 cm,且不小于10 cm。

e. 摊铺整平。

自卸汽车从挖方区把土方运至填土区,由推土机把卸下的土摊平(图1.43、图1.44)。推土时推土机不能碰撞控制桩,机械无法平整的地方由人工平整。

图1.43 摊铺图例(一)

图1.44 摊铺图例(二)

f. 洒水和晒干。

根据现场测定的填料含水量,与最佳含水量对照,超出±2%时,应对填料进行洒水或晒干处理(图1.45、图1.46)。对含水量偏低的填料采取洒水翻拌;对含水量偏高的采取翻松晾晒。再次测定含水量合格后,整平碾压。总之,填料含水量应控制在最佳含水量±2%以内。

g. 碾压。

一般采用振动压路机进行碾压施工,碾压时,振动压路机从低到高,从两边到中间,适当重叠碾压(图1.47、图1.48)。为防止漏压,碾压时横向接头的轮迹重叠宽度为15~

25 cm，每块连接处的重叠碾压宽度为 1～1.5 m，碾压时振动压路机不能碰撞高程控制桩，压路机碾压不到的地方采用蛙式打夯机或人工夯实。碾压时先轻后重，速度适中。先用压路机预压一遍，以提高压实层上部的压实度，然后用推土机修平后再碾压，以防止高低不平影响碾压效果。为保证碾压的均匀性，碾压速度不能太快，先快后慢，行驶速度控制在 2 km/h 以内。

图 1.45　洒水湿润图例

图 1.46　土料翻晒图例

碾压遍数需根据压实度要求、分层厚度、回填土的土质含水量、碾压机械等情况来确定，一般为 6～8 遍。可在施工初期通过碾压试验段来确定，并作为以后碾压施工的依据。碾压到规定遍数后，驻工地试验人员及时检查土的压实度，若尚未达到压实度要求，需要继续碾压直至达到规定的压实度，并经监理工程师认可才能填筑上层土方。

碾压时施工人员随时观察土石方的碾压情况，若在碾压过程中出现受压下陷、去压回弹等不正常现象，应停止碾压，待处理后再重新碾压。

图 1.47　回填土压实图例(一)

图 1.48　回填土压实图例(二)

h. 检测。

为确保压实质量，必须经常检查填土含水量及压实度，始终保持在最佳含水量状态下碾压，采用环刀法或灌砂法检测，确保填方压实度大于 90%(图 1.49)。压实过程中的检测方法和频率按相关技术规范的规定执行。填方压实后，压实度以控制干密度作为检查指标。

⑦余方外弃。

a. 运输车辆听从统一指挥，按满车先出、空车后进的顺序进出。

b. 运土车离开取土场进入城市道路之前进行清扫与冲洗，保证车辆无泥土，车身无掉土，并用帆布将车盖严密后，才准驶入城市道路。

c.运土车在离开存土场(施工现场)之前先冲洗,并检查卸土是否彻底,检查合格后,才准驶入城市道路。

d.卸土点根据甲方指定位置进行倾倒,不得随意乱丢乱倒。

e.装土时严禁超载,车厢堆土要平稳压实,大块土或块石应堆放在车厢底部。

f.运输线路要听从安排,不得随意更改。

图 1.49 回填土压实度检测图例

二、基坑(槽)土方开挖(浅基础坑槽开挖)

(一)作业条件

根据施工场地地质勘察报告资料确定基坑(槽)开挖方式;按规范要求实施挖土方作业。实施前必须有基坑(槽)施工专项施工方案;应完成相关的论证后审批程序。

(二)施工准备

1. 技术准备

(1) 检查资料和图纸是否齐全,核对平面尺寸和标高,与结构图纸相互间有无错误。

(2) 摸清工程场地情况,收集施工相关的各项资料。

(3) 研究制定现场场地整平、基坑开挖施工方案,绘制施工总平面布置图和基坑开挖施工图。按程序审核论证后方可施工。组织人员进行技术交底。

(4) 及时排除土方面积水,保持施工基坑和工作面处于干燥状态。

2. 材料准备

滑石粉、木桩、棉线、钉子、锤子、镐、锄头、铲子。

3. 机具准备

挖掘机、自卸车、装载机。

(三) 施工要点

1. 施工流程

基坑开挖一般流程:测量放线→切线分层开挖→排降水→修坡→整平→留足预留土层等。

2. 测量放线控制

利用布设的临时控制点,放样定出开挖边线和开挖深度等;校核测量开挖平面位置、标高、控制桩号,高程和边坡一定符合施工图纸要求(图 1.50)。

3. 地表及地下障碍物清理

将施工区域内所有障碍物,如高压电线、电杆、塔架、地上和地下管道、电缆、坟墓、树木、沟渠及旧有房屋、基础等进行拆除或改线(图 1.51)。

图 1.50　放线图例

图 1.51　清表图例

4. 土方分层分区开挖

基坑挖土施工必须遵循"开槽支撑,先撑后挖,分层开挖,严禁超挖"的原则;土方开挖应分层进行,每层开挖不超过 1.5m,相邻土相对高差不大于 1.5m;同步留设排水沟及集水井;及时完善边坡防护措施(混凝土防水坡面处理等),以防被水冲刷;以机械为主,人工为辅实施土方开挖作业;坑底标高以上 20～30 cm 土体必须用人工修土,垫层铺设及时完成(图 1.52、图 1.53)。

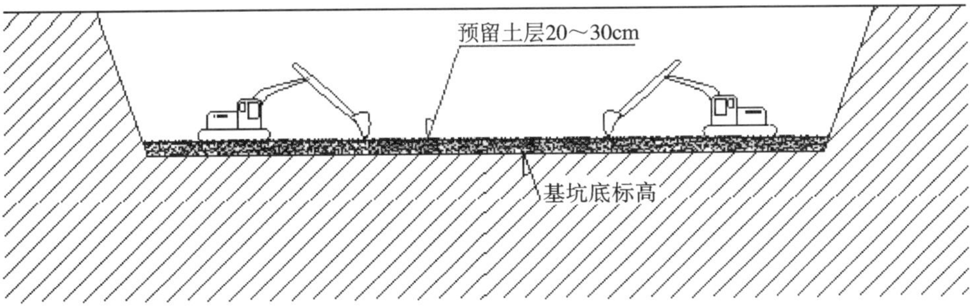

图 1.52　基坑底预留土层示意

5. 基坑清底

人工清底时,应控制好标高,尽量防止基底土扰动;在基底人工清理的同时,沿基坑四周做排水沟、集水井;如基底土层发现扰动现象,应立即将扰动土清除并及时回填砂、石垫层或浇筑混凝土(图 1.54～图 1.57)。

6. 验收

及时组织基坑验槽,减少坑槽暴露时间。基坑挖至基底设计标高并清理后,总监理工程师或建设单位项目负责人组织会议,建设、施工、设计、地勘、监理等单位共同进行验槽,合格后方能进行基础工程施工。

图 1.53　土方分层分区开挖图例

图 1.54　基坑清底图例

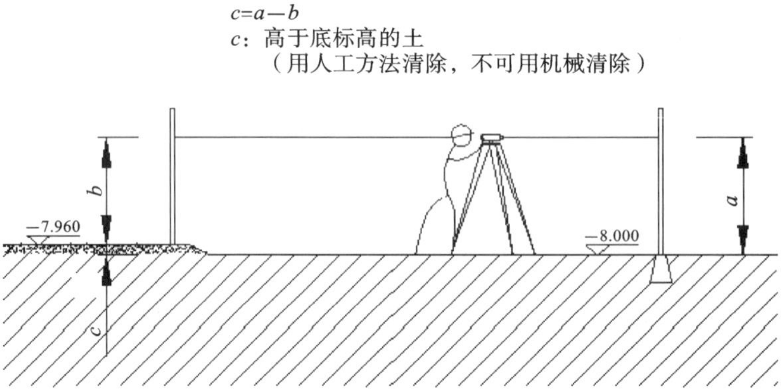

图 1.55　基底标高控制措施(一)

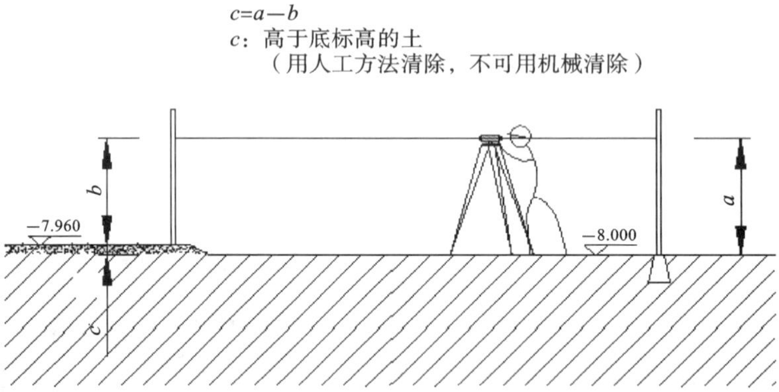

图 1.56　基底标高控制措施(二)

(1) 根据设计图纸检查基槽的开挖平面位置、尺寸、槽底深度，检查是否与设计图纸相符，开挖深度是否符合设计要求。

(2) 仔细观察槽壁、槽底土质类型、均匀程度以及是否存在异常土质，核对基坑土质及地下水情况是否与勘察报告相符。

(3) 检查基槽之中是否有旧建筑物基础、古井、古墓、洞穴、地下掩埋物及地下人防工程等。

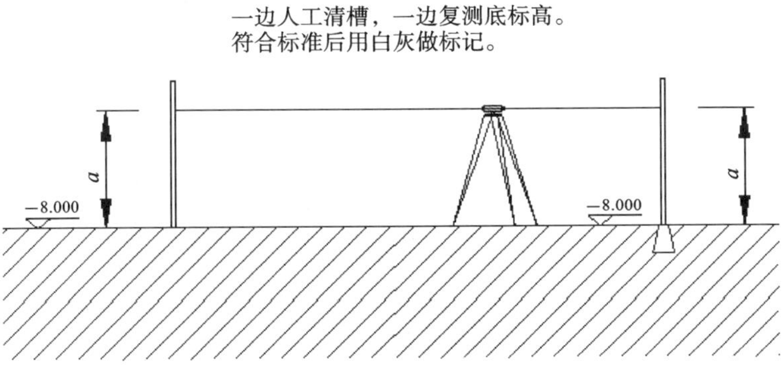

图 1.57 基底标高控制措施(三)

(4) 检查基槽边坡外缘与附近建筑物的距离，基坑开挖对建筑物稳定性是否有影响。

(5) 检查核实钎探资料，对存在异常的点位进行复核。

三、基坑(槽)土方开挖(深基础坑槽开挖)

(一) 作业条件

深基坑支护结构施工状况已满足土方开挖条件，支护系统的内外支撑可随土方施工进展逐步自上而下逐层施工；实施前必须有基坑(槽)施工专项施工方案；应完成相关的论证后审批程序；土方开挖计划必须确保其支护系统受力与设计工况一致。

(二) 施工准备

1. 技术准备

(1) 检查资料和图纸，核对平面尺寸和标高无误。

(2) 摸清工程场地情况，收集施工相关的各项资料；核查已完成支护系统的混凝土强度。

(3) 研究制定现场场地整平、基坑开挖施工方案，绘制施工总平面布置图和基坑开挖施工图。按程序审核论证后方可施工。组织人员进行技术交底。

(4) 及时排除土方面积水，保持施工基坑和工作面处于干燥状态。

(5) 检查基坑支护系统状况，确认土方开挖的深度范围，防止超挖。按照计划好的土方开挖方式绘制土方开挖计划图。

2. 材料准备

滑石粉、木桩、棉线、钉子、锤子、镐、锄头、铲子、钢筋、混凝土、模板、预应力钢绞线、注浆设备等。

3. 机具准备

挖掘机、自卸车、锚杆成孔机等。

(三) 施工要点

1. 施工流程

土方开挖流程如图 1.58 所示。

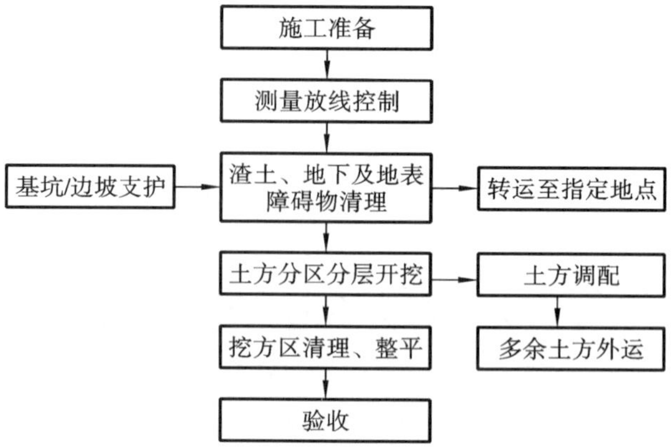

图 1.58 土方开挖流程图

2. 测量放线控制

利用布设的临时控制点,放样定出开挖边线和开挖深度等;校核测量开挖平面位置、标高、控制桩号,高程和边坡一定符合施工图纸要求。

3. 地表及地下障碍物清理

将施工区域内所有障碍物,如高压电线、电杆、塔架、地上和地下管道、电缆、坟墓、树木、沟渠及旧有房屋、基础等进行拆除或改线。

4. 土方分层分区开挖

基坑挖土施工必须遵循"开槽支撑,先撑后挖,分层开挖,严禁超挖"的原则;土方开挖应分层、分块、分段对称并按照施工工况进行,分段开挖段长度不宜大于 20 m,每层开挖不超过 1.5 m,相邻土相对高差不大于 1.5 m;同步留设排水沟及集水井;及时完善边坡防护措施(混凝土防水坡面处理,土钉墙、腰梁等的处理等),以防被水冲刷;挖土以机械为主,人工为辅,坑底标高以上 30 cm 土体必须用人工修土,分仓铺设垫层,并尽快完成。

5. 基坑清底

人工清底时,在基底土层表面铺设竹笆,施工人员尽量站在竹笆上挖土和运土,防止踩踏使基底土扰动;在人工清理基底的同时,沿基坑四周挖出一条排水沟,并沿周边设置集水井;如在基底土层发现扰动现象,应立即将扰动土清除并及时回填砂、石垫层或浇筑混凝土。

6. 验收

基坑挖至基底设计标高并清理后,总监理工程师或建设单位项目负责人组织会议,建设、施工、设计、地勘、监理等单位共同进行验槽,合格后方能进行基础工程施工。

(四)相关知识

1. 建筑定位、放线

(1) 定位。

传统中常按规划部门确认的建筑红线图定位出施工场地的建筑外轮廓线和±0.000标高,打木桩(于桩顶部钉小钉指示点位)定位。根据建筑的建施图和建筑外轮廓交点桩确定建筑物的建筑控制轴线桩位,设置"龙门板"或"控制桩"于距离基坑上口边缘 0.5~

1.0 m 处天然地面上，用小圆钉标记好“控制轴线”(龙门板顶面标高通常是“±0.000 标高”)，并在施工场地附近的视线良好稳固处设立建筑轴线控制桩和±0.000或+0.500 标高控制桩(图 1.59)。具体可参照施工测量相关内容操作。

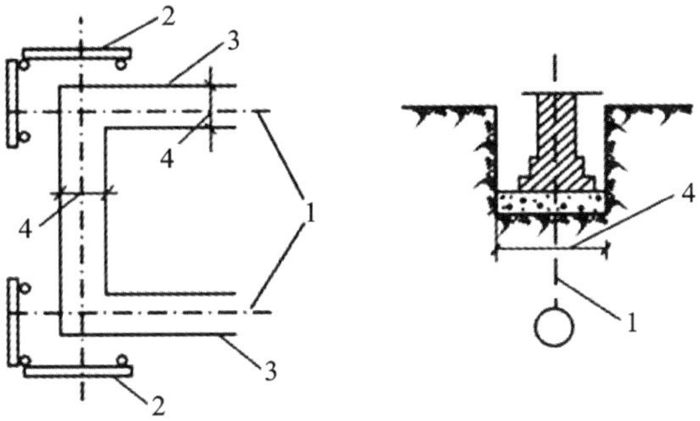

图 1.59　放线示意图

1—墙柱轴线；2—龙门板；3—白灰线(基槽边线)；4—基础宽度

(2) 放线。

根据龙门板或控制桩的控制轴线和±0.000 标高线定位出各基础的底面投影线，再考虑基础埋深、土质类型的放坡要求、施工作业面需要、可能的基坑支护结构情况确定出挖土边线；把挖土边线撒出灰线定位，即完成放线工作。

基坑(槽)底部开挖宽度应根据基础或防水处理施工工艺决定。混凝土基础或垫层需支模者，每边增加工作面 0.3 m；需用防水涂料(卷材)或防水砂浆做垂直防水(潮)层时，增加工作面 1～1.2 m。

管沟底部开挖宽度(有支撑者为撑板间的净宽)，除管道结构宽度外，每侧增加工作面宽度，可参照表 1-8 采用。

表 1-8　管沟底部每侧工作面宽度

管道结构宽度/mm	每侧工作面宽度/mm	
	非金属管道	金属管道或砖沟
200～500	400	300
600～1000	500	400
1100～1500	600	600
1600～2500	800	800

注：1. 管道结构宽度：无管座按管身外皮计；有管座按管座外皮计；砖砌或混凝土按管沟外皮计。
2. 沟底需增设排水沟时，工作面宽度可适当增加。

①基槽放线。

根据控制轴线，先将外墙轴线交点一一测放到地面上的木桩上并以桩顶处的铁钉作为标志。控制轴线核对无误后，根据建筑的建施图测放出建筑内部所有轴线，以轴线为基准结合建筑的结施图中的基础详图量出基础边线，再考虑开挖深度、边坡系数、施工作业面等因素确定基槽开挖边线，并用石灰粉在自然地面上撒出灰线做出标识。同时在房屋四周设置龙门板，以便施工时复核轴线位置。建筑物定位如图 1.60 所示。

②柱基放线。

基坑开挖前根据建筑的结施图中的基础详图的平面定位，在每个基础中心线上设立

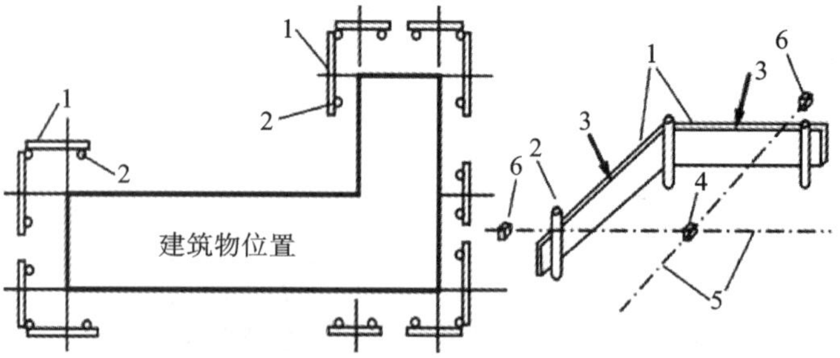

图 1.60 建筑物定位

1—龙门板(标志板);2—龙门桩;3—轴线钉;4—轴线桩;5—轴线;6—控制桩(引桩、保险桩)

四个定位木桩,其桩位离基础开挖边线的距离为 0.5～1.0 m。如基础间距很小,可每隔 1～2 或多个基础打一个定位桩,但两个定位桩的间距以不超过 20 m 为宜,便于施工中拉线恢复中部柱基的中线。桩顶上钉上一枚钉子以标明中心线的位置。再根据结施图的基础尺寸定位,结合放坡、施工作业面宽度等因素确定挖土边线位置,放出基础上口挖土灰线,标出挖土范围。

2. 基坑土方开挖

根据地质条件、地下水位、开挖深度、场地环境以及地下管线情况,基坑土方开挖方式有三种,分别为直立壁开挖、放坡开挖、支护开挖。

基坑开挖程序一般是:测量放线→切线分层开挖→排降水→修坡→整平→留足预留土层等。相邻基坑开挖时,应遵循先深后浅或同时进行的施工程序。挖土应自上而下水平分段分层进行,每层 0.3 m 左右,边挖边检查坑底宽度及坡度,不够时及时修整,每 3 m 左右修一次坡,至设计标高,再统一进行一次修坡清底,检查坑底宽和标高,要求坑底凹凸不超过 2.0 cm。

(1) 浅基坑土方开挖。

一般采用放坡开挖。土质条件好的、基坑深度浅的甚至可以不放坡,采用直立壁方式开挖。

①直立壁开挖。

当土质为天然湿度、构造均匀、水文地质条件良好(即不会发生坍滑、移动、松散或不均匀下沉),且无地下水时,开挖基坑亦可不必放坡,采取直立开挖不加支护,但挖方深度应符合表 1-9 的规定。

表 1-9 基坑(槽)和管沟不加支撑时的容许深度

项　次	土 的 种 类	容许深度/m
1	密实、中密的砂子和碎石类土(充填物为砂土)	1.00
2	硬塑、可塑的粉质黏土及粉土	1.25
3	硬塑、可塑的黏土和碎石类土(充填物为黏性土)	1.50
4	坚硬的黏土	2.00

②放坡开挖。

放坡是指为了防止土壁塌方,确保施工安全,当挖方超过一定深度或填方超过一定高度时,其边沿应放出的足够的边坡(图 1.61)。土方边坡一般用边坡坡度和坡度系数表示。

边坡的表示方法为 $1:m$，$m=b/h$，称为坡度系数。其意义为：当边坡高度已知为 h 时，其边坡宽度等于 mh。土方边坡坡度 $=\frac{h}{b}=\frac{1}{b/h}=1:m$。

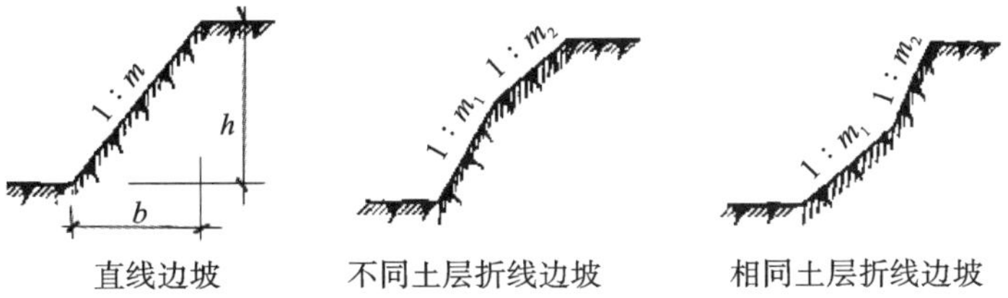

图 1.61　边坡示意图

基坑长度应稍大于基础长度。如超过表 1-9 规定的深度，应根据土质和施工具体情况进行放坡，以保证不塌方(图 1.62)。其临时性挖方的边坡值可按表 1-10 采用。放坡后基坑上口宽度由基坑底面宽度及边坡坡度来决定，坑底宽度每边应比基础宽 15～30 cm，以便施工操作。

图 1.62　基槽放坡图例

表 1-10　深度在 5 m 内的基坑(槽)管沟边坡的最大坡度

土的类别	边坡坡度(高：宽)		
	坡顶无荷载	坡顶有静载	坡顶有动载
中密的砂土	1：1.00	1：1.25	1：1.50
中密的碎石类土(填充物为砂土)	1：0.75	1：1.00	1：1.25
中密的碎石类土(填充物为砂土)	1：0.50	1：0.67	1：0.75
硬塑的轻亚黏土	1：0.67	1：0.75	1：1.00
硬塑的亚黏土、黏土	1：0.33	1：0.50	1：0.67
老黄土	1：0.10	1：0.25	1：0.33
软土(经井点降水后)	1：1.00	—	—

注：静载指堆土或材料等；动载指机械挖土或汽车运输作业等。

(2) 深基坑土方开挖。

深基坑挖土是基坑工程的重要部分，基坑工程工期和安全依赖于土方开挖状况。基坑土方在开挖之前，要了解施工区域的地形和周围环境、土层种类特性、地下设施情况、支护结构状况、土方运输的出口状况、政府及有关部门关于土方外运的要求和规定；要优化选择挖土机械和运输设备、堆土场地或弃土处、挖土方案和施工组织；要对支护结构、地下水位及周围环境进行必要的监测和保护。

对于深基坑工程，基坑工程专项施工方案应按要求进行审核、审批及专家论证。基坑周边环境或施工条件发生变化时,应对专项施工方案重新进行审核、审批。超过一定规模的重大变化,还应对专项施工方案重新组织专家论证。

开挖方式主要有放坡挖土、中心岛式(也称墩式)挖土、盆式挖土和逆作法挖土。

①放坡开挖是较经济的挖土方案。当基坑开挖深度不大(软土地区挖深不超过 4m;地下水位低且土质好的挖深可适当放宽)、周围环境允许,经验算能确保土坡的稳定时可采用放坡开挖。

②中心岛(墩)式挖土(图 1.63)。当基坑为大型基坑,角撑为支撑式、环梁式或边桁(框)架式,中间具有较大空间时采用。此法是利用中间的土墩作为支点搭设栈桥,挖土机利用栈桥下到基坑挖土,运土的汽车利用栈桥进入基坑运土,可加快挖、运土的速度。中心岛式挖土法施工工艺流程如图 1.64 所示。

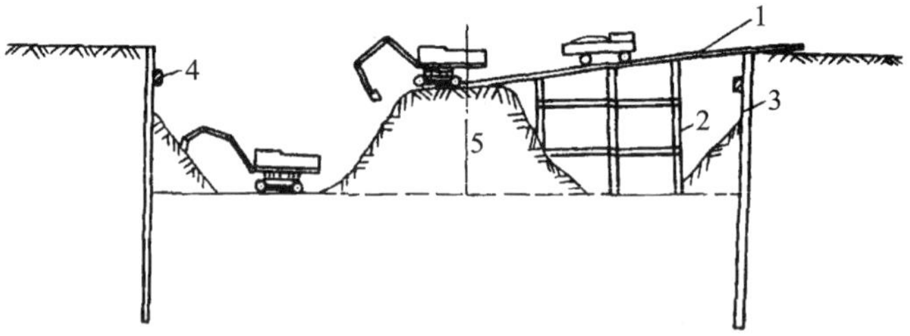

图 1.63 中心岛(墩)式挖土示意图

1—栈桥;2—支架(尽可能利用工程桩);3—围护墙;4—腰梁;5—土墩

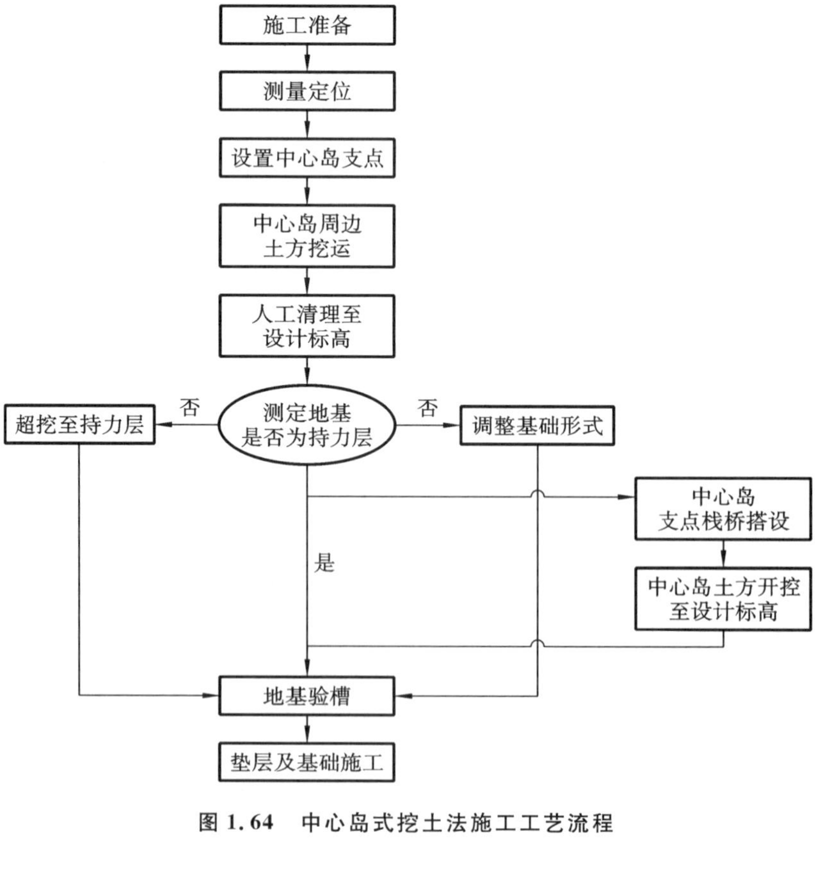

图 1.64 中心岛式挖土法施工工艺流程

③盆式挖土是先挖坑中间的土，边上留土坡最后挖除(图 1.65)。优点是边上土坡对围护墙有支撑作用，有利于减少围护墙的变形。缺点是大量的土方不能直接外运，需集中提升后装车外运。盆式挖土法施工工艺流程如图 1.66 所示。

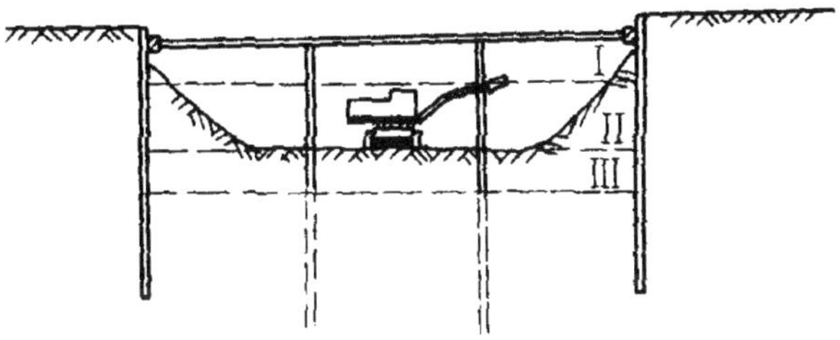

图 1.65　盆式挖土

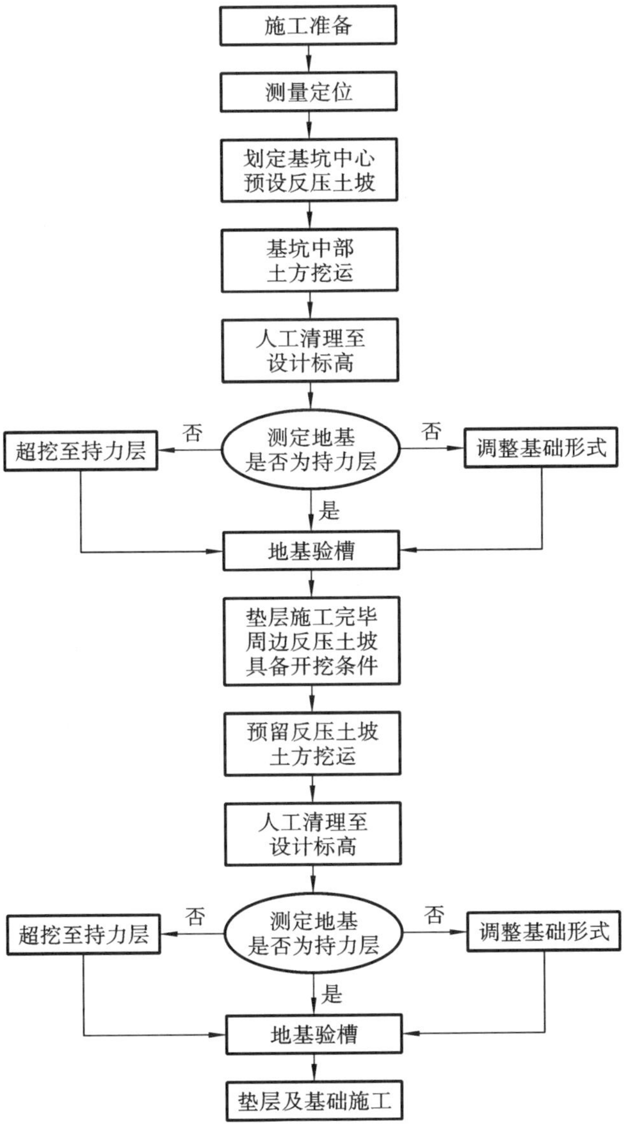

图 1.66　盆式挖土法施工工艺流程

④逆作法挖土是利用主体工程地下结构作为基坑支护结构,采取地下结构由上而下的逆向施工方法形成挡土支护构件,在地下结构具备支护能力后继续向下挖土,每挖完一层土即浇筑一层地下结构构件,如此往复,直至开挖至基底设计标高的方法。此法能有效地保护周边环境,且具有施工工期快、节省支护费用等优点。缺点是作业面受限,需要特种机械,通风、运输、照明等比较困难。

(3) 管沟和基坑(槽)的支撑方法。

①常见支撑方法。

当被开挖的基坑(槽)边坡稳定性差可能导致危险时,应采取措施对基坑(槽)进行支护来保证土方开挖施工及周边环境的安全。基坑(槽)、管沟的常见支撑方法见表 1-11。一般浅基坑的常见支撑方法见表 1-12。

表 1-11 基坑(槽)、管沟的常见支撑方法

支撑方式	简图	支撑方法及适用条件
间断式水平支撑	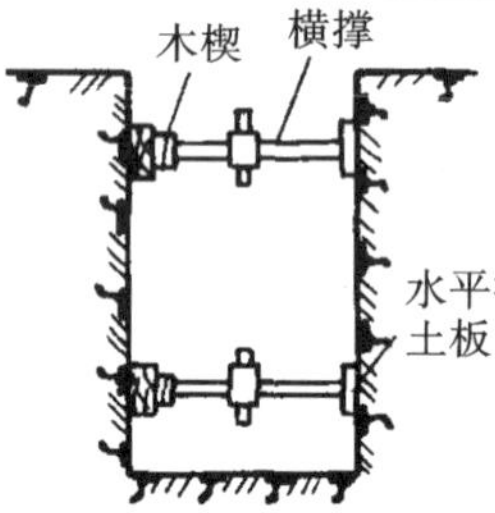	两侧挡土板水平放置,用工具式或木横撑借木楔顶紧,挖一层土,支顶一层 适于能保持立壁的干土或天然湿度的黏土,地下水很少、深度在 2 m 以内
连续式水平支撑	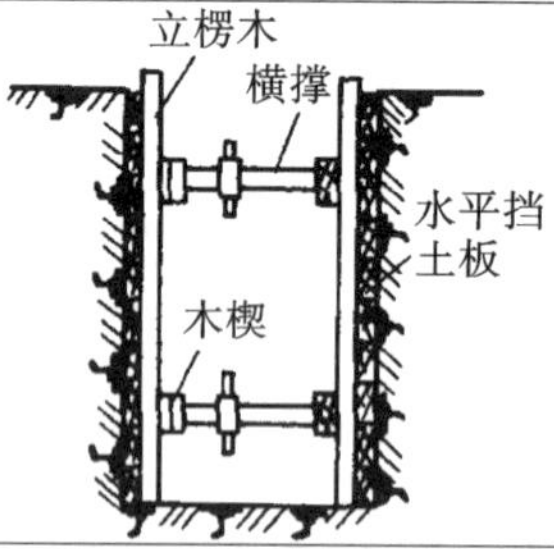	挡土板水平连续放置,不留间隙,然后两侧同时对称立竖方木,上、下各顶一根撑木,端头加木楔顶紧 适于较松散的干土或天然湿度的黏土,地下水很少、深度为 3～5m
连续或间断式垂直支撑	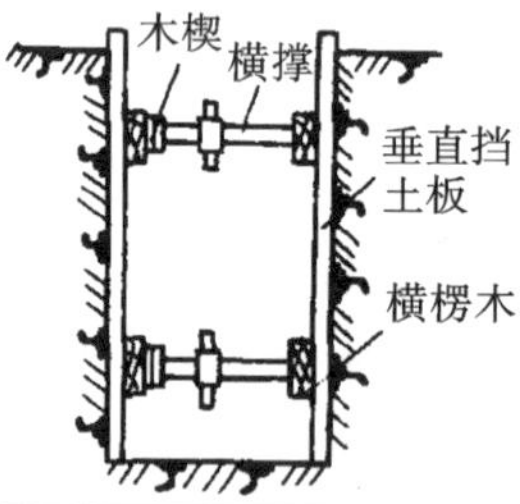	挡土板垂直放置,可连续或留适当间隙,然后每侧上、下各水平顶一根方木,再用横撑顶紧 适于土质较松散或湿度很高的土,地下水较少、深度不限

表 1-12 一般浅基坑的常见支撑方法

支撑方式	简图	支撑方法及适用条件
斜柱支撑	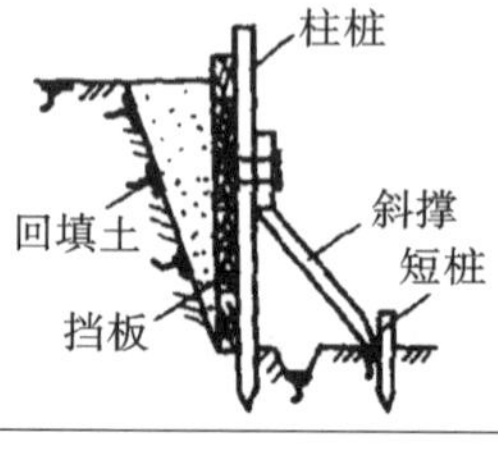	水平挡土板钉在柱桩内侧,柱桩外侧用斜撑支顶,斜撑底端支在木桩上,在挡土板内侧回填土 适于开挖较大型、深度不大的基坑或使用机械挖土时

续表

支撑方式	简图	支撑方法及适用条件
锚拉支撑	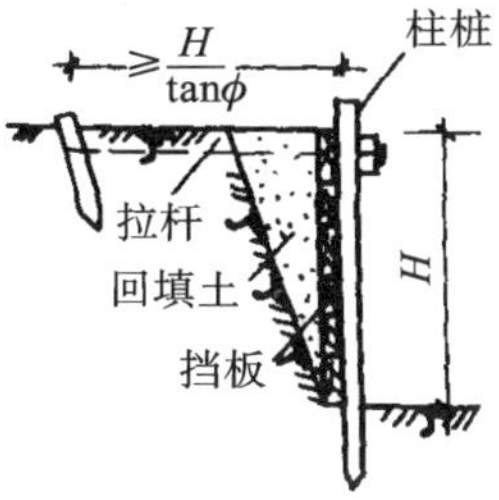	水平挡土板支在柱桩的内侧，柱桩一端打入土中，另一端用拉杆与锚桩拉紧，在挡土板内侧回填土 适于开挖较大型、深度不大的基坑或使用机械挖土，不能安设横撑时

②土方开挖和支撑施工注意事项。

a. 大型挖土及降低地下水位时，应经常注意观察附近已有建筑或构筑物、道路、管线有无下沉和变形。如有下沉和变形，应与设计和建设单位研究采取防护措施。

b. 土方开挖中如发现文物或古墓，应立即妥善保护并及时报请当地有关部门来现场处理，待妥善处理后，方可继续施工。

c. 挖掘发现地下管线(管道、电缆、通信线路)等应及时通知有关部门来处理，如发现测量用的永久性标桩或地质、地震部门设置的观测孔等亦应加以保护。如施工必须毁坏，亦应事先取得原设置或保管单位的书面同意。

d. 基坑(槽)、管沟支撑宜选用质地坚实，无枯节、透节、穿心裂折的松木或杉木，不宜使用杂木。

e. 支撑应挖一层支撑好一层，并严密顶紧，支撑牢固，严禁一次将土挖好后再支撑。

f. 挡土板或板桩与坑壁间的填土要分层回填夯实，使之严密接触。

g. 埋深的拉锚需用挖沟方式埋设，沟槽尽可能小，不得采取将土方全部挖开，埋设拉锚后再回填的方式，这样会使土体固结状态遭受破坏。拉锚安装后要预拉紧，预紧力不小于设计计算值的5%～10%，每根拉锚松紧程度应一致。

h. 施工中应经常检查支撑和观测邻近建筑物的情况，如发现支撑有松动、变形、位移等情况，应及时加固或更换。加固办法：打紧受力较小部分的木楔或增加立柱及横撑等。如换支撑，应先加新支撑后拆旧支撑。

i. 支撑的拆除应按回填顺序依次进行。多层支撑应自下而上逐层拆除，拆除一层，经回填夯实后，再拆上层。拆除支撑时，应注意防止附近建筑物或构筑物产生下沉和破坏，必要时采取加固措施。

③基坑边坡保护。

当基坑放坡高度较大，施工期和暴露时间较长，或岩土质较差时，易于风化、疏松或滑坍。为防止基坑边坡因气温变化，或失水过多而风化或松散；或防止坡面受雨水冲刷而产生溜坡现象，应根据土质情况和实际条件采取边坡保护措施，以保护基坑边坡的稳定，常用基坑坡面保护方法如下。

a. 薄膜覆盖或砂浆覆盖法。

对基础施工期较短的临时性基坑边坡，采取在边坡上铺塑料薄膜，在坡顶及坡脚用草袋或编织袋装土压住或用砖压住，或在边坡上抹2～2.5 cm厚水泥砂浆保护。为防止薄膜脱落，在上部及底部均应搭盖不少于80 cm，同时在土中插适当锚筋连接，在坡脚设排水沟(图1.67(a))。

b. 挂网或挂网抹面法。

对基础施工期短、土质较差的临时性基坑边坡,可在垂直坡面楔入直径 10～12 mm、长 40～60 cm 插筋,纵横间距 1m,上铺 20 号铁丝网,上下用草袋或聚丙烯扁丝编织袋装土或砂压住,或再在铁丝网上抹 2.5～3.5 cm 厚的 M5 水泥砂浆(配合比为水泥∶白灰膏∶砂子=1∶1∶1.5)。在坡顶坡脚设排水沟(图 1.67(b))。

c. 喷射混凝土或混凝土护面法。

对邻近有建筑物的深基坑边坡,可在坡面垂直楔入直径 10～12 mm、长 40～50 cm 插筋,纵横间距 1 m,上铺 20 号铁丝网,在表面喷射 40～60 mm 厚的 C15 细石混凝土直到坡顶和坡脚;亦可不铺铁丝网,而坡面铺直径为 4～6 mm、间距为 250～300 mm 的钢筋网片,浇筑 50～60 mm 厚的细石混凝土,表面抹光(图 1.67(c))。

d. 土袋或砌石压坡法。

对深度在 5 m 以内的临时基坑边坡,在边坡下部用草袋或聚丙烯扁丝编织袋装土堆砌或砌石压住坡脚。边坡高 3 m 以内可采用单排顶砌法,5 m 以内、水位较高时,用二排顶砌或一排一顶构筑法,保持坡脚稳定。在坡顶设挡水土堤或排水沟,防止冲刷坡面,在底部做排水沟,防止冲坏坡脚(图 1.67(d))。

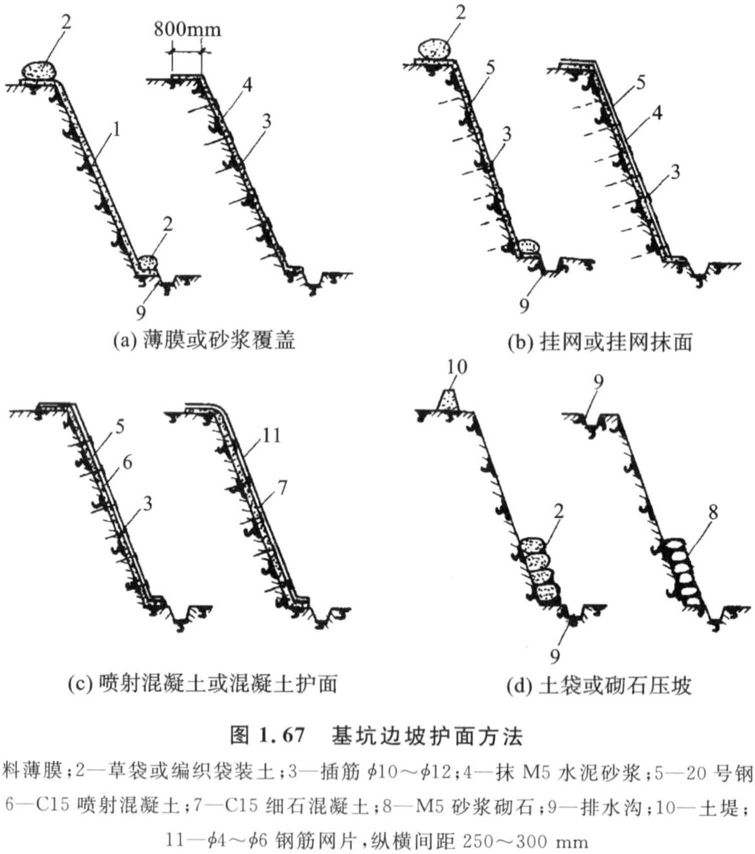

图 1.67 基坑边坡护面方法

1—塑料薄膜;2—草袋或编织袋装土;3—插筋 $\phi10\sim\phi12$;4—抹 M5 水泥砂浆;5—20 号钢丝网;6—C15 喷射混凝土;7—C15 细石混凝土;8—M5 砂浆砌石;9—排水沟;10—土堤;11—$\phi4\sim\phi6$ 钢筋网片,纵横间距 250～300 mm

(4)基坑(槽)开挖。

①确定开挖方案。

开挖前根据工程项目情况(结构形式、基坑深度、地质情况、周围环境、施工方法、工期、地面荷载等)确定基坑开挖方案和地下水控制施工方案。应优先考虑选用机械化施工。

②土方开挖原则。

遵循“开槽支撑，先撑后挖，分层开挖，严禁超挖”的原则。合理确定开挖顺序以及开挖分层厚度，组织连续有序的施工，尽快完成土方作业。

③施工要点。

a. 一般要求。

(a)在坑顶 1.0 m 内不得堆放弃土，在此距离外堆土高度不得超过 1.5 m。

(b)在桩基周围、墙基或围墙一侧，不得堆土过高。

(c)基坑(槽)挖好后，应立即做垫层或浇筑基础。

(d)如用机械挖土，为防止基底土被扰动，在基底留出 200～400 mm 厚的土层，待基础施工前用人工开挖。

(e)挖土不得挖至基坑(槽)的设计标高以下，如个别处超挖，应用与基土相同的土料填补，并夯实到要求的密实度。

(f)在软土区开挖基坑(槽)时，尚应符合下列规定：

Ⅰ. 施工前必须做好地面排水和降低地下水位工作，地下水位应降低到基坑坑底以下 0.5～1.0m 后才能开挖，降水工作应持续到回填完毕；

Ⅱ. 施工机械行驶道路应填筑适当的碎石或砾石，必要时应铺设工具式路基箱(板)或梢排；

Ⅲ. 相邻基坑(槽)开挖时应遵循先深后浅或同时进行的施工顺序，应及时做好基础；

Ⅳ. 在密集群桩上开挖坑时，应在打桩完成后间隔一段时间再对称挖土。在密集群桩附近开挖坑(槽)时应采取措施防止桩基位移；

Ⅴ. 挖出的土不得堆放在坡顶或建筑物(构筑物)附近。

b. 对于深基坑放坡开挖尚应注意以下内容。

开挖深度较大的基坑，宜设置多级平台分层开挖，每级平台的宽度不宜小于 1.5 m。当含有可能出现流砂的土层时，宜采用井点降水等措施。对土质较差且施工工期较长的基坑，边坡宜采用钢丝网水泥喷浆或用高分子聚合材料覆盖等措施进行护坡。坑顶不宜堆土或存在堆载(材料或设备)。地下水位较高的软土地区，应在降水达到要求后再进行土方开挖，宜采用分层开挖方式。分层挖土厚度不宜超过 2.5 m。挖土时要注意保护工程桩，防止碰撞或因挖土过快、高差过大使工程桩受侧压力而倾斜。如有地下水，放坡开挖应采取有效措施降低坑内水位和排除地表水，严防地表水或坑内排出的水倒流回渗入基坑。

c. 对于中心岛(墩)式挖土尚应注意以下内容。

中间土墩的留土高度、边坡的坡度、挖土层次与高差都要经过仔细研究确定。

中部岛状土体的高度不宜大于 6 m。高度大于 4 m 时，应采用二级放坡形式，坡间放坡平台宽度不应小于 4 m，每级边坡坡度不宜大于 1∶1.5，总边坡坡度不应大于 1∶2.0。高度不大于 4 m 时，可采取单级放坡形式，坡度不宜大于 1∶1.5。由于在雨季遇有大雨土墩边坡易滑坡，必要时对边坡进行加固。

挖土亦分层开挖，多数是先全面挖去第一层，然后中间部分留置土墩，周围部分分层开挖。开挖多用反铲挖土机，如基坑深度大则用向上逐级传递方式进行装车外运。整个土方开挖顺序必须与支护结构的设计工况严格一致。挖土时，除支护结构设计允许外，挖土机和运土车辆不得直接在支撑上行走和操作。挖土时应尽量缩短围护墙无支撑的暴露时间。一般对一、二级基坑,每一工况挖至规定标高后,钢支撑的安装周期不宜超过一昼夜,混凝土支撑的完成时间不宜超过两昼夜。对面积较大的基坑,为减少空间效应的影响,基坑土方宜分层、分块、对称、限时进行开挖,土方开挖顺序要为尽可能早地安装支撑创造条件。土方挖至设计标高后,对有钻孔灌筑桩的工程,宜边破桩头边浇筑垫层,尽可能早一些浇筑垫层,以便利用垫层(必要时可加厚作配筋垫层)支撑围护墙,以减少围护墙的变形。挖土机挖土时严禁碰撞工程桩、支撑、立柱和降水的井点管。分层挖土时,层高不宜过大,以免土方侧压力过大使工程桩变形倾斜,在软土地区尤为重要。

当同一基坑内深浅不同时(图 1.68),为了减少相互影响,土方开挖宜先从浅基坑处开始,如条件允许,可待浅基坑处底板浇筑后,再挖基坑较深处的土方。如果先挖浅基坑,挖到底标高后,再挖旁边深基坑,当深度超过浅基坑底部后,由于距离过近,浅基坑底部泥土松动甚至坍塌,会造成浅基坑超挖。如果先挖深基坑,再挖浅基坑,就容易避免这种现象。

图 1.68　同一基坑内深浅不同图例

如两个深浅不同的基坑同时挖土,土方开挖宜先从较深基坑开始,待较深基坑底板浇筑后,再开始挖较浅基坑的土方。如基坑底部有局部加深的电梯井、水池等,宜先对其边坡进行加固处理后再进行开挖。

在原有建筑物或构筑物旁开挖深基坑应分段进行,每段长不大于 4 m,段与段之间相隔不小于 4 m。如开挖的基坑(槽)深于邻近建筑基础(图 1.69),开挖应保持一定的距离和坡度,以免影响邻近建筑基础的稳定,一般应满足下列要求:$\frac{h}{l}\leqslant 0.5\sim1.0$。如不能满足要求,应在坡脚设挡墙或支撑进行加固处理(图 1.70)。

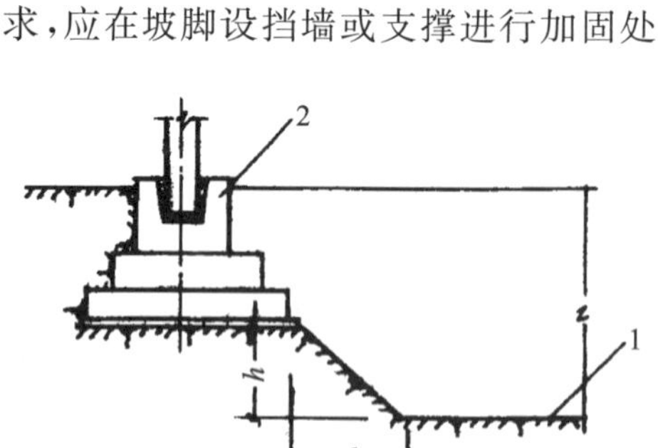

图 1.69　新基坑(槽)深于邻近建筑基础图例

1—新基础底面标高;2—旧基础

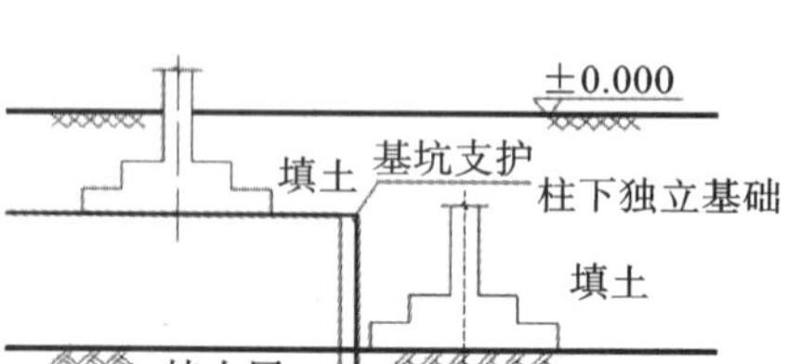

图 1.70　采用支护措施加固处理示意图例

d. 对于深基坑盆式挖土尚应注意以下内容。

Ⅰ. 中部土方的开挖范围应根据支撑形式、围护墙变形控制、坑边土体加固等因素确定；中部有支撑时应先完成中部支撑，再开挖盆边土方。

盆式挖土周边留置的土坡，其宽度、高度和坡度大小均应通过稳定验算确定。如留得过小，对围护墙支撑作用不明显，失去盆式挖土的意义。如坡度太陡，边坡不稳定，在挖土过程中可能失稳滑动，不但失去对围护墙的支撑作用，影响施工，而且对工程桩的质量有损害。盆式挖土需设法提高土方上运的速度，能够加快基坑开挖速度。

Ⅱ. 盆边土体的高度不宜大于 6 m，盆边上口宽度不宜小于 8 m。盆边土体的高度大于 4 m 时，应采用二级放坡形式，坡间放坡平台宽度不应小于 3 m，每级边坡坡度不宜大于1∶1.5，总边坡坡度不应大于1∶2.0；高度不大于 4 m 时，可采取单级放坡形式，坡度不宜大于 1∶1。

Ⅲ. 对于环境保护等级为一级的基坑工程，盆边上口宽度不宜小于 10 m，二级放坡的坡间放坡平台宽度不应小于 5.0 m，采用单级放坡形式的坡度不宜大于 1∶2.0。

Ⅳ. 盆边土体应分块对称开挖，分块大小应根据支撑平面布置确定，应限时完成支撑。

Ⅴ. 盆式挖土的边坡必要时可采取降水、护坡、土体加固等措施。

e. 深基坑应采用“分层开挖，先撑后挖”的开挖方法；为防止深基坑土方开挖过程中因下层土逐渐卸载有可能回弹导致建筑物的后期沉降加大，应采取下列措施：

Ⅰ. 基坑挖至设计标高后应及时进入下道工序，减少基底暴露和卸载的时间；

Ⅱ. 勘察阶段的土样压缩试验应补充卸荷弹性试验；

Ⅲ. 采取适当的结构措施，如在基底设置桩基或在结构下部土质事先进行深层地质加固；

Ⅳ. 施工中加速建造主体结构或逐步利用基础的重量来代替被挖除土体的重量；

Ⅴ. 基坑开挖完成后应及时清底、验槽，减少暴露时间，防止暴晒或雨水浸泡破坏原状土体结构。

f. 采用机械挖坑(槽)时：

Ⅰ. 对于深度不大的大面积基坑开挖，宜采用推土机或装载机推土、装土，用自卸汽车运土；

Ⅱ. 对长度和宽度均较大的大面积土方一次开挖，可用铲运机铲土、运土、卸土、填筑作业；

Ⅲ. 对面积较大、较深的基础，多采用 0.5 m^3 或 1.0 m^3 斗容量的液压正铲挖掘机，上层土方也可用铲运机或推土机进行；

Ⅳ. 如操作面狭窄，且有地下水，土体湿度大，可采用液压反铲挖掘机挖土，自卸汽车运土；

Ⅴ. 在地下水中挖土，可用拉铲，效率较高；

Ⅵ. 对地下水位较深，采取不排水时，亦可分层用不同机械开挖，先用正铲挖土机挖地下水位以上土方，再用拉铲或反铲挖地下水位以下土方，用自卸汽车将土方运出。

(5)冬期、雨期土方开挖施工注意事项。

①土方工程冬期挖土注意事项。

在结冻时土的机械强度大大提高，使土方工程冬期施工造价增高，工效降低，寒冷地区土方工程施工一般宜在入冬前完成。若必须在冬期施工,其施工方法应结合施工条件进行技术经济比较后确定。施工前应周密计划,做好准备,做到连续施工。

a. 人工开挖法。

人工开挖冻土适用于开挖面积较小和场地狭窄,不具备用其他方法进行土方破碎、开挖的情况。施工时掌铁楔的人与掌锤的不能脸对着脸,必须互成 90°。同时要随时注意去掉楔头打出的飞刺,以免飞出伤人。

b. 机械开挖法。

当冻土层厚度在 0.5 m 以内时,可用铲运机或挖掘机开挖。当冻土层厚度为 0.5～1 m时,可用松土机破碎土层后再由挖掘机开挖。当冻土层厚度大于 1 m 时,可用重锤或重球破碎土层后再由挖掘机开挖。最简单的施工方法是用风镐将冻土破碎,然后用人工和机械挖掘运输。

c. 爆破法开挖。

爆破法适用于冻土层较厚面积较大的土方工程。将炸药放入直立或水平的爆破孔中进行爆破,冻土破碎后用挖土机挖出。冻土爆破必须由具有专业施工资质的施工队伍实施。严格遵守雷管、炸药的管理规定和爆破操作规程。距离爆破 50 mm 内无建筑物,200 m 内无高压线。爆破现场附近有居民或精密仪器时应提前做好疏散及保护工作。

②雨期土方开挖施工重点是解决场地内部截水和排水问题。开工前做好总平面规划,按规划及时修建截水沟(施工场地上游)和排水沟(场地内部),形成合理的排水系统。水沟的横断面和纵向坡度应按施工期最大流量确定。一般水沟横断面为 0.5 m×0.5 m,纵坡一般不小于 3‰,平坦地区不小于 2‰。大量的土方开挖和回填工程应在雨季来临前完成。如必须在雨期施工土方开挖工程,则应注意以下几点:

a. 工作面不宜过大,应逐级逐片分期完成;

b. 开挖场地应设一定的排水坡度,场地内不得有积水;

c. 基槽(坑)开挖时,应注意边坡稳定,必要时可适当放缓边坡坡度或设置支撑,施工时要加强对边坡和支撑的检查;

d. 对可能被雨水冲塌的边坡可设置钢丝网挂于坡面上,表面喷射 50 mm 厚细石混凝土做护坡;

e. 土方开挖时应设置排水沟和集水井排水,防止雨水对基坑的浸泡;

f. 当挖到基础底面标高后及时组织验收,并浇筑混凝土垫层,保护基底土层不被暴晒和浸水。

(6)安全技术要点。

a. 基坑开挖时,两人操作间距大于 2.5 m;多台机械开挖,挖土机间距应大于 10 m。挖土应自上而下逐层进行,严禁采用先挖地脚的施工方法。

b. 基坑开挖应严格按要求放坡,操作时应随时注意土壁的变动情况。如发现有裂纹或部分坍塌现象,应及时进行支撑或放坡,并注意支撑稳固和土壁的变化。

c. 基坑(槽)开挖深度超过 3 m,使用吊装设备吊土时,起吊后,坑内人员应该立即撤离吊点的正下方,起吊设备距坑边不少于 1.5 m,坑内人员应戴安全帽。

d. 用手推车运土,应先铺好道路。卸土回填,不得放手让车自动翻转。用翻斗汽车运土,运输道路的坡度、转弯半径应符合有关安全规定。

e. 深基坑上下应先挖好阶梯或设置靠梯或开斜坡道,严禁踩踏支撑上下。坑四周应设安全栏杆或悬挂危险标志。

f. 基坑(槽)设置的支撑应经常检查是否松动、变形。特别在雨后更应加强检查。

g. 坑(槽)沟边 1 m 内不得堆土、堆料和停放机具。1 m 外的堆土高度不超过 1.5 m。坑(槽)沟与附近建筑物距离不得小于 1.5 m,危险时必须加固。

四、机械回填施工

(一)作业条件

(1)施工前应根据工程特点、填方土料种类、密实度要求、施工条件等,合理地确定填方土料含水率控制范围、虚铺厚度和压实遍数等参数;重要回填土方工程,其参数应通过压实试验来确定。

(2)回填前应对基础、箱形基础墙或地下防水层、保护层等进行检查验收,并且要办好隐检手续。其基础混凝土强度应达到规定的要求,方可进行回填土。

(3)房心和管沟的回填,应在完成上下水、煤气的管道安装和管沟墙间加固后再进行,并将沟槽、地坪上的积水和有机物等清理干净。

(4)施工前,应做好水平标志,以控制回填土的高度或厚度。如在基坑(槽)或管沟边坡上,每隔 3 m 钉上水平橛;室内和散水的边墙上弹上水平线或在地坪上钉上标高控制木桩。

(二)施工准备

1. 材料准备

(1)受土基底已经符合回填要求,做了隐蔽工程验收。

(2)回填用涂料种类符合设计要求;回填土含水率已调整到最佳含水量附近,随时可以实施回填作业。

(3)回填施工方案已经编写,符合施工作业指导需要。

2. 劳动力

主要的劳动力工种类别有机械操作工、杂工、电工。

3. 设备与机具

主要涉及的设备与机具有水准仪、挖掘机、打夯机、自卸汽车、铁铲、斗车等。

(三) 施工流程及要点

1. 工艺流程

工艺流程如下:基坑底地坪上清理→检验土质→分层铺土→分层碾压密实→检验密实度→修整找平验收。

基坑大样如图 1.71 所示。

2. 施工要点

(1) 填土前,应将基土上的洞穴或基底表面上的树根、垃圾等杂物都处理完毕,清除干净。

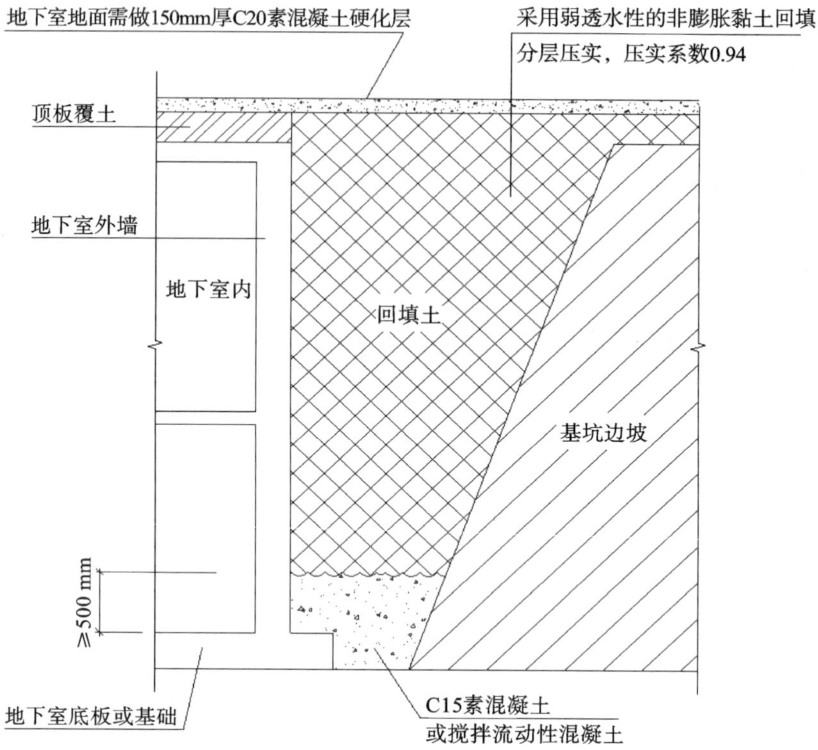

图 1.71 某工程地下室外墙基坑大样图

(2) 检验土质。检验回填土料的种类、粒径，有无杂物，是否符合规定，以及土料的含水量是否在控制范围内；如含水量偏高，可采用翻松、晾晒或均匀掺入干土等措施；如遇填料含水量偏低，可采用预先洒水润湿等措施。

(3) 填土应分层铺摊。每层铺土的厚度应根据土质、密实度要求和机具性能确定，或按表 1-13 选用。

表 1-13 填土每层的铺土厚度和压实遍数

压实机具	每层铺土厚度/mm	每层压实遍数/遍
平碾	200～300	6～8
羊足碾	200～350	8～16
振动平碾	600～1500	6～8
蛙式或柴油式打夯机	200～250	3～4

(4) 碾压机械压实填方时，应控制行驶速度，一般不应超过以下规定：平碾——2 km/h；羊足碾——3 kw/h；振动碾——2 km/h。

(5) 碾压时，轮(夯)迹应相互搭接，防止漏压或漏夯。长宽比较大时，填土应分段进行。每层接缝处应做成斜坡形，碾迹重叠 0.5～1.0 m，上下层错缝距离不应小于 1 m。

(6) 填方超出基底表面时，应保证边缘部位的压实质量。填土后，如设计不要求边坡修整，宜将填方边缘宽填 0.5 m；如设计要求边坡修平拍实，宽填可为 0.2 m。

(7) 在机械施工碾压不到的填土部位，应配合人工推土填充，用蛙式或柴油打夯机分层夯打密实。

(8) 回填土方每层压实后，应按规范规定进行环刀取样，测出干土的质量密度，达到要求后，再进行上一层的铺土。

(9) 填方全部完成后，表面应进行拉线找平，凡超过标准高程的地方，及时依线铲平；凡低于标准高程的地方，应补土找平夯实。

3. 施工注意事项

(1) 未按要求测定土的干土质量密度：回填土每层都应测定夯实后的干土质量密度，符合设计要求后才能铺摊上层土。试验报告要注明土料种类，试验日期、试验结论及试验人员签字。未达到设计要求的部位，应有处理方法和复验结果。

(2) 回填土下沉：因虚铺土超过规定厚度或冬期施工时有较大的冻土块，或夯实不够遍数，甚至漏夯，基底有机物或树根、落土等杂物清理不彻底等原因，造成回填土下沉。为此，应在施工中认真执行规范的有关规定，并要严格检查，发现问题及时纠正。

(3) 回填土夯压不密实：应在夯压时对干土适当洒水加以润湿；如回填土太湿，同样夯不密实，呈“橡皮土”现象，这时应将“橡皮土”挖出，重新换好土再予以夯实。

(4) 在地形、工程地质复杂地区内的填方，且对填方密实度要求较高时，应采取措施(如排水暗沟、护坡桩等)，以防填方土粒流失，造成不均匀下沉和坍塌等事故。

(5) 填方基土为杂填土时，应按设计要求加固地基，并要妥善处理基底下的软硬点，如空洞、旧基以及暗塘等。

(6) 回填管沟时，为防止管道中心线位移或损坏管道，应用人工先在管子周围填土夯实，并应从管道两边同时进行，直至管顶 0.5 m 以上，在不损坏管道的情况下，方可采用机械回填和压实。在抹带接口处，防腐绝缘层或电缆周围，应使用细粒土料回填。

(7) 填方应按设计要求预留沉降量，如设计无要求，可根据工程性质、填方高度、填料种类、密实要求和地基情况等，与建设单位共同确定(沉降量一般不超过填方高度的 3%)。

(四)回填土施工相关知识

1. 填土的基底要求

土方回填前应清除基底垃圾、树根等杂物，抽除坑穴内积水、淤泥，验收基底标高。如在耕植土或松土上填方，应在基底压实后再进行；在水田、沟渠、池塘上填方应根据实际采用排水疏干、挖除淤泥或抛填块石、砂砾、矿渣等方法处理后再填土；在建筑物和构筑物地面下的填方或厚度小于 0.5 m 的填方应清除草皮、垃圾、软弱土层；在土质较好，地面坡度小于 1/10 的较平坦场地填方，可不清除基底上的草皮，但应割除长草；在稳定山坡上填方，当山坡坡度在 1/15～1/10 时，应清除基底上的草皮；坡度大于 1/5 时应将基底挖成台阶，台面内倾，台阶高宽比为 1∶2，台阶高度不大于 1 m；填方区如遇地下水或滞水必须设置排水设施，确保施工顺利开展。分层回填接槎如图 1.72 所示。

2. 土料的选用和处理

为保证填方工程的强度和稳定性，应正确选择回填土种类和填筑方法。

填方土料应符合设计要求。碎石类土、砂土、爆破石渣可用于表层以下回填用材；当

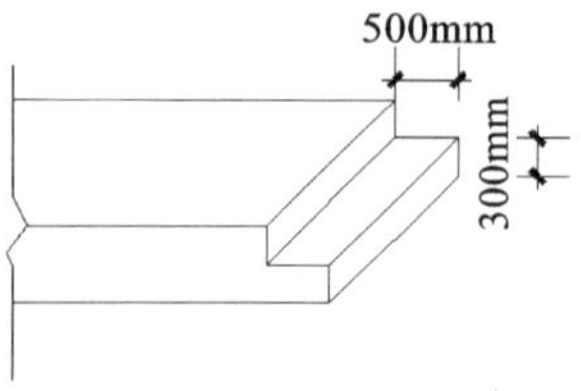

图 1.72 分层回填接槎示意

填方土料为黏土时，填筑前应检查其含水率是否在控制范围内。含水率大的黏土不宜作为填土用；含有大量有机质的土，含水溶性硫酸盐大于 5% 的土以及淤泥、冻土、膨胀土等均不应作为填土。淤泥和淤泥质土，一般不能用作填料，但在软土地区，经过处理含水量符合压实要求的，可用于填方中的次要部位。各种土的最优含水量和最大密实度参考数值见表 1-14。黏性土料施工含水量与最优含水量之差可控制在 −4%～2%（使用振动碾时，可控制在 −6%～2%）。

表 1-14 土的最优含水量和最大干密度参考表

项次	土的种类	变动范围	
		最优含水量(重量比)/(%)	最大干密度/(t/m^3)
1	砂土	8～12	1.80～1.88
2	黏土	19～23	1.58～1.70
3	粉质黏土	12～15	1.85～1.95
4	粉土	16～22	1.61～1.80

注：1. 表中土的最大干密度应以现场实际达到的数字为准；
2. 一般性的回填，可不做此项测定。

土料含水量一般以手握成团，落地开花为适宜。当含水量过大时，应采取翻松、晾干、风干、换土回填、掺入干土或其他吸水性材料等措施；如土料过干，则应预先洒水润湿。当含水量过小时，亦可采取增加压实遍数或使用大功率压实机械等措施。

在气候干燥时，须采取加速挖土、运土、平土和碾压过程，以减少土的水分散失。

当填料为碎石类土（充填物为砂土）时，碾压前应充分洒水湿透，以提高压实效果。

3. 回填方法

填土应分层进行，尽量采用同类土填筑；不同种类的土用于填筑时，应将透水性大的土层置于透水性小的土层之下，不能将各种土混杂在一起使用，以免填方内形成水囊；碎石类土或爆破石渣作填料时，其最大粒径不超过每层铺厚的 3/4，铺填时大块料不应集中且不得填在分段接头或填方与山头连接处。

4. 压实方法

填土压实的方法一般有碾压法、夯实法和振动压实法。

(1) 碾压法。

碾压法是利用机械滚轮的压力压实土壤使之达到所需密实度的方法，多用于大面积填土工程。碾压机械有光面碾（压路机）、羊足碾、气胎碾。光面碾适用于砂土、黏性土压实；羊足碾只适用于黏性土压实；气胎碾的弹性好，压力均匀，碾压质量好；另外还可以利用运土机械来压实土壤。实施前做好方案，使运土机械行驶路线均匀分布在填土地面上并达到一定的重复行驶遍数，就可以满足填土压实要求。

碾压机械压实填方时行驶速度不宜过快，一般平碾控制在 2 km/h，羊足碾 3 km/h，否则会影响压实效果。碾压机械如图 1.73 所示。

光面碾

凸块振动碾

全液压轮胎式压路机

图 1.73　碾压机械组图

(2) 夯实法。

夯实法就是利用夯锤自由下落的冲击力来夯实土壤，主要用于小面积回填。夯实法分人工夯实和机械夯实两种。

机械夯土工具有夯锤、内燃夯土机、蛙式打夯机；人工夯土工具有木夯、石夯、飞硪等（图 1.74）。适用于夯实砂质土、湿陷性黄土、杂填土以及含有石块的填土。

蛙式打夯机

冲击压路机

石夯

冲击夯

图 1.74　打夯机械组图

(3) 振动压实法。

振动压实法就是将振动压实机放在土层表面，借助机械激振力使土颗粒随之振动，相对运动到稳定点从而达到紧密状态，适用于非黏性土压实。如使用振动碾进行压实，可使土体受到碾压和振动两种作用，压实效率高，适用于大面积填方工程。振动压实机械如图 1.75 所示。

手扶式振动碾

振动平板夯

振动压路机

图 1.75　振动压实机械组图

5. 影响土的压实因素

填土压实的影响因素很多，主要有压实功、土的含水量、铺土厚度。

(1) 压实功的影响。

填土压实后的密度与压实机械在其上所做的功有一定的关系。土的压实密度与所消耗的功的关系如图 1.76 所示。当土含水量一定，开始压实时，土的密度急剧增加，待接近土的最大密度时，压实功虽然增加许多，但土的密度变化却很小。实际施工中，对于砂土只需碾压 2～3 遍，对于粉土只需 3～4 遍，对于粉质黏土或黏土只需 5～6 遍。另外，松土不宜用重碾直接滚压，否则土层有强烈的起伏，效率差。若先用轻碾压实再用重碾压实，效果会好很多。

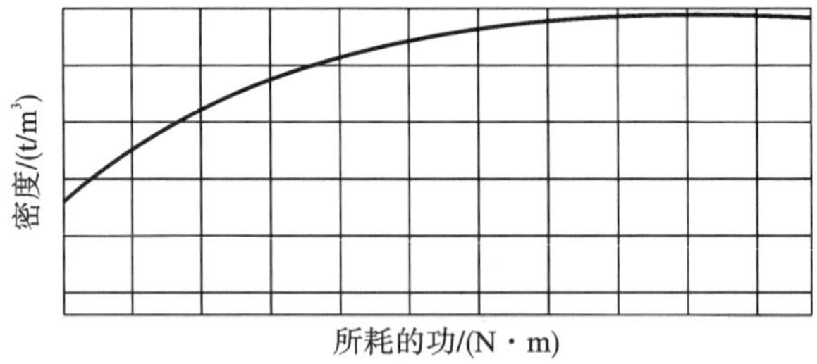

图 1.76 土的密度与压实功的关系示意图

(2) 土的含水量的影响。

在同一压实功条件下，填土的含水量对压实质量有直接影响。压实作用沿深度的变化关系如图 1.77 所示，较为干燥的土颗粒之间摩阻力较大，压实不易。当含水率超过一定限度时，土颗粒之间的孔隙由于有了水的填充，呈饱和状态，不能压实。当含水量适当时，水起到润滑作用，土颗粒间的摩阻力减到较小，压实效果良好。每种土都有其最佳含水量，土在这种含水量条件下使用同样的压实功进行压实，所得到的干密度最大。土的干密度与含水量关系如图 1.78 所示。简单的检验黏性土的含水率状态的方法是以手握成团、落地开花为宜。当土过湿时，应予翻晒晾干，也可掺入同类干土或吸水性土料；当土料过干时则应预先洒水湿润。

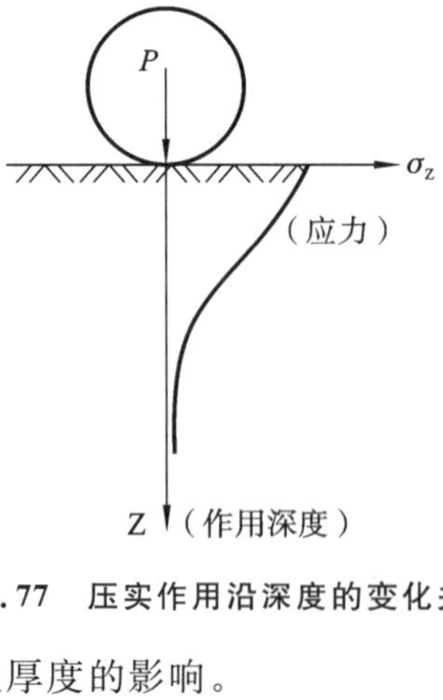

图 1.77 压实作用沿深度的变化关系

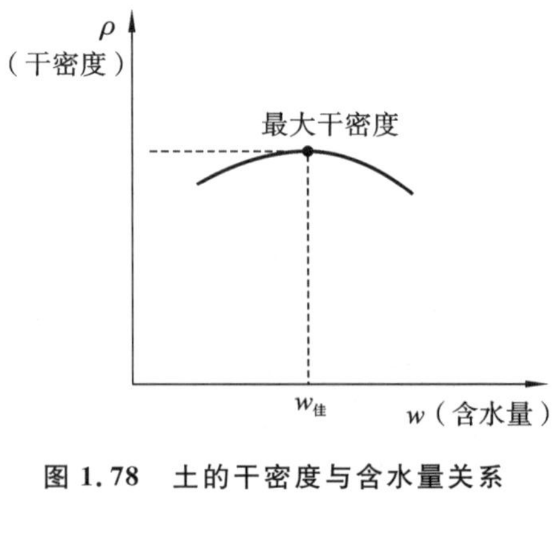

图 1.78 土的干密度与含水量关系

(3) 铺土厚度的影响。

土在压实功的作用下，作用力随深度增加而逐渐减小。每层铺土厚度和压实遍数应根据土质机械性能而定。一般铺土厚度应小于压实机械压实的作用深度，应能使土方压实而机械的功耗最小，通常应通过现场试验确定。常用的夯（压）工具机械每层最大铺土厚度和所需的夯（压）实遍数参考值见表 1-15。

表 1-15　填土施工时的分层厚度及压实遍数

压实机具	分层厚度/mm	每层压实遍数/遍
平碾	250～300	6～8
振动压实机	250～350	3～4
柴油打夯机	200～250	3～4
人工打夯	不大于 200	3～4

6. 冬期、雨期施工

（1）冬期施工。

回填土用未受冻的、不冻胀的土壤进行回填施工。填土前，应清除基础上的冰雪和保温材料；填方边坡表层 1 m 以内，不得用冻土填筑；填方上层应用未冻的、不冻胀的或透水性好的土料填筑；冬期填方每层铺土厚度应比常温施工时减少 20%～25%，预留沉降量应比常温施工时适当增加。

用含有冻土块的土料作回填土时，冻土块粒径不得大于 150 mm；铺填时，冻土块应均匀分布、逐层压实。

槽（坑）或管沟可用含有冻土块的土回填，但冻土块体积不得超过填土总体积的 15%，而且冻土块的粒径应小于 150 mm；室内地面垫层下回填的土方，填料中不得含有冻土块；管沟底至管顶 0.5 m 范围内不得用含有冻土块的土回填；回填工作应连续进行，防止基土或已填土层受冻。当采用人工夯实时，每层铺土厚度不得超过 200 mm，夯实厚度宜为 100～150 mm。

冬期施工室外平均气温在 −5℃ 以上时，填方高度不受限制；平均气温在 −5℃ 以下时，填方高度由设计单位计算确定。用石块和不含冰块的砂土、碎石类土填筑时，填方高度不受限制。

（2）雨期施工。

雨期施工的重点问题是解决好排水、截水系统做法。大量的土方开挖和填方应在雨季来临前完成。如必须在雨期施工，填方作业的取土、运土、铺填、压实等各道工序应连续进行，雨期前应及时压完已填土层，将表面压光并做成一定排水坡度。

对于有地下水池或地下室工程，要防止水对建筑的浮力大于建筑自重时造成地下室或水池上浮。基础施工完毕应及时抓紧基坑四周回填工作。停止人工降水时应验算箱形基础的抗浮稳定性系数。

思考

1. 简述土的工程分类。
2. 简述土的可松性系数及其运用。
3. 土方机械化施工常用的机械有哪些？
4. 简述正、反铲挖掘机的适用范围及其挖土特点。

5. 简述土方机械施工要点。
6. 简述土方的平衡与调配原则。
7. 地下水的控制方法有哪些?
8. 集水明排法一般适用于什么基坑?排水明沟一般布置在什么位置?
9. 集水明排法可能发生的工程危害是什么?流砂的防治原则及方法是什么?
10. 井点降水法有哪几种?
11. 轻型井点的平面布置有几种,分别适用于什么基坑(槽)?
12. 井点降水对周围环境可能产生什么不利影响,防治井点降水危害的措施有哪些?
13. 基坑工程的挖土方案有哪些几种?
14. 基坑开挖的程序是什么?
15. 简述边坡的表示方法及其含义。
16. 基坑的开挖方式有哪三种?
17. 简述基坑(基槽)开挖及其外运的土方量计算。
18. 简述土方开挖的原则。
19. 基坑(基槽)开挖施工的一般要求有哪些?
20. 简述弃土在基坑附近堆放的要求。
21. 挖土时基底土层预留有何要求(机械、人工开挖)?超挖应如何处理?
22. 土方回填前对填土的基底有什么要求?
23. 对填方土料有哪些要求?
24. 回填时透水性不同的土如何使用?
25. 回填压实方法有哪几种?
26. 填土压实的影响因素主要是什么?
27. 回填土质量检验时一般用哪个指标来判定是否密实?

项目二　地基与基础工程施工

任务一　地基工程施工

任务目标

了解地基加固处理常用的工程方法；掌握素土地基、灰土地基的施工工艺流程和施工要点；掌握砂和砂石地基的施工工艺流程和施工要点；掌握高压喷射注浆复合地基的施工工艺流程和施工要点；熟悉素土地基、灰土地基、砂和砂石地基、高压喷射注浆复合地基的施工质量要求。

一、相关知识

地基指的是建筑物坐落于其上的土层或岩层。地基的承载能力、变形性质和抗渗性能等应满足建筑物及相关规范要求。

土层或岩层的性能满足要求，不需要进行任何处理，称为天然地基。如果天然地基的承载能力、变形性质或抗渗性能等不能满足要求，需要进行换填、挤密、注浆等加固处理，则称为人工地基。

对地基进行加固处理的目的是提高地基的承载能力、改善地基的变形性质或抗渗性能。

对地基进行加固处理的途径：①挖掉不满足要求的土层，换填灰土、砂石等易于压实的土料并压实；②对不满足要求的土层挤密压实，包括不加填料挤密压实和加砂、石、灰土等填料后挤密压实，让土层变得坚硬密实；③在不满足要求的土层中加入水泥、水玻璃、硅化液等胶结固化材料，与土胶结固化，使天然地基变得坚硬密实，提高其承载能力，改善其变形性能和抗渗性能。

地基加固处理常用的工程方法有换土垫层法、强夯法、预压法、振冲挤密法、砂石桩挤密法、水泥粉煤灰碎石桩挤密法、水泥土搅拌法、高压喷射注浆法、单液硅化法和碱液法等。

地基加固处理方案的影响因素：结构类型、荷载大小及使用要求、地形地貌、土层结构、土质条件、地下水特征、周围环境和相邻建筑物的共同作用。

地基加固处理方案的工作步骤：①综合考虑影响因素，初步选定几种可供考虑的地基处理方案；②对初步选定的各种地基处理方案，从处理效果、材料来源及消耗、机具条件、施工进度、环境影响等方面进行技术经济分析和对比，依据安全可靠、施工方便、因地制宜、经济合理等原则，选择最佳的处理方法；③由于每一种处理方法都有一定的适用范围、局限性和优缺点，必要时也可选择两种或两种以上地基处理方法组成的综合方案。

根据地基加固处理的方法，人工地基分为素土地基、灰土地基、砂和砂石地基、土工合成材料地基、粉煤灰地基、强夯地基、注浆地基、预压地基、砂石桩复合地基、高压喷射注浆复合地基、水泥土搅拌桩复合地基、土和灰土挤密桩复合地基、水泥粉煤灰碎石桩复合地基、夯实水泥土桩复合地基。

二、常见地基处理施工

1. 素土地基和灰土地基

(1) 知识准备与一般要求。

①素土地基。

素土地基是选用压实性能较好、含水量适宜的三合土、黏性土等土料，按设计要求填筑并压实，以满足上部建筑对地基承载力和变形性能的要求。

②灰土地基。

灰土地基是用一定比例的石灰与土充分拌和，在最优含水量情况下，分层回填夯实或压实的一种软弱土层换填处理方法。灰土地基具有一定的强度、水稳定性和抗渗性，适用于加固深度 1～4 m 的软弱土、湿陷性黄土、杂填土等，还可用作辅助防渗层。灰土地基有较强的强度和刚度，作为人工地基时，其几何尺寸、轴线、标高都应符合基础设计标准要求。

③适用范围。

素土地基和灰土地基适用于单层或多层建筑浅基础，施工工艺简单，费用较低，是应用广泛、经济实用的地基加固处理方法，适用于黏性土、砂性土、淤泥质土、湿陷性黄土、素填土、杂填土等浅层软弱地基及不均匀地基的处理，可改变持力层的性质，提高地基的强度。

(2) 作业条件。

①收集整理反映工程地质和水文地质条件的工程地质勘察报告等文件资料，核对施工图设计文件。

②现场踏勘，对照现场实地情况与工程资料是否一致，编制地基加固处理的施工组织设计(专项施工方案)，编制施工交底文件。

③施工前，应根据施工图设计文件要求，放好平面控制轴线(或中心线)和施工边线，控制平面位置。

④施工前，定好标高控制点，做好高程控制标志。如在基坑(槽)或管沟的边坡上每隔 3 m 水平打入木桩，控制灰土上表面标高，在室内和散水的边墙上弹上水平线或在地坪上钉好标高控制的木桩。

⑤施工前，应先办理前一工序的分部或分项工程隐蔽验收手续，如基坑(槽)的验槽手续等。

⑥施工作业前，根据地基加固处理的施工图、施工组织设计(专项施工方案)、施工交底和操作工艺标准向班组进行安全技术交底。

⑦当地下水位高于基坑(槽)底时，施工前应采取排水或降低地下水位的措施，使地下水位经常保持在施工面以下 0.5 m 左右，在 3 d 内不得受水浸泡。

⑧基础外侧打灰土，必须对基础、地下室墙和地下防水层、保护层进行检查，发现损坏时应及时修补处理，办理隐检手续；现浇的混凝土基础墙、地梁等均应达到规定的强度，不得碰坏、损伤混凝土。

⑨室内和管沟填土，应完成水、暖、电、通信、燃气等管道的安装或管沟墙间加固等措施后再进行，并且将管沟、槽内、地坪上的积水或杂物、垃圾等清除干净。

⑩施工前应根据工程特点、设计压实系数、土料种类、施工条件等，合理确定土料含水量控制范围、铺土厚度、夯实或碾压遍数等施工参数。必要时，选取试验区段试施工，确定施工参数、检验施工质量，为后续大范围施工提供施工参数。素土、灰土的最大虚铺厚度见表 2-1。

表 2-1　素土、灰土的最大虚铺厚度

项次	夯具的种类	质量/kg	虚铺厚度/mm	备注
1	木夯	40～80	200～250	落高 400～500 mm，一夯压半夯
2	轻型夯实工具	—	200～250	蛙式打夯机，柴油打夯机
3	压路机	6000～10000	200～300	

（3）施工准备。

①材料准备。

a. 按照地基加固处理的施工图，计算原材料（土料、石灰、水泥等）用量，制定原材料进场计划。

b. 按照有关规范要求进行原材料进场检查及复验，确保原材料质量符合要求。

②劳动力组织。

主要的工种类别有各种土方施工机械操作工种。

③设备与机具。

主要涉及到的设备与机具有场内二次运输土料用的斗车、小型装载车，拌匀土料的搅拌机，调整含水量的洒水车等。

（4）施工工艺流程与要点。

①素土、灰土地基施工工艺流程。

素土地基的施工工艺流程：基土清理→测量定位弹线、设置定位标志→分层摊铺→夯压密实→找平验收。

灰土地基的施工工艺流程：基土清理→测量定位弹线、设置定位标志→拌和灰土→分层摊铺→夯压密实→找平验收。

②施工要点。

a. 土料准备。

（a）素土垫层。

检查土料种类和含水量，三合土应拌和均匀并控制含水量。

（b）灰土垫层。

Ⅰ. 首先检查土料种类和质量以及石灰材料的质量是否符合标准的要求，然后分别过筛。如果是块灰制成的熟石灰，要用 6～10 mm 的筛子过筛，生石灰则可直接使用；土料要用 10～11.25 mm 筛子过筛，以确保粒径的要求。

Ⅱ.灰土拌和:灰土的配合比采用体积比,除设计有特殊要求,一般为2∶8或3∶7。基础垫层灰土必须用标准斗,严格控制配合比。拌和时必须均匀一致,至少翻拌两次,拌和好的灰土颜色应一致。

Ⅲ.灰土施工时,应适当控制含水量。工地检验方法是用手将灰土紧握成团,以两指轻捏即碎为宜。如土料水分过大或不足,应摊开晾干或洒水润湿。

b.分层摊铺。

现场按照施工组织和施工技术交底的要求,控制每层土的虚铺厚度,可用探钎或拉水平线控制虚铺厚度,各层摊铺后均应用木耙找平,与坑(槽)边土壁上的木桩或地坪上的标准木桩对应检查土层标高。

c.夯打密实。

(a)夯打(压)要保证素土或灰土密实度满足要求,检查密实度一般以土的干密度为验收指标,夯打(压)遍数可根据现场试验确定,一般不少于三遍。人工打夯应一夯压半夯,夯夯相接,行行相接,纵横交叉。

(b)分段施工时,不得在墙角、柱基及承重窗间墙下接槎。上下两层填土的接槎距离不得小于500 mm。

(c)每层夯(压)后,应按照规范要求的频率进行环刀取样,测出夯填土(素土或灰土)的干质量密度,或者按照参建各方达成一致的检验方案,按照检验方案确定的检验方法对夯填土密实度进行检验,达到设计要求时,才能进行上一层夯填土(素土或灰土)的摊铺。用贯入度仪检查夯填土(素土或灰土)质量时,应先进行现场试验以确定贯入度的具体要求。

2. *砂和砂石地基*

(1) 知识准备与一般要求。

①砂和砂石地基采用砂或砂砾石(碎石)混合物,经分层夯(压)实,作为地基的持力层,提高基础下部地基强度,并通过垫层的压力扩散作用,降低地基的压力,减少变形量,同时垫层可起排水作用,地基土中孔隙水可通过垫层快速排出,能加速下部土层的沉降和固结。

②砂和砂石地基应用范围广泛,具有不用水泥、石材,可防止地下水因毛细作用上升而使地基受冻结的影响,能在施工期间完成沉降,用机械或人工都可使地基密实,施工工艺简单、工期短、造价低等特点。

③砂和砂石地基适用于处理3.0 m以内的软弱土层和透水层。

(2) 作业条件。

①收集、整理反映工程地质和水文地质条件的工程地质勘察报告等文件资料,核对施工图设计文件。

②现场踏勘,核实现场实地情况与工程资料是否一致,编制地基加固处理的施工组织设计(专项施工方案),编制施工交底文件。

③施工前,根据施工图设计文件要求,放好平面控制轴线(或中心线)和施工边线,控制平面位置。

④施工前,定好标高控制点,做好高程控制标志。如在基坑(槽)或管沟的边坡上每隔3 m水平打入木桩,控制填土层上表面标高,在室内和散水的边墙上弹上水平线或在地坪上钉好标高控制的木桩。

⑤施工前，应组织建设、监理、勘察、设计、施工等参建单位共同检查验收，完成前一工序的分部或分项工程隐蔽验收手续，如基坑(槽)的验槽手续等。

⑥施工作业前，根据地基加固处理的施工图、施工组织设计(专项施工方案)、施工交底和操作工艺标准向班组进行安全技术交底。

(3) 施工准备。

①材料准备。

a. 按照地基加固处理的施工图，计算原材料(砂或砂石等)用量，制定原材料进场计划。

b. 砂或砂石材料按设计要求的种类和需用量进场，并按照有关规范要求进行原材料进场检查及复验，确保原材料质量符合要求。

②劳动力组织。

主要的工种类别有各种土方施工机械操作工种。

③设备与机具。

主要涉及的设备与机具为场内二次运输土料用的斗车、小型装载车，拌匀土料的搅拌机，调整含水量的洒水车等。

(4) 施工工艺流程与施工要点。

①施工工艺流程。

基层处理→测量定位弹线、设标桩→(采用人工级配的砂砾石时)混合料拌和均匀→分层铺设→分层夯(压、振)实→检查验收。

②施工要点。

a. 基层处理：砂或砂石地基铺设前，应将基底表面浮土、淤泥、杂物清除干净，槽侧壁按设计要求留出坡度。铺设前应由各参建单位验槽，并做好验槽记录。

b. 测量定位弹线、设标桩：在基槽(坑)内按 5 m×5 m 网格设置标桩(钢筋或木桩)，控制每层砂或砂石的铺设厚度。

c. 采用人工级配砂砾石，应先将砂和砾石按配合比过斗计量，拌和均匀，再分层铺设。

d. 分层铺设。

(a)砂或砂石地基铺设时，严禁扰动下卧层及侧壁的软弱土层，防止被践踏、受冻或受浸泡，降低其强度。如下卧层表面有厚度较小的淤泥或淤泥质土层，当挖除困难时，经设计同意可采取挤淤处理方法，即先在软弱土面上堆填块石、片石等，将其压入以置换和挤出软弱土，然后再铺筑砂或砂石地基。

(b)砂或砂石地基应分层铺设、分层夯(压)实，分层厚度应符合规范要求，每层填筑密实后做密实度试验(按照规范要求或各方商定的技术方案选用试验方法)，密实度试验合格(符合设计要求)后再铺筑下一层砂或砂石。

(c)当地下水位较高或在饱和的软弱基层上铺设砂或砂石地基时，应加强基层内及外侧四周的排水工作，防止引起砂或砂石地基中砂的流失和基坑边坡的破坏；宜采取人工降低地下水位措施，使地下水位降低至基坑底 500 mm 以下。

(d)当采用插振法施工时，以振捣棒作用部分长度的 1.25 倍为间距(一般为 400～500 mm)插入振捣，依次振实，以不再冒气泡为准。应采取措施控制注水和排水。每层接头处应重复振捣，插入式振捣棒振完后所留孔洞应用砂填实；在振捣第一层时，不得将振捣棒插入下卧土层或基槽(坑)边坡内,以避免软土混入砂或砂石地基而降低地基强度。

3. 高压喷射注浆复合地基

(1) 知识准备与一般要求。

①高压喷射注浆是利用钻机把带有喷嘴的注浆管钻进至土层的预定位置后,以高压设备使浆液以 20～40 MPa 的高压流从喷嘴中喷射出来,冲击破坏土体,同时钻杆以一定速度渐渐向上提升,将浆液与土颗粒强制搅拌混合,浆液凝固后,在土中形成一个固结体,以达到改造土体目的的一种方法。

②高压喷射注浆适用于淤泥、淤泥质土、流塑软塑或可塑黏性土、粉土、砂土、黄土、素填土和碎石土等地基的加固。

③高压喷射注浆可用于既有建筑和新建建筑的地基处理,深基坑侧壁挡土或挡水,基坑底部加固防止管涌与隆起,堤坝的加固与防水帷幕等工程。

(2) 作业条件。

①收集、整理、查阅反映工程地质和水文地质条件的工程地质勘察报告等文件资料,现场踏勘,核实现场实地情况与工程资料是否一致,充分掌握钻机成孔范围内各土层的分布、组成和埋深。

②核对施工图设计文件,掌握加固范围及其质量要求。

③编制地基加固处理的施工组织设计(专项施工方案),编制施工交底文件。

④根据施工图设计文件要求,测量放线,设置桩位标志。

⑤平整场地,挖好排浆沟、排水沟,设置临时设施。

⑥取现场土样,在室内按不同含水量和配合比进行配方试验,选取合理的浆液配合比。

⑦施工作业前,根据地基加固处理的施工图、施工组织设计(专项施工方案)、施工交底和操作工艺标准向班组进行安全技术交底。

(3) 施工准备。

①材料准备。

a. 水泥:喷射注浆地基一般选用水泥基浆液,按设计要求选用 P·O32.5 或 P·O42.5 普通硅酸盐水泥,水泥进场按要求检查水泥质量证明文件并按规范要求的频率取样复验,合格后方可使用。

b. 外掺料和外加剂:常用的外加剂有早强剂、分散剂等,采用的外掺料一般为粉煤灰、矿渣等,外掺料和外加剂必须经过技术方案论证,按照规范要求检查质量证明文件、取样复验,合格后方可使用。

c. 配合比:按设计或技术方案要求选取浆液配合比,并严格按照配合比配置注浆液。

②劳动力组织。

主要的工种类别有钻机操作工、注浆工等。

③设备与机具。

施工机具主要由钻机和注浆高压泵两大部分组成。

(4) 施工工艺流程与要点。

①施工工艺流程。

测量定位→钻机就位→校正钻杆垂直度→钻孔→拌浆→边旋喷注浆边拔注浆管→

检查。

②施工要点。

a. 钻机就位。

测量人员在地面按设计位置设置桩位定位标记，钻机按标记位置就位。

b. 校正钻杆垂直度。

钻机就位后，应检查是否已安放平整，并用线垂或仪器检查其钻杆垂直度。

c. 钻孔。

旋喷管在钻进前，应对各部位进行例行检查，无误后方可钻进；钻进用高压水喷射进尺，如遇障碍应采取相应措施；钻进至设计深度后，应经现场施工人员或监理人员复测无误后，方可终孔。

d. 拌浆。

按确定的配比拌制注浆液，为保证符合文明、绿色施工等环保要求，拌浆池、注浆泵等的设置、连接要保证施工场地不会被浆液污染。

e. 喷射注浆。

喷射作业前应检查喷嘴是否堵塞，注浆管、输气管是否存在泄漏等现象，检查无异常后，按设计要求进行喷射作业。施工过程中应随时检查各压力表所示压力是否正常，出现异常情况，应立即停止喷射作业，待一切恢复正常后，再继续施工。边喷射作业，边拔出注浆管。控制注浆管提升速度，保证注浆压力和注浆量。

f. 检查。

过程中注意检查钻孔深度、注浆压力和注浆量，加固处理完成后，按照检测方案，检查加固后的地基承载力是否合格。

任务二　基坑支护工程施工

任务目标

了解常用的基坑支护结构的类型及其优缺点；掌握钢筋混凝土内支撑的施工工艺流程、施工要点；掌握土层锚杆的施工工艺流程、施工要点；掌握土钉墙的施工工艺流程、施工要点；掌握地下连续墙的施工工艺流程、施工要点；熟悉钢筋混凝土内支撑、土层锚杆、土钉墙、地下连续墙的施工质量要求。

一、相关知识

（一）地下结构工程的做法

埋深较大的地下结构工程的做法有两大类：顺作法和逆作法。

顺作法就是在挖土的时候，先挖土方至设计标高，再从下往上依次做底板、墙体和顶板等主体设施。顺作法具有施工简单、快捷、经济、安全的优点，缺点是对周围环境的影响较大。在土方开挖前需要做好地下围护结构，防止土方开挖和地下结构施工期间土体坍塌。

逆作法是先沿建筑物地下室轴线或周围施工地下连续墙或其他支护结构,同时在建筑物内部的有关位置浇筑或打下中间支承桩和柱,作为施工期间于底板封底之前承受上部结构自重和施工荷载的支撑。先完成地面一层的梁板楼面结构,随后逐层向下开挖土方和浇筑各层地下结构,直至底板封底。同时,由于地面一层的楼面结构已完成,为上部结构施工创造了条件,所以可以同时向上逐层进行地上结构的施工。如此地面上、下同时进行施工,直至工程结束。

逆作法的显著优点:①建筑物上部结构的施工和地下基础结构施工可以平行立体作业,在建筑规模大、楼层多时,可节省工期;②围护结构变形量小,因而对邻近建筑的影响较小;③施工可少受风雨影响,土方开挖可较少或基本不占总工期。逆作法存在的缺点:①逆作法支撑位置受地下室层高的限制,无法调整高度,如遇较大层高的地下室,有时须另设临时水平支撑或加大围护墙的断面及配筋;②由于挖土是在顶部封闭状态下进行的,基坑中还分布有一定数量的中间支承柱和降水用井点管,尚缺乏小型、灵活、高效的小型挖土机械,挖土的难度增大;③地下结构的准确定位对测量技术要求较高。

当前我国地下结构工程的施工以顺作法为主,逆作法仅在一些特殊、大型的地下结构工程施工中采用。

顺作法的关键工序有降低地下水位,基坑支护工程,土方开挖,地下结构施工及防水工程等。其中基坑支护工程是确保安全施工的关键。

(二)基坑支护工程的主要特点

1. 临时性

基坑支护结构大多为临时性结构,其作用仅是在基坑开挖和地下结构施工期间保证基坑周边建筑物、道路、地下管线等环境的安全和本工程地下结构施工的顺利进行,其有效使用期一般为一年左右(在特殊情况下,支护结构也可成为固定结构的一部分)。由于基坑支护结构是临时性结构,建设、施工单位往往不愿投入太多的资金,但基坑支护工程一旦出现工程事故,处理十分困难,造成的危害一般较大,且常常会造成对人员的伤害,经济损失比节省下来的支护工程费用要大得多,这样的惨痛教训很多。因此,临时性结构要确保安全。

2. 技术综合性

基坑支护工程是岩土、结构、施工、测试、环境保护等学科知识的综合应用,因而对从事基坑工程的技术人员的业务知识水平要求较高,同时又要求具有相当的工程经验和对当地地质情况的深入了解。

3. 不确定性

基坑支护工程在施工过程中受到周边建筑和地下设施的巨大影响。并且,在施工以前,有时勘察钻孔也无法探明局部特殊的地质和场地周边的情况,尤其在老城区的改造过程中,周边建筑密集度高,地下管线、地下设施资料不全,给基坑支护方案的制定、设计和施工增加了难度,使基坑施工具有一定的不确定性,易引发突发事故。由于基坑施工具有不确定性,基坑支护工程事故频发,风险极大,应引起工程技术人员的高度重视。

4. 地域性

由于不同地区具有不同的水文地质、工程技术经济条件,在长期、大量的基坑工程实践中，逐渐形成具有地域特色的基坑支护技术。

（三）基坑侧壁的安全等级

基坑支护设计时，应综合考虑基坑周边环境和地质条件的复杂程度、基坑深度等因素，对同一基坑的不同部位可采用不同的安全等级。

《建筑基坑支护技术规程》(JGJ 120—2012)对基坑侧壁安全等级的规定见表2-2。

表2-2　支护结构的安全等级

安全等级	破坏后果
一级	支护结构失效、土体过大变形对基坑周边环境或主体结构施工安全的影响很严重
二级	支护结构失效、土体过大变形对基坑周边环境或主体结构施工安全的影响严重
三级	支护结构失效、土体过大变形对基坑周边环境或主体结构施工安全的影响不严重

（四）常见基坑支护结构类型

基坑支护结构一般由挡土挡水的桩(排桩、板桩)、墙结构以及支撑体系构成。

1. 挡土挡水的桩(排桩、板桩)、墙结构

挡土挡水的桩、墙结构一般采用排桩或地下连续墙。排桩或地下连续墙支护结构就是在基坑开挖前，沿基坑四周以一定间距(或连续)打入或就地浇筑桩体(连续墙)，形成桩体队列，桩体队列与支撑或拉锚组成的结构抵抗外侧土体和地下水的侧压力，形成挡土结构。常见的类型有钢板桩、钻孔灌注桩、地下连续墙等。

(1)钢板桩。

在基坑开挖以前，在基坑四周连续打入钢板桩，钢板桩之间通过锁口连接，形成连续桩体，利用桩体强度抵抗外侧土体和地下水的侧压力，形成挡土结构。钢板桩的截面形式较多，常用的有U形、Z形、H形。近年来由于热轧技术的发展，生产了一些宽度和高度较大的钢板桩，钢板桩的效率(截面模量/重量)大为提高，使其用途扩大，如图2.1、图2.2所示。

图2.1　钢板桩(一)

图2.2　钢板桩(二)

钢板桩一次性投资大，施工中多以租赁方式租用，用后拔出归还。

钢板桩的优点是材料质量可靠，在软土地区打设方便，施工速度快而简便；有一定的挡水能力；可多次重复使用；一般费用较低。其缺点是普通的钢板桩刚度不够大，用于较

深的基坑时支撑(或拉锚)工作量大,否则变形较大;在透水性较好的土层中不能完全挡水;拔除时易带土,如处理不当会引起土层移动,可能危害周围环境。

(2) 钻孔灌注桩。

钻孔灌注桩围护墙是排桩式中应用较多的一种。通常采用直径 500～1000 mm、桩长 15～20 m 的钢筋混凝土钻孔灌注桩,其挡墙抗弯能力强、变形相对较小、经济效益较好,适用于开挖深度为 6～10 m 的基坑(图 2.3)。

钻孔灌注桩施工很难做到桩与桩相切,多为间隔排列式,故不具备挡水功能,适用于地下水位较深、土质较好的地区。在地下水位较高的地区应用时,则应另做止水帷幕。例如,在上海地区常用 1.0 m 厚的水泥土搅拌桩墙作为止水帷幕。

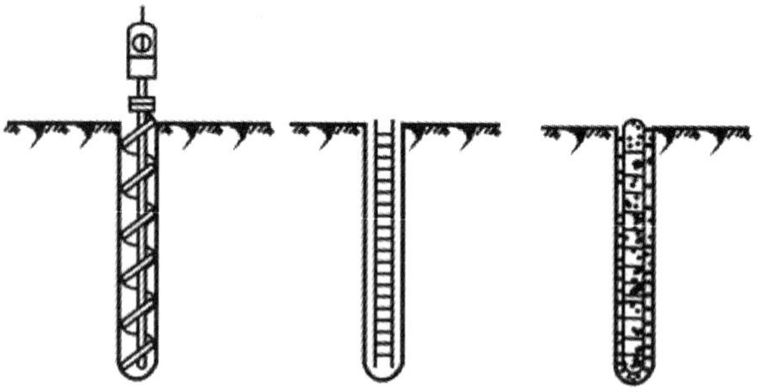

图 2.3　钻孔灌注桩工艺展示

(3) 地下连续墙。

在基坑开挖之前,沿基坑四周用专用开槽设备、在泥浆护壁的条件下开挖出一定长度的深槽,然后下钢筋骨架浇筑混凝土形成单元混凝土墙,各单元利用特制的接头连接,从而形成地下连续墙(图 2.4)。地下连续墙具有挡土、防水抗渗和承重三种功能,能适应任何土质,特别是软土地基,且对周围环境影响小,但其造价高。当基坑深度大、周围环境复杂并要求严格时,地下连续墙是首选支护形式。

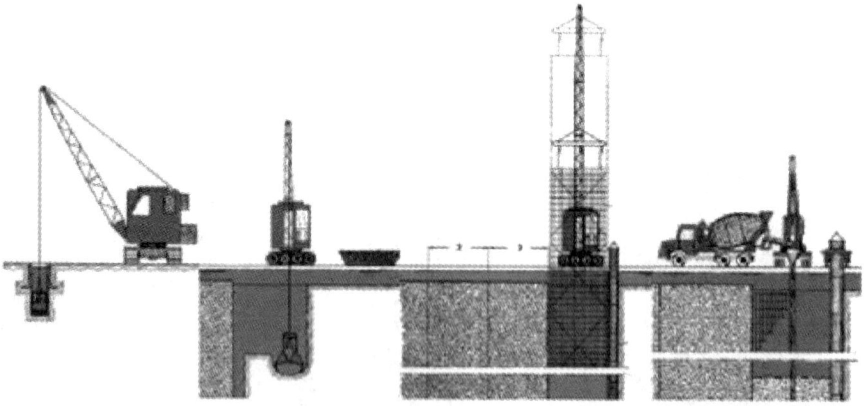

图 2.4　地下连续墙工艺展示

地下连续墙施工如与逆作法结合使用,则基坑围护墙与主体结构外围护墙合一,能降低工程总成本。

(4) 水泥土墙。

水泥土墙支护结构是指由水泥土桩相互搭接形成的格栅状、壁状等形式的重力式结构。常用的水泥土墙有深层搅拌水泥土围护墙、高压旋喷注浆桩等。

①深层搅拌水泥土围护墙。

深层搅拌水泥土围护墙是采用深层搅拌机就地将土和输入的水泥浆强行搅拌，利用水泥和软土之间所产生的物理化学反应，形成连续搭接的水泥土柱状加固体挡墙，利用其本身的重量和刚度来进行挡土的围护墙(图 2.5)。同时水泥土加固体的渗透系数一般不大于 10 cm/s，能止水防渗，因此深层搅拌水泥土围护墙具有挡土和防渗的双重作用，可兼作隔水帷幕。

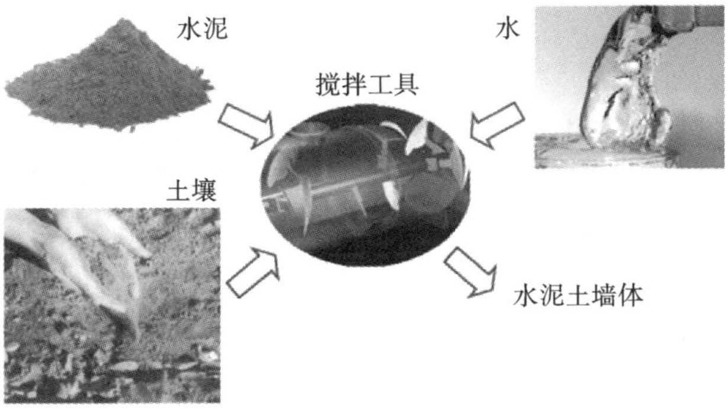

图 2.5　深层搅拌水泥土围护墙工艺原理

深层搅拌水泥土围护墙的优点是：坑内一般无支撑，便于机械化快速挖土；具有挡土、防渗的双重功能；一般情况下较经济。其缺点是：位移相对较大，尤其在基坑长度大时；厚度较大；在水泥土搅拌施工时可能影响周围环境。

一般情况下，当红线位置和周围环境允许，基坑深度小于或等于 7 m 时，在软土地区应优先考虑采用。

②高压旋喷注浆桩。

高压旋喷注浆桩是利用高压，经过旋转的喷嘴将水泥浆喷入土层内与土体混合形成水泥土加固体，相互搭接形成桩排，用来挡土和止水(图 2.6)。其施工费用高于深层搅拌水泥土围护墙，但它可以用于空间较小处。施工时要控制好上提速度、喷射压力和水泥喷射量。

图 2.6　高压旋喷注浆桩施工场景

③组合式墙((SMW 工法挡墙)。

组合式墙是在深层搅拌水泥土围护墙内插入 H 型钢等(多数为 H 型钢，亦有插入拉森式钢板桩、钢管等)，将承受荷载与防渗挡土结合起来，使之成为同时具有受力与抗渗两种功能的支护结构的围护桩(图 2.7、图 2.8)。基坑深度大时亦可加设支撑。

图 2.7 组合式墙((SMW 工法挡墙)

图 2.8 SMW 工法(劲性水泥土搅拌桩)挡墙

1—插在水泥土桩中的 H 型钢;2—水泥土桩

(5)土钉墙。

所谓"土钉",就是置入现场原位土体中以较密间距排列的细长杆件,如钢筋或钢管等,通常还外裹水泥砂浆或水泥净浆浆体(注浆钉)。土钉的特点是通长与周围土体接触,以群体起作用,与周围土体形成一个组合体,在土体发生变形的条件下,通过与土体接触面的黏结力或摩擦力,使土钉被动受拉,以此给土体约束加固或使其稳定。

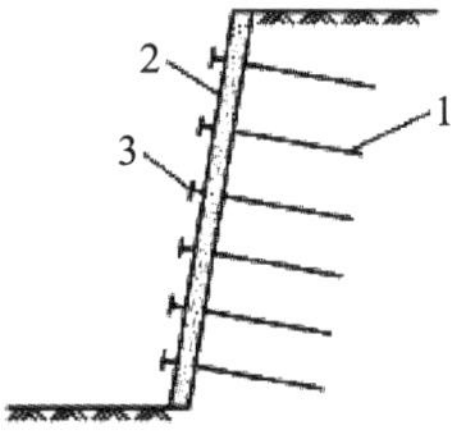

图 2.9 土钉墙

1—土钉;2—喷射的细石混凝土面层;3—钉头

土钉墙就是采用土钉加固的基坑侧壁土体与护面等组成的支护结构(图 2.9)。它不仅提高了土体整体刚度,而且弥补了土体抗拉和抗剪能力弱的特点,通过相互作用,土体自身结构强度的潜力得到充分发挥,还改变了边坡变形和破坏性状,显著提高了整体稳定性。

土钉墙主要用于土质较好地区,基坑深度不宜大于 12 m。我国华北和华东北部地区一带应用较多。

(6) 放坡开挖。

当基坑深度较浅,周围无紧邻的重要建筑且施工场地允许时,无须进行基坑支护,可采取此开挖方法(图 2.10、图 2.11)。此时坑内无支撑,坑内土方机械作业面宽敞无障碍,但如果地下水位较高,必须采取降低地下水位的措施。

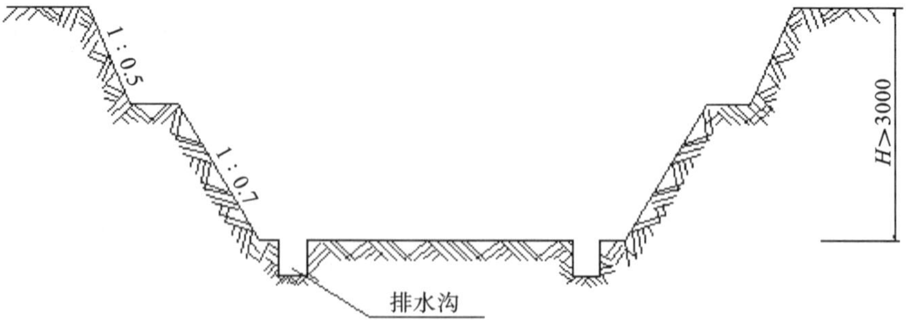

图 2.10 基坑放坡断面

各种支挡结构及其适用条件见表 2-3。

图 2.11　基坑放坡实景

表 2-3　各种支挡结构及其适用条件

结构类型	适用条件
排桩或地下连续墙	1. 使用于基坑安全等级一、二、三级 2. 悬臂结构在软土场地中不宜大于 5 m 3. 当地下水位高于基坑底面时，宜采用降水、排桩加截水帷幕或地下连续墙
水泥土墙	1. 基坑侧壁安全等级宜为二、三级 2. 水泥土桩施工范围内地基土承载力不宜大于 150 kPa 3. 基坑深度不宜大于 6 m
土钉墙	1. 基坑侧壁安全等级宜为二、三级的非软土场地 2. 基坑深度不宜大于 12 m 3. 当地下水位高于基坑底面时，应采取降水或截水措施
逆作拱墙	1. 基坑侧壁安全等级宜为二、三级 2. 淤泥和淤泥质土场地不宜采用 3. 拱墙轴线的矢高比不宜小于 1/8 4. 基坑深度不宜大于 12 m 5. 地下水位高于基坑底面时，应采取降水或截水措施
放坡	1. 基坑侧壁安全等级宜为三级 2. 施工场地应满足放坡条件 3. 可独立或与上述其他结构结合使用 4. 地下水位高于坡脚时，应采取降水措施

2. 支撑体系

挡土挡水的桩、墙等围护构件，从受力角度分析就是悬臂构件，随着基坑深度的增加，围护结构的内力和变形增加，围护构件的配筋和截面面积迅速加大，不利于结构受力和工程造价控制。为使围护桩墙经济合理且受力后的变形控制在一定范围内，应增设支撑体系，在围护桩墙竖向增设支撑点，以减小构件跨度，降低构件内力和变形，避免因构件截面的迅速加大而引起围护结构造价的增加。如在坑内对围护墙加设支撑，称为内支撑(图 2.12(a));如在坑外对围护墙拉设支撑,则称拉锚(土层锚杆)(图 2.12(b))。

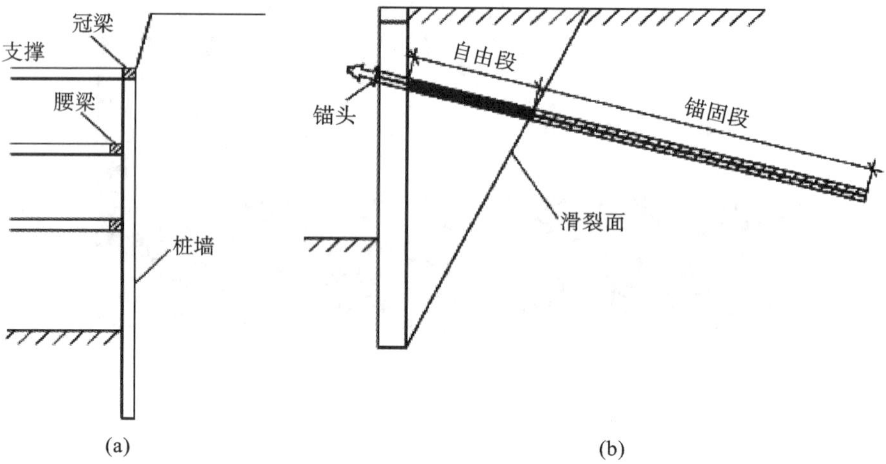

图 2.12 墙-锚杆结构示意图

内支撑受力合理、安全可靠、易于控制围护墙的变形,但内支撑的设置给基坑内挖土和地下室结构的支模和浇筑带来不便(图 2.13)。用土层锚杆拉结围护墙,坑内施工无任何阻挡,但在软土地区土层锚杆的变形较难控制,且土层锚杆有一定长度,在基坑外必须有一定的范围才能应用(图 2.14)。因而在土质好的地区,如具备锚杆施工设备和技术,应发展土层锚杆;而在软土地区,为便于控制围护墙的变形,应以内支撑为主。

图 2.13 钢管内支撑

图 2.14 锚杆支撑

二、常用基坑支护结构施工

1. 钢筋混凝土内支撑施工

(1) 知识准备与一般要求。

①内支撑体系由水平支撑和竖向支承两部分组成,深基坑开挖中采用内支撑体系的围护方式已得到广泛的应用。特别是在软土地区基坑面积大、开挖深度深的情况下,内支撑体系具有无须占用基坑外侧地下空间资源、可提高整个围护体系的整体强度和刚度,以及可有效控制基坑变形的特点,而得到大量的应用。

②内支撑体系的构成。

围檩、水平支撑、钢立柱和立柱桩是内支撑体系的基本构件,典型的内支撑系统实景如图 2.15 所示。

a. 围檩是协调支撑和围护墙结构间受力与变形的重要受力构件,可加强围护墙的整

图 2.15　内支撑实景

体性，并将其所受的水平力传递给支撑构件，因此要求具有较好的自身刚度和较小的垂直位移。首道支撑的围檩应尽量兼作围护墙的圈梁，必要时可将围护墙墙顶标高降低，如首道支撑体系的围檩不能兼作圈梁，应另外设置围护墙顶圈梁。圈梁可将离散的钻孔灌注围护桩、地下连续墙等围护墙连接起来，加强了围护墙的整体性，对减少围护墙顶部位移有利。

b. 水平支撑是平衡围护墙外侧水平作用力的主要构件，要求传力直接，平面刚度好而且分布均匀。

c. 钢立柱及立柱桩的作用是保证水平支撑的纵向稳定，加强支撑体系的空间刚度和承受水平支撑传来的竖向荷载，要求具有较好的自身刚度和较小的垂直位移。

③支撑的结构形式。

a. 钢支撑。

优点：自重轻，安装和拆除方便，施工速度快，可以重复利用（环保、绿色），安装后能立即发挥支撑作用，对减少由于时间效应而增加的基坑位移十分有效。

缺点：节点构造和安装相对比较复杂，施工质量和水平要求较高。

钢支撑适用于对撑、角撑等平面形状简单的基坑。

b. 钢筋混凝土支撑。

优点：刚度大，整体性好，布置灵活，适用于不同形状的基坑，而且不会因节点松动而引起基坑位移，施工质量容易得到保证。

缺点：现场制作和养护时间较长，拆除工程量大，支撑材料不能重复利用。

c. 支撑结构也可采用钢支撑与钢筋混凝土支撑的组合形式。

④支撑施工原则。

无论何种支撑，其施工原则都是相同的。土方开挖的顺序、方法必须与设计工况一致，并遵循“先撑后挖、限时支撑、分层开挖、严禁超挖”的原则进行施工，尽量减少基坑无支撑暴露的时间和空间。同时应根据基坑工程等级、支撑形式、场内条件等因素，确定基坑开挖的分区及其顺序；宜先开挖周边环境要求较低的一侧土方，并及时设置支撑；环境要求较高一侧的土方开挖，宜采用对称开挖、限时完成支撑或垫层的方式。

基坑开挖应按支护结构设计、降排水要求等确定开挖方案，开挖过程中应分段、分层、随挖随撑，按规定时限完成支撑的施工，做好基坑排水，减少基坑暴露时间。基坑开挖过程中,应采取措施防止碰撞支护结构、工程桩或扰动原状土。

(2) 作业条件。

①收集、整理反映工程地质和水文地质条件的工程地质勘察报告等文件资料。

②现场踏勘,核实现场实地情况与工程资料是否一致,充分掌握基坑开挖范围内各土层的分布、组成和埋深。

③组织基坑支护工程施工图设计交底与图纸会审,形成设计交底与图纸会审纪要,掌握基坑支护工程的设计和质量要求。

④编制基坑支护工程的施工组织设计(专项施工方案),编制施工交底文件。

⑤根据基坑支护工程施工图设计文件,测量放线,设置桩位标志。

⑥进行施工现场三通一平,做好降排水。

⑦进行塔吊安装验收,以便吊运钢筋、模板等。

⑧施工作业前,根据地基加固处理的施工图、施工组织设计(专项施工方案)、施工交底和操作工艺标准向班组进行安全技术交底。

(3) 施工准备。

①材料准备。

a. 钢筋或型钢:按施工图设计文件及相关规范要求要求,检查钢筋或型钢的品种、牌号、规格是否正确,按工程用量及工期要求确定材料进场计划,按相关规范要求检查材料质量。

b. 商品混凝土:检查配合比、合格证等。

c. 模板及其支撑构件:根据选用的模板类型准备模板面板及其配套采用的支撑构件,如木方、钢管、卡箍等。

②施工机械和设备。

a. 塔吊、混凝土泵、泵管、钢筋加工设备(钢筋切断、调直、弯曲、焊接设备)。

b. 模板加工设备(圆盘锯等)。

c. 安装模板及其支撑的锤子、电动扳手、撬棍、绳锯、风镐、空压机等。

③施工人员:钢筋工、模板工、混凝土工、塔吊司机、塔吊司索工及信号工等。

(4) 施工工艺及要点。

①混凝土支撑的施工由多个分部分项工程组成,根据施工的先后顺序,一般可分为施工测量、钢筋工程、模板工程以及混凝土工程。

②具备开挖条件后,先开挖至第一道钢筋混凝土支撑底以下 150 mm 标高。

③测量定位,放出竖向支承柱中心位置,然后采用钻孔灌注桩的施工方法施工竖向支承柱,当前竖向支承柱基本采用型钢骨架。

工艺流程:钻孔→吊放型钢骨架→灌注保护混凝土或砂浆。

④多道钢筋混凝土支撑施工的工艺流程。

a. 第一道钢筋混凝土支撑施工:基坑土方开挖至第一道钢筋混凝土支撑梁底的垫层底面→凿开支护结构与围檩的连接面→钢筋混凝土支撑垫层施工(图 2.16)→绑扎支撑梁钢筋(图 2.17)→安装支撑梁的侧模板(图 2.18)→安装梁边护栏预埋铁件→浇筑混凝土(预留拆除钢筋混凝土支撑梁的爆破孔)(图 2.19)→养护→拆模、清理(图 2.20)。

图 2.16　第一道支撑部分垫层

图 2.17　第一道支撑钢筋绑扎

图 2.18　第一道支撑模板安装

图 2.19　第一道支撑混凝土浇筑

图 2.20　第一道支撑成型

b.第二道钢筋混凝土支撑施工:基坑土方开挖至第二道钢筋混凝土支撑梁底的垫层底面(图 2.21、图 2.22)→凿开支护结构与围檩的连接面、支承桩清理→钢筋混凝土支撑垫层施工(图 2.23)→绑扎支撑梁钢筋→安装支撑梁的侧模板→浇筑混凝土(预留拆除钢筋混凝土支撑梁的爆破孔)→养护→拆模、清理(图 2.24)。

图 2.21　第二层土方开挖(一)

图 2.22　第二层土方开挖(二)

图 2.23　第二层垫层施工(之后重复第一层工艺)

图 2.24　支撑完成

往下各道支撑与第一、第二道支撑的工艺流程类似。

⑤施工要点。

a. 护壁施工。

(a)支护结构施工时应考虑支撑点的位置处理，当围檩支撑点设在支护桩顶的帽梁时，其顶上应加长预留钢筋，作为浇筑支护桩顶的压顶帽梁的锚筋；当支撑点设在支护上的某一标高处时，该处的支护桩一般应预埋钢筋，在挖土方暴露后，清理干净该标高的混凝土，还将预埋钢筋拉出并伸直，用以锚入围檩梁内。竖向支撑钢骨桩与支撑梁的梁柱节点处，支撑梁的钢筋应锚固在型钢骨架内。

(b)与围檩梁接触的支护壁部位，一定要凿毛清理，以保证围檩梁与护壁紧密衔接。

b. 支撑梁的施工。

(a)钢筋混凝土支撑梁和围檩梁的底模(垫层)施工，可以采用基坑原土填平夯实加覆盖尼龙薄膜，也可用铺模板、浇筑素混凝土垫层、铺设油毛毡等方法。经过测量放线后，再绑扎钢筋，然后安装侧模板。

(b)檩梁和支护结构之间的连接可用预埋钢筋，以斜向方式焊接在支护壁的主筋上。

(c)钢筋混凝土支撑梁和围檩梁的侧模利用拉杆螺丝固定，钢筋混凝土撑梁应按设计要求预起拱。

(d)钢筋混凝土支撑梁和围檩梁混凝土浇筑应同时进行，保证支撑体系的整体性。

(e)为了方便拆除钢筋混凝土支撑梁及围檩梁，在浇筑混凝土时应考虑预留爆破孔。

为了保证施工人员在支撑梁上行走的安全,支撑梁两侧预埋用于焊接栏杆的铁件。

(f)为了缩短工期,及早进入土方开挖阶段,混凝土配比中可加入早强剂,并加强养护,当混凝土达到要求强度后,就可以进行土方开挖。

(g)混凝土浇筑、拆模和养护按有关规范要求进行,保证混凝土后期强度的增长。

c. 土方开挖每层又要根据基坑深度和挖土机械伸展深度能力进行分层挖土,每一层土方开挖都要待混凝土的强度满足要求后,才能往下进行土方开挖。每层挖到支撑梁顶面标高或底板垫层面标高上方 300 mm 处,然后采用人工开挖,保证支撑梁的标高严格按照设计要求。

(a)在先施工的支撑范围内的土方应首先开挖,由远至近地进行,若有多道钢筋混凝土支撑,应按支撑的道数分层开挖:第一层土方→支撑→第二层土方→支撑→底层土方。

(b)在基坑下运土车辆通过的路段中,遇到混凝土支撑梁时,先用掘土机将土覆盖在支撑梁上以作保护,覆盖厚度不小于 50 cm,这样就可以让运土车辆在上面行走,避免车辆压坏支撑梁。

(c)随着挖土深度的加深,护壁和立柱的支撑点凿毛也同时进行。

(d)做好降水工作,如采用地下连续墙作为护壁,一般来说,地下水较少时,用少量的集水井就可以解决问题。

2. 土层锚杆施工

(1) 知识准备与一般要求。

①土层锚杆简称土锚,在基坑支护工程施工时,一般和挡土桩、挡土墙等共同构成基坑侧壁的排桩墙+锚杆支护结构体系。锚杆的一端锚固在挡土桩、挡土墙的冠梁或腰梁等工程构筑物上,另一端锚固在土层中,是一根受拉杆件,当挡土桩、挡土墙受到墙后土体的推动,有失稳倒塌趋势的时候,锚杆拉住挡土桩、挡土墙,维持住构筑物及其所防护的土体的稳定,保证深基坑的侧壁不会坍塌。

②土层锚杆主要分为预应力和非预应力两种锚杆。当基坑周边土体已经发生位移时,基坑周边地面可能会开裂,埋设在周边土层中的给水、排水、电缆、燃气管道等可能会由于土体发生不均匀沉降而拉裂,这个时候锚杆再开始起作用就晚了,所以当前广泛应用于深基坑侧壁支护,和挡土桩、挡土墙以及冠梁、腰梁共同形成支护体系的主要是预应力锚杆,也就是在土体还没有发生变形的时候先把锚杆张拉紧固,主动拉住支护结构,必须抵消锚杆的抗拉拔力后才会发生土层破坏、侧壁坍塌。

③锚杆的构成。

预应力锚杆,一般由锚头、自由段和锚固段三部分组成。锚头是用预应力锚具把锚杆固定在冠梁或腰梁上,埋在土层中的锚杆根据滑动面分为锚固段和自由段。其中锚固段是用水泥浆或水泥砂浆将钢拉杆与土体黏结在一起形成锚杆的锚固体,自由段是用塑料套管套住钢拉杆以防止锈蚀。

④锚杆杆体:由筋材、防腐保护体、隔离架和对中支架组装而成。筋材可以采用钢筋、钢管、钢丝束、钢绞线等材料。

⑤锚杆抗拉拔力的影响因素:钢拉杆自身的强度、钢拉杆与锚固体之间的握裹力、锚固体和孔壁之间的摩阻力。

⑥土层锚杆的布置。

土层锚杆的布置应遵守以下规定。

a. 锚杆上下排间距不宜小于 2.0 m；锚杆水平方向间距不宜小于 1.5 m。

b. 锚杆锚固体上覆土层厚度不应小于 4.0 m，锚杆锚固段长度不应小于 5.0 m。

c. 倾斜锚杆的倾角不应小于 10°，并不得大于 45°，以 15°～25°为宜。

(2) 作业条件。

①查阅工程地质勘察报告，踏勘现场，了解施工现场的地质、水文、环境条件。

②熟读施工图纸，编制施工方案并完成审批手续。

③编制施工技术交底文件，对现场施工人员进行施工技术交底。

④进行现场三通一平，做好排水设施，安排好用于制作锚杆钢拉杆的场地。

⑤开挖作业面、作业面宽度及平整要满足钻孔施工的需要，修建施工便道及排水沟，安装临时水、电线路，保证供水、排水和供电。

⑥有基坑变形监护方案，现场设置检测点。

(3) 施工准备。

①材料准备。

认真检查预应力锚杆用的钢绞线、锚具、砂浆等原材料的品种、规格、型号是否符合设计要求，核对原材料的合格证与出厂检验报告等质量证明文件和材料上的标识标牌是否一致，然后按规范要求对需要进行见证取样的原材料进行见证取样，把样品送到第三方检测机构复验，取得复验报告证明原材料质量合格后，才能用于现场施工。

②劳动力组织。

主要的工种类别有钻机操作工、注浆工等。

③施工机械和设备。

准备钻孔机械、砂浆搅拌机械、预应力张拉设备、压力注浆机、注浆管等，并检查设备的状态是否完好。

(4) 施工工艺及要点。

①土层锚杆的基本施工工序包括制作锚杆杆体、钻孔、安放锚杆、灌浆、张拉和锚固。

②土层锚杆的施工程序。

钻孔方法有冲水钻进法和干作业钻孔法。

a. 冲水钻进法的具体施工程序：开挖作业面→测量、放线定孔位→钻机就位→接钻杆→校正孔位→调整钻杆角度→打开水源→钻孔至设计孔深→退出钻杆→插入锚杆→压力灌浆→等待砂浆达到要求的强度→在做好的冠梁或腰梁的梁侧固定锚板→焊锚具→张拉→锚头(锚具)锁定。

b. 干作业钻孔法施工程序与冲水钻进法基本相同，只是钻孔时不用水冲洗泥渣成孔，而是将土体顺钻杆排出孔外成孔。

③土层锚杆的施工要点。

a. 制作锚杆时设置定位器，每隔 1.0～2.0 m 应设一个，以保证锚杆放入钻好的锚孔时位置居中，保证锚固段的砂浆包裹住钢拉杆从而提供足够的握裹力；预应力锚杆自由端要安装套管，套管要完好、无破损；同时放好灌浆管。

b. 保证钻孔位置正确，规范要求锚杆上、下、左、右位置偏差不超过 10 cm，开钻前要在侧壁定好孔位，架设钻孔机械钻杆要对准孔位置，开钻前钻头要对准。

c. 钻孔倾角要正确，要注意钻孔机械架在稳定的作业面上，钻孔过程中注意保持钻杆倾角。

d. 为了提高锚固体与孔壁之间的摩擦力，可以采用扩孔的方法来扩大锚固体体积，扩孔的方法有机械扩孔、气压扩孔、水压扩孔。

e. 钻孔完毕应尽快地把锚杆放入钻孔，安放锚杆时要防止锚杆碰撞孔壁。

f. 工地自拌砂浆应按设计要求的配合比，水泥、砂、水等原材料要按规定提供质量证明文件并按配合比下料拌和，采用商品砂浆时要有砂浆的质量证明文件；拌和好的砂浆倒入压力灌浆机械时要用过滤网过滤，防止大颗粒堵塞灌浆管。

g. 灌浆管接头要严密，防止漏浆，压力灌浆要随时检查压力表读数，保持灌浆压力；一般一次灌浆的压力为 0.4～2 MPa，如果采用二次灌浆，灌浆的压力为 1～2 MPa。

h. 灌浆完成后，等到锚固段强度达到设计要求的强度后才能进行张拉与锚固，如果设计没有要求，按规范要达到设计强度等级的 75%以上。张拉设备与预应力结构张拉所用设备相同，锚具应选用与锚杆相匹配的规格型号。

i. 锚杆张拉锚固锁定后，才能继续开挖下一层土。

j. 由第三方检测机构进行锚杆检测，验证锚杆是否达到设计要求的抗拉拔力。

3. 土钉墙施工

(1) 知识准备与一般要求。

①土钉墙是一种原位土体加筋技术，由土钉与喷锚混凝土面层两部分组成，也就是天然土体通过由钢筋(或角钢、花管)制成的土钉进行加固，边坡表面铺设一道钢筋网再喷射一层混凝土面层和土方边坡相结合的边坡加固型支护施工方法(图 2.25)。

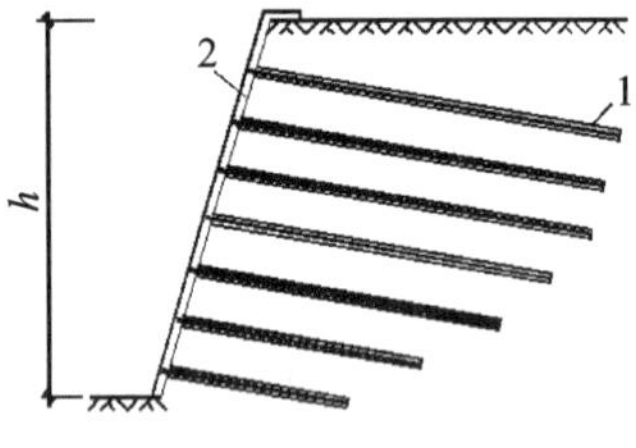

图 2.25 土钉墙构造图

1—土钉；2—喷射混凝土面层

②土钉常见类型。

a. 钻孔注浆型：先用钻机等机械设备在土体中钻孔，成孔后置入杆体(一般采用 HRB335 带肋钢筋制作)，然后沿全长注水泥浆。钻孔注浆土钉几乎适用于各种土层，抗拔力较高，质量较可靠，造价较低，是常用的土钉类型。

b. 直接打入型：在土体中直接打入钢管、角钢等型钢，或者钢筋、毛竹、圆木等，不再注浆。由于打入式土钉直径小，与土体间的黏结摩阻强度低，承载力低，钉长又受限制，所以布置较密，可用人力或振动冲击钻、液压锤等机具打入。直接打入土钉的优点是不需要预先钻孔，对原位土的扰动较小，施工速度快，但在坚硬黏性土中很难打入，不适用于使用年限大于 2 年的永久支护工程，杆体采用金属材料时造价稍高。

c. 打入注浆型：在钢管中部及尾部设置注浆孔成为钢花管，直接打入土中后压灌水泥浆形成土钉。钢花管注浆土钉具有直接打入土钉的优点且抗拔力较高，特别适合于成孔困难的淤泥、淤泥质土等软弱土层、各种填土及砂土，应用较为广泛，缺点是造价比钻孔注浆土钉略高，防腐性能较差，不适用于永久性工程。

③土钉墙适用性。宜用于基坑侧壁安全等级为二、三级的非软土场地，基坑深度一般是在 15 m 以内；当地下水位高于基坑底面时，应采取降水或截水措施；土钉墙墙顶应采用砂浆或混凝土护面，坡顶和坡脚应设排水措施，坡面上可根据具体情况设置泄水孔。

(2) 作业条件。

①查阅工程地质勘察报告，踏勘现场，了解施工现场的地质、水文、环境条件。

②熟读施工图纸，完成施工图会审，编制施工方案并完成审批手续。

③编制施工技术交底文件，对现场施工人员进行施工技术交底。

④搞好场地三通一平，做好排水设施。

⑤开挖作业面、作业面宽度及平整度要满足钻孔施工的需要，修建施工便道及排水沟，安装临时水、电线路，保证供水、排水和供电。

⑥有基坑变形监护方案，现场设置检测点。

(3) 施工准备。

①材料准备。

a. 土钉杆体材料：一般采用钢筋或者角钢等型钢，按工程用量及时备料，检查进场材料质量是否合格。

b. 注浆材料：一般采用水泥砂浆，原材料包括水泥、砂、外加剂、水，并按照给定的配合比拌制，按照规范要求，检查各种原材料质量是否合格，确认是否已经取得经试验室验证合格的配合比。如采用成品砂浆，按照规范要求检查砂浆是否合格。

②施工机械和设备。

a. 开挖作业面：土方挖掘机械、土方运输车辆。

b. 土钉施工：钻孔、打入、灌浆等设备并检查设备是否完好。

③人员准备：土方机械操作人员、注浆工等。

(4) 施工工艺及要点。

①土钉墙施工工艺流程。

修整坡面→放线定孔位→成孔→置筋→堵孔注浆→绑扎、固定钢筋网→压筋→插排水管→喷射混凝土→坡面养护。

②施工要点。

a. 土方开挖。

土钉支护应按设计规定的坡比逐层开挖，防止超挖或欠挖，并及时修整边坡。在未完成上层作业面的支护以前，不得进行下一层深度开挖。当基坑面积较大时，允许在距离四周边坡 8～10 m 的基坑中部自由开挖，但应注意与分层作业区的开挖相协调。

b. 修坡。

坡面应平整，在坡面喷射混凝土支护前，应清除坡面虚土，并控制好坡度。

c. 土钉成孔。

坡面经检查合格后，放线定孔位，成孔。土钉成孔采用的机具应适合土层的特点，在容易塌孔的土体中钻孔时应采用套管成孔或挤压成孔。

d. 放置土钉。

(a)检查孔深、孔径、土钉长度，合格后，及时插入土钉和注浆管至距孔底 350 mm 处，孔口部位设置止浆塞。

(b)钢筋弯钩处采用冷弯，与锚筋成 90°；锚筋沿长度方向每间隔一定距离焊一个三角形托架，使土钉居于锚孔中心。

e. 注浆。

(a)注浆前应将孔内残留或松动的杂土清除干净；土钉钢筋置于孔中后可采用低压、高压方法注浆(低压 0.4～0.6 MPa，高压 1～2 MPa)。注浆开始或中途停止超过 30 min 时，应用水或稀水泥浆润滑注浆泵及其管路；压力注浆时应在口部设止浆塞，压力注浆应注意到附近的面层混凝土强度足以抵抗注浆引起的压力(两种处理方法：一种是成孔置钉后注浆；另一种是先喷一层面层后成孔)。

(b)对于水平钻孔，须用口部压力注浆或分段压力注浆(注浆管一般应插入孔底)，此时必须配以排气管，并与土钉钢筋绑牢，在注浆前与土钉钢筋同时送入孔中。

(c)注浆材料宜选用水泥浆或水泥砂浆；水泥浆的水灰比宜为 0.5，水泥砂浆配合比宜为 1.1～1.2(质量比)，水灰比宜为 0.38～0.45；在开始注浆前或停歇后再作业时，须用水冲洗管路。

(d)注浆时，孔口部位宜设置止浆塞及排气管；每次向孔内注浆时实际注浆量必须超过孔的体积。

f. 混凝土面层施工。

(a)在坡面做喷射混凝土厚度标记。将 $\phi6.5$ 的钢筋编成网片，用插入土中的钢筋固定。钢筋网片均应与上部搭接，给下步留茬，钢筋网搭接长度应不小于一个网格边长。

(b)喷射混凝土的射距宜在 0.6～1.2 m，并自下而上喷射，射流方向应垂直指向喷射面，在钢筋部位应先喷填钢筋后方，然后喷填前方，防止在钢筋背面出现空隙。

(c)当喷射混凝土厚度超过 120 mm 时，应分两次喷射，每次喷射厚度宜为 50～70 mm。当下步喷射混凝土前，应仔细清除预留施工缝接合面上的浮浆层，并喷水使之潮湿。

(d)喷混凝土终凝 2 h 后，应根据当地条件，采取连续喷水养护 5～7 d。喷混凝土的粗骨料最大粒径不宜大于 12 mm，可通过外加减水剂和速凝剂来调节所需工作度和早强时间。

(e)混凝土面层强度可通过强度试验测定。

(f)严格按施工程序逐层施工，严禁在面层养护期间抢挖下一层土方，面层养护 24 h 后方可进行下一层土方开挖。

任务三　浅基础施工

任务目标

了解常用的浅基础类型及其优缺点；掌握条形基础的施工工艺流程、施工要点；掌握独立柱基的施工工艺流程、施工要点；掌握筏板基础的施工工艺流程、施工要点；熟悉条形基础、独立柱基、筏板基础的施工质量要求。

一、相关知识

(1) 浅基础一般指基础埋深 3～5 m，或者基础埋深小于基础宽度，且只需明沟排水、挖槽等普通施工即可建造的基础。

(2) 浅基础根据使用材料性能不同可分为无筋扩展基础(刚性基础)和扩展基础(柔性基础)。

(3) 无筋扩展基础是由砖、石、素混凝土、灰土和三合土等材料建造的墙下条形基础或柱下独立基础。其特点是抗压强度高，而抗拉、抗弯、抗剪性能差，适用于6层和6层以下的民用建筑和轻型工业厂房。无筋扩展基础的截面形式有矩形、阶梯形和锥形等，墙下及柱下基础截面形式如图2.26所示。为保证无筋扩展基础内的拉应力及剪应力不超过基础的允许抗拉、抗剪强度，一般基础的刚性角及台阶宽高比应满足设计及施工规范要求。

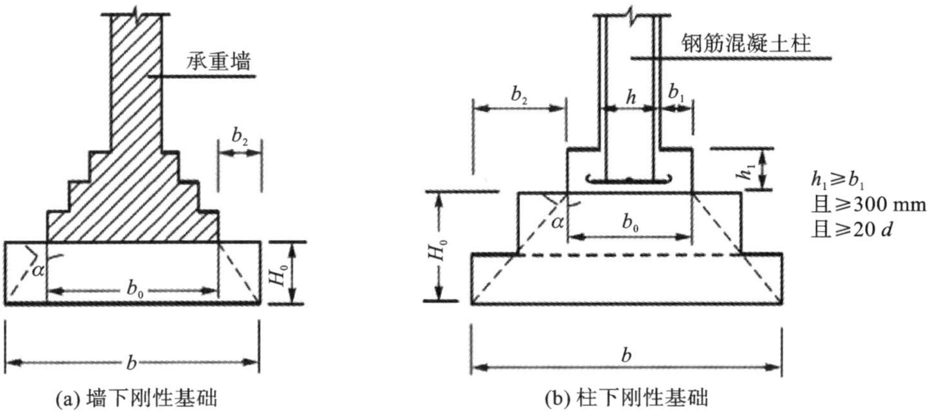

图 2.26　无筋扩展基础截面形式

(4) 扩展基础按构造形式不同又可分为条形基础(包括墙下条形基础与柱下独立基础)、杯口基础、筏式基础、箱形基础等。

二、钢筋混凝土浅基础施工

(1) 扩展基础一般均为钢筋混凝土基础，若上部竖向受力构件是墙，则基础形式为钢筋混凝土条形基础；若上部竖向受力构件是柱，则基础形式为钢筋混凝土柱基。工程中，柱下基础底面形状大多采用矩形，因此也称其为柱下独立基础。柱下独立基础是条形基础的一种特殊形式，有时也统一称为条形基础或条式基础，条形基础构造如图2.27和图2.28所示。条形基础的抗弯和抗剪性能良好，可在竖向荷载较大、地基承载力不高的情况下采用，因为高度不受台阶宽高比的限制，故适合在“宽基浅埋”的场合下使用，其横断面一般呈倒T形。

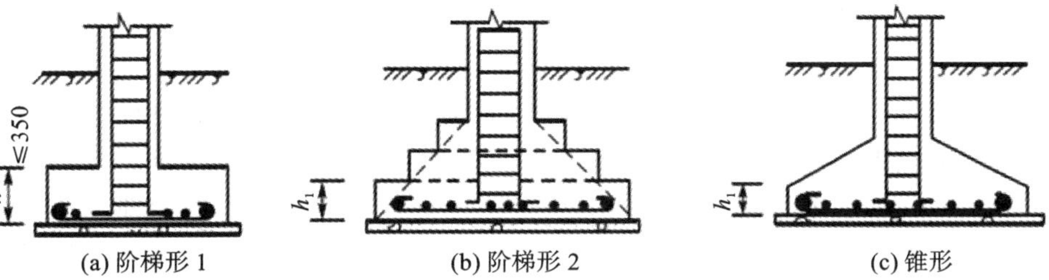

图 2.27　柱下独立基础

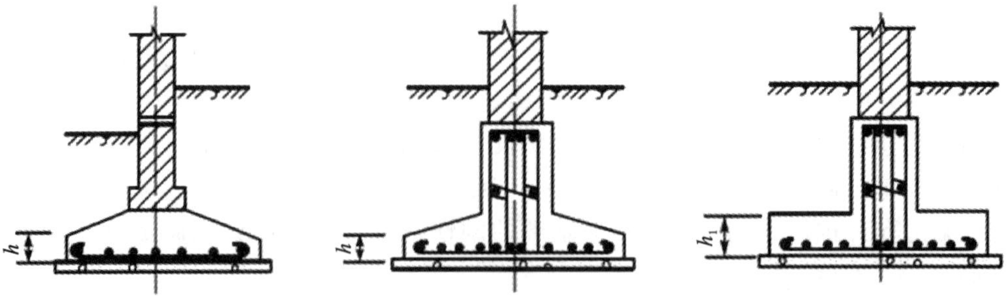

(a) 板式　　(b) 梁板结合式 1　　(c) 梁板结合式 2

图 2.28　条形基础

（2）作为钢筋混凝土构件，扩展基础施工必不可少的三大分项是模板、钢筋、混凝土。

（3）构造要求。

①垫层厚度一般为 100 mm，垫层混凝土强度等级一般选择低标号混凝土（当前要求为 C20）。

②受力钢筋的最小直径不宜小于 8 mm，间距不宜大于 200 mm。当有垫层时钢筋保护层的厚度不宜小于 35 mm，无垫层时不宜小于 70 mm。

③上部竖向构件的钢筋应锚固进基础内（插筋），插筋的数量应和上部竖向构件纵向受力钢筋的数量相同。插筋的锚固及上部竖向构件的纵向受力钢筋的搭接长度应按国家现行设计规范的规定执行。

作业条件、施工准备、施工工艺及要点

任务四　深基础施工

任务目标

了解常用的深基础类型及其优缺点；掌握静压桩的施工工艺流程、施工要点；掌握灌注桩的施工工艺流程、施工要点；掌握地下连续墙的施工工艺流程、施工要点；熟悉静压桩、灌注桩、地下连续墙的施工质量要求。

一、相关知识

（1）深基础指基础埋深大于等于 5 m 的基础，其作用是把所承受的荷载相对集中地传递到地基的深层。常用的深基础有桩基础、地下连续墙和沉井等。

（2）当天然地基上的浅基础沉降量过大或地基的承载力不能满足设计要求时，往往采用桩基础，如图 2.29 所示。

（3）桩基础一般由桩和承台组成。承台是连接桩和上部结构的构件，作用是把上部结构的荷载传递到桩上，桩的作用是把分配到的荷载传递到深层坚实的土层和桩四周的土层上。

承台按与地面的相对位置不同，一般分为低承台（承台底面位于地面以下，常见于一

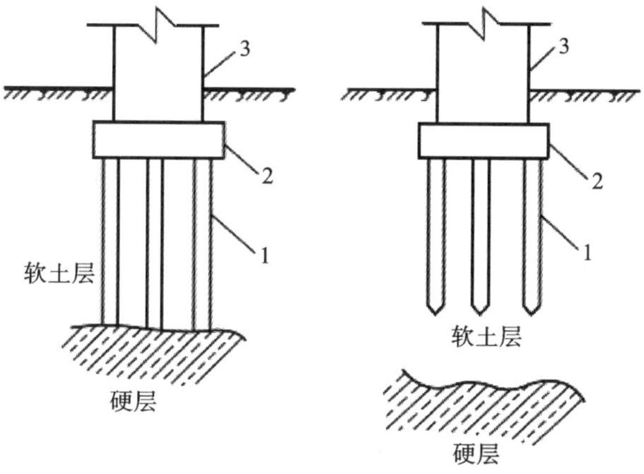

(a) 端承桩　　(b) 摩擦桩

图 2.29　桩基础

1—桩；2—承台；3—上部结构

般的房屋建筑中）和高承台（承台底面位于地面以上，常见于桥梁和港口工程中）。

（4）桩的分类如下。

①按承载性质分：摩擦型桩（摩擦桩和端承摩擦桩）、端承型桩（端承桩、摩擦端承桩）。

②按适用功能分：水平抗压桩、竖向抗拔桩、水平荷载桩、复合荷载桩。

③按桩身材料分：混凝土桩、钢筋混凝土桩、型钢混凝土桩、钢桩、木桩等。

④按成桩方法分：非挤土桩、部分挤土桩、挤土桩。

⑤按桩制作工艺分：预制桩和现场灌注桩。

二、常用深基础施工

1. 静压桩施工

（1）知识准备与一般要求。

①静力压桩法（简称静压桩）是利用静力压桩机将预制好的桩压入土中的一种沉桩工艺。由于静力压桩法是以静力（机械自重、配重、液压系统）作用于桩顶，因此在压桩过程中几乎没有噪声和振动，对周围环境影响小，适用于对环保要求较高的地区，尤其适用于城市和居民区的新建和改造工程施工。

②静压桩施工使用的预制桩，可以由施工单位采购原材料（如钢筋、混凝土等），按照施工图设计文件及相关规范要求在施工现场预制，也可以购买预制构件厂生产的成品桩。当前广泛使用的是高强度混凝土预应力管桩（简称 PHC 桩），这种桩型工业化程度高，桩身质量可靠性好，可以较小的截面承受非常大的荷载，施工速度快、压桩技术成熟、造价经济。

③静力压桩的单桩竖向承载力可通过桩的终止压力来判断。

④静压桩的终压控制。

对于摩擦型桩，主要以桩长控制；对于端承摩擦桩，以桩长控制为主、终止压力控制为辅。

对于端承型桩,主要以终止压力控制;对于摩擦端承桩,以终止压力控制为主、桩长控制为辅。

⑤压桩顺序。

a. 静压桩是预制桩,压桩施工中会产生挤土效应,为了减少挤土效应的影响,压桩前,应根据工程情况制定合理的压桩顺序,施工时按照压桩顺序组织施工。

确定压桩顺序时,应先研究现场条件和环境、压桩场地面积和位置、邻近建筑物和地下管线的状况、地基土特性、桩型、布置、间距、桩数和桩长、堆放场地、采用的施工机械、台数及使用要求、施工工艺和施工方法等,然后结合施工条件选用效率高、对环境危害影响小的最佳压桩顺序。

确定压桩顺序的基本原则如下。

(a)当桩较密集、离建筑物较远、场地较开阔时,应自中间向四周对称施压。

(b)当桩较密集、离建筑物较远、场地较狭长时,应自中间向两端对称施压。

(c)当一侧毗邻建筑物时,由毗邻建筑物处向另一方向施压。但在与已打入的桩相邻时,不宜采用此顺序,以免造成桩被折断的事故。

(d)当桩的精度要求不同时,一般宜先压精度要求较低的桩。

(e)根据管桩的规格,宜先大后小、先长后短。

(f)按管桩的入土深度,宜先深后浅。

(g)按主楼与裙楼的关系,宜先施压主楼的桩,后施压裙楼的桩。

(h)当沉桩区面积较大或采用多台压桩机进行压桩作业时,尚应考虑桩的堆放及运桩道路。

(i)根据桩的分布情况,宜先群桩后单桩。

b. 压桩顺序确定后,应根据桩的布置和运输方便,确定压桩机是往后"退压",还是往前"顶压"。当逐排压桩时,推进的方向应逐排改变(图 2.30(a)),对同一排桩而言,必要时可采用间隔跳压的方式。大面积压桩时,可从中间先压,逐渐向四周推进(图 2.30(b))。分段压桩(图 2.30(c)),可以减少对桩的挤动,在大面积压桩时较为适宜。

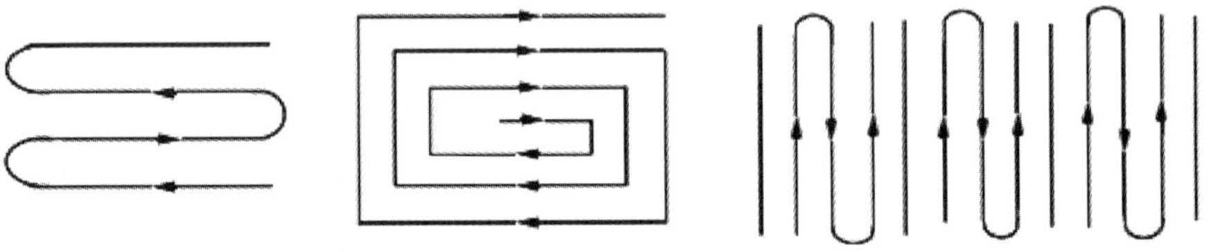

(a) 逐排压桩　(b) 从中间先压,逐渐向四周推进　(c) 分段压桩

图 2.30　压桩顺序图

(2) 作业条件。

①查阅工程地质勘察报告,踏勘现场,了解施工现场的地质、水文、环境条件。

②熟读施工图纸,完成施工图会审,编制施工方案并完成审批手续。

③编制施工技术交底文件,对现场施工人员进行施工技术交底。

④搞好现场三通一平,做好地面铺垫保证压桩机械可以开行,可以垫碎渣层(碎砖或破碎混凝土等),也可以用厚钢板或定型生产的钢筋混凝土垫板铺垫地面。

(3) 施工准备。

①材料准备。

a. 管桩。

(a)管桩的进场验收。

管桩进场后，应按照国家标准《先张法预应力混凝土管桩》(GB/T 13476—2009)或各地区的地方标准对管桩的外观、桩径、长度、壁厚、桩身弯曲度、桩端头板的平整度、桩身强度以及桩身上的材料标识等进行验收，并审查产品合格证明文件，把好材料进场验收关。根据设计及施工规范等级要求将不合格管桩清退出场。

(b)管桩的堆放。

现场管桩堆放场地应平整，采用软垫(木垫)按二点法做相应支垫，且支撑点大致在同一水平面上。当管桩在场地内堆放时，不宜超过 4 层；当在桩位附近准备施工时宜单层放置，且必须设支垫。

管桩堆放要按照不同型号、规格分类堆放，以免调运、施工过程中发生差错。

管桩在现场堆放后，需要二次倒运时，宜采用吊机及平板车配合操作。如场地条件不具备，采用拖拽的方式，需要采用滚木或者对桩端头板采取一定的保护措施，以免在硬化地面上滑动时磨损套箍及端头板。

b. 焊条。

常见的接桩工艺是电弧焊焊接，电弧焊用焊条应检查验收合格后才能使用。

②施工机械和设备。

a. 压桩机械：当前广泛采用的是液压式静力压桩机。

b. 送桩器：静压桩是在基坑土方开挖前施工的，压完桩再开挖基坑，压桩架的操作平台标高在地面自然标高以上，而设计桩顶标高一般超过承台底标高 10 cm，需要用送桩器把桩送到土层深处。对预应力空心管桩，一般用插销式送桩器。

c. 土方开挖机械：压完桩后开挖桩间土，根据工程实际情况选用不同型号的挖掘机械。

d. 桩头切割设备：采用专用割桩器切割桩头。

(4) 施工工艺及要点。

①静压桩施工程序：测量定位→移动桩机就位→吊桩插桩→桩身对中调直→静压沉桩→接桩→再静压沉桩(循环至最后一节桩)→终止压桩→开挖土方→浇筑承台垫层混凝土→切割桩头→空心管桩填芯。

②静压桩施工要点。

a. 测量定位→移动桩机就位：按照施工组织设计中给出的压桩顺序在地面放出每根桩的位置；然后移动机械到桩位，如果压桩机械自带定位装置，则根据顺序移机到桩位。

b. 吊桩插桩→桩身对中调直：压桩机的吊臂把一节桩吊到压桩机的夹持装置处夹好，在旁边架设测量仪器校正桩的位置和垂直度，如果压桩机自带定位装置，就用自动定位装置校准桩位和垂直度。

c. 静压沉桩→接桩→再静压沉桩：校正好桩位和垂直度后就开始静压沉桩，沉桩过程中要做好压桩记录，需要记录现场压桩时间、压力表读数、压第几桩等参数；压完一节桩后，吊下一节桩，校正垂直度，对准已经压好的上一节桩的桩尾；焊接接桩，为了保证接桩质量，需要对称焊接；待焊缝冷却后，再进行压桩，一节节重复这个压桩过程，一直到最后一节桩；然后开始用送桩器送桩。

d. 终止压桩：送桩太长，压桩容易偏位，送桩太短，割桩长度太长造成浪费，所以施工前要根据桩顶标高及类似土层施工条件确定送桩长度，准备长度适宜的送桩器；以桩长或终压值判断是否达到终止压桩条件，到最后一节桩时，吊送桩器使其对准最后一节桩的桩尾，压桩到位，终止压桩，拔出送桩器。

e. 开挖土方→浇筑承台垫层混凝土→切割桩头：基坑土方开挖，挖到比承台底标高低 10 cm，开挖土方时注意不要碰伤、碰坏已经压入土中的工程桩，挖到标高后浇筑 10 cm 厚混凝土垫层，切割桩头，保证静压桩桩顶标高比承台底标高高 10 cm。

f. 空心管桩填芯：对于采用空心预应力管桩的静压桩，还需要对管桩中间空心处用混凝土灌注填芯，先放入制作好的填芯钢筋笼，填芯钢筋笼底部焊接封底薄钢板，钢筋笼进入管桩空心处长度大于 1.2 m，进入承台长度大于 0.5 m，填芯混凝土标号不低于 C30。

2. 灌注桩施工

(1) 知识准备与一般要求。

①灌注桩是在工程现场，采用钻孔、冲孔、挖孔等各种方法在土层中施工成桩孔，在桩孔内放置钢筋笼、灌注混凝土，在土层中形成一根柱形构件，把上部结构的荷载传递给深处的地基。灌注桩施工时噪声、振动小，对周围建筑及环境影响小，桩径大，入土深，承载力大，是近年来在高层建筑施工中大量采用的基础形式。

②根据成孔工艺不同，灌注桩可分为泥浆护壁成孔的灌注桩、干作业成孔的灌注桩、套管成孔的灌注桩和爆扩成孔的灌注桩等(表 2-4)。灌注桩施工工艺近年来发展得很快，除了传统的钻机，旋挖钻、冲击钻等成孔设备也大量使用，成孔机械不断革新，从桩孔直径、深度到形状等可以适应不同工程要求，还出现了夯扩沉管灌注桩、钻孔压浆成桩等一些新工艺。

表 2-4 成孔工艺及适用条件

序号	成孔工艺	成孔方式	土质适用条件
1	泥浆护壁成孔	冲抓锥成孔	杂填土层、黏土层、砂土层、砂卵砾石层、漂砾层
		冲击钻成孔	各类土层及风化岩、软质岩
		旋挖成孔	黄土、黏土、粉质黏土以及夹砂层厚度小于 2.5 m 的黏性土层
		潜水钻成孔	黏性土、淤泥、淤泥质土及砂土
2	干作业成孔	长螺旋钻孔	地下水位以上的黏性土、砂土及人工填土非密实的碎石类土、强风化岩
		人工挖孔	地下水位以上的黏性土、黄土及人工填土
		钻孔扩底	地下水位以上的坚硬、硬塑的黏性土及中密以上的砂土风化岩层
3	套管成孔	夯扩	桩端持力层为埋深不超过 20 m 的低压缩性黏性土、粉土、砂土及碎石类土
		振动	黏性土、粉土、砂土
4	爆扩成孔	爆破	地下水位以上的黏性土、黄土、碎石土及风化岩层

成孔施工机械有正(反)循环回转钻、正(反)循环潜水钻、冲击钻、冲抓锥等。近年来在桩的成孔施工中，旋挖钻使用得越来越多，其施工机械化、智能化程度较高，在土层中

成孔速度快、质量好，是比较有代表性的灌注桩施工机械。

③泥浆护壁成孔灌注桩施工中泥浆的作用及要求。

a. 泥浆护壁成孔灌注桩是通过桩机在泥浆护壁条件下慢速钻进，将钻渣利用泥浆带出，并保护孔壁不致坍塌，成孔后再使用水下混凝土浇筑的方法将泥浆置换出来而形成的桩。

b. 泥浆在成孔过程中的作用是护壁、携渣、冷却和润滑，其中以护壁作用最为重要。泥浆具有一定的密度，如孔内泥浆液面高出地下水位一定高度（图 2.31），在孔内就产生一定的静水压力，相当于一种液体支撑，可以稳固土壁、防止塌孔。此外，泥浆还能将钻孔内不同土层中的空隙渗填密实，形成一层致密的透水性很低的泥皮，避免孔内壁漏水，并保持孔内水压，有助于维护孔壁的稳定。泥浆还具有较高的黏性，通过循环泥浆可将切削破碎的土石渣屑悬浮起来，随同泥浆排出孔外，起到携渣、排土的作用。同时，由于泥浆循环作冲洗液，因而对钻头有冷却和润滑作用，能够减轻钻头的磨损。

c. 在成孔过程中，要保持孔内泥浆具有一定的密度。在砂土和较厚的夹砂层中，泥浆密度应控制在1.1～1.3 t/m^3；在穿过砂夹卵石层或容易塌孔的土层中，泥浆密度应控制在 1.3～1.5 t/m^3；在黏土和粉质黏土中成孔时，可注入清水，以原土造浆护壁，排渣时泥浆密度控制在 1.1～1.2 t/m^3。泥浆可就地选择塑性指数 $I_p \geqslant 17$ 的黏土调制，质量指标为黏度 18～22 s，含砂率不大于 4%～8%，胶体率不小于 90%。成孔时应经常测定泥浆密度，并定期测定黏度、含砂率和胶体率。当地下水稀释等原因使泥浆密度减小时，常采用添加膨润土来增大密度。

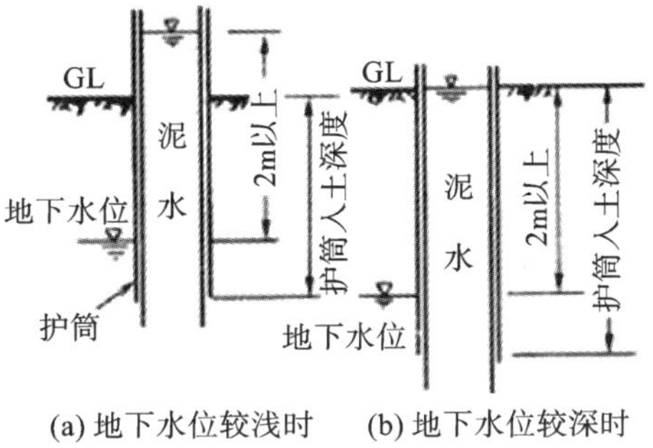

图 2.31　地下水位与孔内水位的关系

（2）作业条件。

①查阅工程地质勘察报告，踏勘现场，了解施工现场的地质、水文、环境条件。

②熟读施工图纸，完成施工图会审，编制施工方案并完成审批手续。

③编制施工技术交底文件，对现场施工人员进行施工技术交底。

④搞好现场三通一平，做好地面铺垫，保证桩机可以顺利进场施工，可以垫碎渣层（碎砖或破碎混凝土等），也可以用厚钢板或定型生产的钢筋混凝土垫板铺垫地面。

（3）施工准备。

①材料准备。

a. 制备泥浆用膨润土。

为确保护壁等性能，对泥浆比重、胶体率等性能指标均有要求。除了能够自成泥浆的重黏土场地外，一般需要准备膨润土来制备泥浆。

b. 制作钢筋笼用钢筋。

钢筋的品种、牌号、规格应符合设计要求，进场时要检查质量证明文件及标识、标牌等，按照规范规定的取样频率取样并送第三方检测机构复验，合格后方可使用。

c. 桩身混凝土。

混凝土一般采用商品混凝土,混凝土的品种、标号应符合设计要求,在施工过程中按规范要求的取样频率留置试块验证混凝土强度。

②施工机械与设备。

a. 人工修整土方:铁锹、镐头、撬棍、斗车。

b. 土方开挖常用机械。

(a)反铲挖掘机(俗称钩机)。根据开挖工作量及开挖工作面大小选用不同斗容量的机械,必要时可以使用几台不同斗容量的机械配合作业。

(b)自卸车(俗称泥头车)。根据土方开挖工程量、挖掘机的数量及台班效率,确定所需车辆型号及其数量。

c. 桩基础施工机械(按照具体的成孔方式选用不同的成孔机械):包括正(反)循环回转钻机、正(反)循环潜水钻机、冲抓钻机、旋挖钻机。

d. 钢筋混凝土施工机械设备。

(a)模板加工使用的木工加工设备(圆盘锯等)。

(b)钢筋调直、切断、弯曲、焊接机械。

(c)浇筑混凝土使用的泵车、料斗、导管、溜槽、振动棒等。

③施工人员准备:模板工、钢筋工、混凝土工、电工、电焊工、起重吊装作业及指挥人员等。

(4) 施工工艺及要点。

①旋挖桩施工工艺流程如图 2.32 所示。

②施工要点。

a. 埋设护筒。

钢板护筒的作用是保护孔口、定位导向、保持泥浆面高度,防止孔口塌方(图 2.33)。

旋挖桩的护筒采用壁厚 10 mm 的钢护筒,护筒内径比钻头直径大 10 cm。钢护筒一般长 2~8 m(具体按施工方案确定,根据场地土质类别及地下水位情况,选择不同长度的护筒,场地条件越差,越容易塌孔,护筒长度越长),护筒顶高出施工地面 0.5 m,便于灌桩后取出,护筒的埋设深度不小于 1.5 m。护筒埋置需垂直平整,护筒的中心必须同桩位中心重合,其偏差不大于 20 mm,保证成孔质量。

钢护筒对正桩位中心后用旋挖钻机或挖掘机压入桩孔内。

b. 钻机就位(图 2.34)。

旋挖钻机整机重量大、高度大,对场地平整度和承载力均有比较高的要求,钻机就位前,应先平整场地,局部软弱土层应进行加固处理,确保钻机在行走和钻进过程中平稳、牢固,不发生倾斜和不均匀沉降。

钻机就位时,钻头中心对准桩孔中心点,靠人工控制钻头底中心的凸出点与桩孔中心点对正,对好后,利用控制室的电脑将桩位锁住,保证桩孔位置正确。为了确保桩孔垂直度,机械就位后应检查钻杆垂直度。

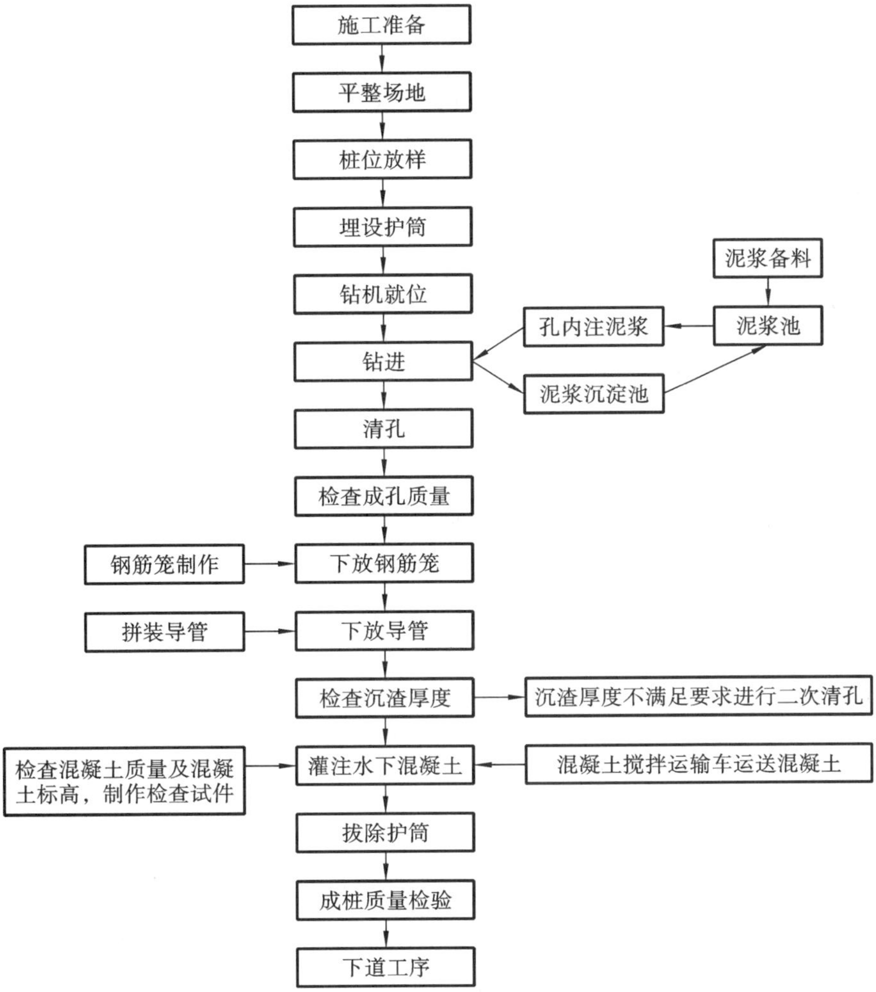

图 2.32　旋挖桩施工工艺流程

图 2.33　埋设护筒

c. 钻进(图 2.35)。

(a)泥浆备料。

图 2.34　钻机就位

图 2.35　钻进

Ⅰ. 旋挖钻机采用动态泥浆护壁，根据现场土壤、土质情况，选用黏土或膨胀土人工造浆，满足造浆要求，即随着钻孔深度的增加及时向孔内补充配备好的泥浆，灌注混凝土时泥浆排出孔外，经处理后循环使用。

Ⅱ. 在砂类土、碎石土或黏土夹层中钻孔，宜适当加大泥浆比重。为提高泥浆黏度和胶体率，须选用优质膨润土填入孔内，钻机缓慢转动进行泥浆搅拌，钻机转速控制在 40 r/min，保证孔壁稳定，使孔壁形成坚实的泥皮。

Ⅲ. 造浆后应试验全部性能指标，钻孔过程中应随时检验泥浆比重(泥浆比重：1.1～1.25)、含砂率(不大于 8%)及黏度(18～28s)，并填写泥浆试验记录表。施工前应在施工孔位周边准备适当土方，如遇坍孔，立即停钻，并用备用土回填夯实，待孔壁稳定后二次开钻成孔。

Ⅳ. 为保证不因泥浆的数量和质量影响成孔速度和成孔质量，每个旋挖钻机组一般隔一定距离配备一至两个泥浆池，主要视现场情况而定。泥浆池根据现场条件开挖，同时设置储浆池、沉淀池并用循环槽连接，用于泥浆的循环净化。为保护当地的环境，清除的废浆和钻渣利用泥浆罐车运送到指定的弃土区丢弃，禁止泥浆乱倒或乱流，造成环境污染。

Ⅴ. 钻进时，泥浆从泥浆制备池由循环槽或泥浆泵经护筒孔流入井孔，待灌注混凝土时将泥浆抽回到泥浆沉淀池中，经沉淀除砂后排至泥浆制备池，在泥浆制备池中对泥浆各项指标进行检测，指标不合格，进行处理合格后方可使用。

Ⅵ. 施工中，严禁采用未经处理的废浆、混入混凝土的泥浆、含砂率过大的泥浆、回旋钻机产生的泥浆。

b. 钻孔(图 2.36)。

Ⅰ. 旋挖钻机采用全电脑控制系统，在操作室即可监控主桅杆、钻杆垂直度和进尺深度。钻孔时钻机可自行移至桩位处，把钻机的钻头对准桩位，并调整钻机底盘水平。

Ⅱ. 对好桩孔中心点后，即可破土开挖。旋挖成孔首先是通过底部带有活门的筒式钻头回转破碎岩土，并直接将其装入钻斗，然后再由钻机提升装置和伸缩钻杆将钻斗提出孔外卸土，这样循环往复，不断地取土、卸土，直至钻至设计深度。

图 2.36　钻机钻孔

Ⅲ.成孔时，按试施工确定的参数进行施工，设专职记录员记录成孔过程的各种参数，如钻进深度、地质特征、机械设备损坏、障碍物等情况。

Ⅳ.利用旋挖钻机配备的电子控制系统显示并调整钻杆的垂直度，通过电子控制和人工观察两个方面来保证钻杆的垂直度，从而确保成孔的垂直度。

Ⅴ.钻孔过程中应观察主机所在地面和支脚支撑地面处的变化情况，发现沉降现象及时停机处理。因故停机时间较长时，应将套管口保险钩挂牢。

Ⅵ.依据钻进排渣情况和参考勘查报告与设计桩底标高参数，当认为已钻进至持力层（中风化泥岩）顶面时始，根据进尺深度进行取样，样品送交现场监理检验，监理认为已达到持力层后，再按设计入岩深度要求钻进到入岩深度后即可终孔，终孔前持力层样品需保留待查。

d.清孔。

钻孔深度达到设计要求后，应立即进行清孔，清孔方法有真空吸泥渣法、射水抽渣法、换浆法和掏渣法；目的是清除孔底沉渣以减少桩基的沉降量，提高承载能力，确保桩基质量。回旋钻采用泥浆泵吸反循环清孔。清孔后用测绳挂 0.5kg 扁铁测量检查孔深，自检合格后向监理工程师报验。

e.检查成孔质量。

清理沉渣后进行桩孔质量检验；要求桩孔允许偏差符合下列规定。

持力层：中风化岩层（检查钻出的岩样）。

进入持力层深度：不少于设计值（1～$2D$（D 为桩径））。

桩孔直径偏差：±50 mm。

桩孔深度偏差：＋300 mm。

桩孔垂直度：＜1%。

沉渣厚度：＜50 mm。

f.钢筋笼制作，下钢筋笼。

(a)钢筋笼制作。

按照钢筋笼施工设计文件制作钢筋笼（图 2.37）。

Ⅰ.钢筋笼主筋采用 HRB400 Ⅲ级钢，螺旋箍筋采用 HPB300 Ⅰ级钢，加劲箍采用 HRB400 Ⅲ级钢，钢筋笼使用的所有钢筋应具有出厂日期和质量证明书，检验合格后才能使用。制作前先将主筋调直，清除钢筋表面油污和杂物等。钢筋下料要准确控制下料长度。

图 2.37　钢筋笼制作

Ⅱ.钢筋笼纵向受力钢筋均匀分布，箍筋间距为 20 cm，加劲箍每 1.5 m 一道，钢筋笼主筋与箍筋、主筋与加劲箍采用焊接连接，钢筋笼分节制作，12 m 一节；对于长度大于 12 m的钢筋笼，分节时，应考虑主筋接头按规范要求错开。两节钢筋笼对接的一端宜预留 1～2 m 箍筋不绑扎，以便于主筋在孔口连接。

Ⅲ.桩基钢筋笼加工时主筋接头采用电弧搭接焊，安装时采用单面搭接焊，每一截面上接头数量不超过 50%，单面焊时，焊缝长度大于 $10d$（d 为钢筋直径），双面焊时，焊缝要大于 $5d$，要求焊缝饱满，焊缝深度和宽度满足规范要求。搭接焊时，注意接头两侧主筋中心必须位于同一直线上。所有加固箍和主筋的连接点必须满焊。

Ⅳ.加强筋弯制成型后待其和主筋连接成整体后再点焊。加强筋点焊后必须用扳手消除弹性变形，焊工必须持证上岗。加强箍筋与主筋连接全部采用焊接。

Ⅴ.钢筋骨架的保护层可用混凝土垫块或耳筋来保证，按竖向每隔 2 m 设一道，每一道沿圆周布置 4 个。

(b)下放钢筋笼(图 2.38)。

图 2.38　桩孔验收后应立即吊入钢筋笼

Ⅰ.将加工验收好的钢筋笼用吊车吊入桩孔内。

Ⅱ.钢筋笼下放前，须捆扎好水泥扶正块或混凝土保护层垫块，扶正块或垫块应沿圆周均匀分布，一组 3～4 块，隔 5 m 捆扎一组。

Ⅲ.钢筋笼入孔应吊直扶稳，缓缓下放。在吊放过程中，应逐节验收钢筋笼的连接质量，要注意钢筋笼能否顺利下放，沉放时不能碰撞孔壁，当吊放受阻时，不能加压强行下放，应停止吊放并寻找原因，如钢筋笼没有垂直吊放，应提出后重新垂直吊放，如果是成孔偏斜而造成的，则进行复钻纠偏，并在重新验收桩孔质量后再吊钢筋笼。

Ⅳ.根据设计图确定钢筋笼顶标高,使钢筋笼下放至设计位置,将钢筋笼固定在孔口钢板护筒顶。如有必要可用钢管向下顶住钢筋笼,保证钢筋笼在浇筑混凝土过程中不向上浮起,也不下沉。

g.拼装导管,下放导管(图 2.39)。

图 2.39　导管拼装和下放

(a)钢筋笼就位后应立即下导管,浇筑混凝土,以防泥浆沉淀和坍孔。

(b)导管直径为 200 mm,壁厚 3 mm,每节长度为 1 m,导管底部离孔底 300～500 mm,根据桩孔深度确定配管总长度。

(c)导管接头必须放防水胶垫,连接法兰盘必须对好上紧,使用前先进行水密性、承压与接头抗拔试验,经试验合格后投入使用,严防导管漏水和操作过程中发生折断事故,从而造成断桩。

(d)用吊车把混凝土导管吊放入桩孔,导管放在桩心位置且与钢筋最小保持 100 mm 距离,导管底距桩孔底 300～500 mm,用测绳测量确保导管放置深度正确(图 2.40)。混凝土导管放好后用吊车吊住,直到浇好桩身混凝土。

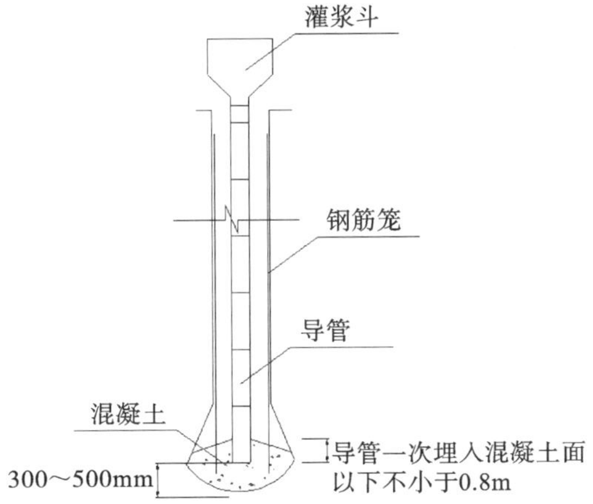

图 2.40　导管安置示意

h.检查沉渣厚度。

再次检查沉渣厚度,保证沉渣厚度小于 50 mm,如果大于 50 mm,需进行二次清孔。

i.灌注水下混凝土(图 2.41)。

(a)混凝土开始灌注时,漏斗下的封水塞可采用预制混凝土塞、木塞或充气球胆。

图 2.41 灌注水下混凝土场景

(b)混凝土运至灌注地点时，应检查其均匀性和坍落度，如不符合要求应进行第二次拌和，二次拌和后仍不符合要求时不得使用。

(c)第二次清孔完毕，检查合格后应立即进行水下混凝土灌注，其时间间隔不宜大于30 min。

(d)混凝土应连续灌注，严禁中途停止。

(e)在灌注过程中，应经常测探井孔内混凝土面的位置，及时调整导管埋深，导管埋深宜控制在1～1.5 m。严禁将导管提出混凝土面，应有专人测量导管埋深及管内外混凝土面的高差，并填写水下混凝土灌注记录。

(f)在灌注过程中，应时刻注意观测孔内泥浆返出情况，倾听导管内混凝土下落声音，如有异常必须采取相应处理措施。

(g)在灌注过程中宜使导管在一定范围内上下振动，防止混凝土凝固，增加灌注速度。

(h)为防止钢筋笼上浮，当灌注的混凝土顶面距钢筋笼底部1 m左右时，应降低混凝土的灌注速度，当混凝土拌和物上升到钢筋笼底部4 m以上时，提升导管，导管底高于钢筋笼底部2 m以上，即可恢复正常灌注速度。

(i)为保证桩头混凝土强度，桩灌注混凝土时一般要比桩顶设计标高超灌一定高度，一般为0.5～1.0 m。

(j)在灌注将近结束时，应核对混凝土的灌入数量，混凝土灌注充盈系数不得小于1(一般土质为1.1，软土、松散土可达1.2～1.3)。

j. 拔除护筒。

当混凝土灌注至桩顶后，在混凝土初凝之前拔除护筒。拔除护筒的方法是用钻机护筒驱动器与护筒上端连接，先缓慢旋转，护筒松动后，边旋转边缓慢提升，直至把护筒拔出地面，然后旋转臂杆，吊离孔位，行车至下一孔位下放护筒。

思考

1. 常见的支护结构形式有哪些？
2. 内支撑有哪几种？各有什么优缺点？
3. 土层锚杆的布置应遵循哪些规定？
4. 土层锚杆一般由哪几部分组成？

5. 影响土层锚杆承载能力的因素有哪些?

6. 简述土层锚杆的施工程序。

7. 土层锚杆钻进一般用哪种方法?

8. 土钉墙支护的组成有哪些?

9. 简述土钉墙的施工工艺流程及施工要点。

10. 常用的地基处理方法有哪些?

11. 简述灰土地基的施工准备及施工要点。

12. 简述砂和砂石地基的施工要点。

13. 简述桩基础的组成和传力方式,以及桩的分类。

14. 简述静力压桩确定压桩顺序的原则。

15. 简述静压管桩接桩的要求。

16. 简述如何确定静压桩终压值。

17. 简述如何降低静压管桩挤土效应带来的危害性。

18. 简述单桩承载力检测方法及检测数量要求。

19. 钻孔灌注桩的成孔方式有哪些?

20. 泥浆在钻孔灌注桩成孔中的作用是什么?

21. 简述正(反)循环泥浆护壁钻孔灌注桩的工艺流程。

22. 钻孔灌注桩的工艺流程中清孔的作用是什么?

23. 简述钻孔灌注桩成孔质量问题及其原因。

24. 钻孔灌注桩的水下混凝土灌注施工中遇到钢筋笼上浮的问题如何进行处理?钢筋笼上浮的原因是什么?

项目三　脚手架工程施工

任务一　脚手架工程相关知识

任务目标

了解脚手架的作用和分类，熟悉常见脚手架的构造、安装、使用、拆除要求，熟悉脚手架检查与验收要求。

1. 脚手架的作用

脚手架是建筑施工中重要的临时设施，是在施工现场为安全防护、工人操作以及解决楼层间少量垂直和水平运输而搭设的支架。

2. 脚手架的分类

(1) 按照搭设位置分为外脚手架(外架)和里脚手架(内架)。

(2) 按所用材料分为木脚手架、竹脚手架和金属脚手架。

(3) 按用途分为操作脚手架、防护脚手架、承重和支撑用脚手架。

(4) 按结构形式分为多立杆式脚手架、框型脚手架、吊挂式脚手架、悬挑式脚手架、升降式脚手架以及工具式脚手架(用于楼层间操作)等。

3. 脚手架的基本要求

满足使用需要(工人操作、材料堆置和少量运输)；坚固稳定，安全可靠；搭拆简单，搬移方便；尽量节约材料，能多次周转使用。

脚手架性能应符合下列规定：

(1) 满足承载力设计要求；

(2) 不发生影响正常使用的变形；

(3) 满足使用要求，并具有安全防护功能；

(4) 附着或支承在工程结构上的脚手架，不使所附着的工程结构或支承脚手架的工程结构受到损害。

任务二　扣件式钢管脚手架施工

脚手架介绍

任务目标

掌握扣件式钢管脚手架的工艺流程和施工要点。

一、扣件式钢管脚手架的工艺流程

采用扣件式钢管脚手架搭设时，施工宜按下列工艺流程进行：场地平整、夯实→基础承载力实验、材料配备→定位设置通长垫板、底座→立两边立杆，扣扫地杆、横向水平杆、纵向水平杆→立抛撑→树中间立杆→横向水平杆、纵向水平杆、防护栏杆→以此类推，形成一步闭合架体→搭第二步架→拉连墙件→拆抛撑→转角处设置“之”字剪刀撑→挂密目安全网、铺脚手板→接立杆→架体外立面设置剪刀撑→搭第三步架（剪刀撑与安全网同步上）→依次向上搭设直至完成。

二、施工要点

1. 施工方案

脚手架在搭设前应编制专项施工方案，进行设计计算，编制好的专项施工方案应按照搭设规模进行审核及审批，施工时应严格按照经审核通过的施工方案执行。

2. 架体基础

脚手架地基与基础的施工，应根据脚手架所受荷载、搭设高度、搭设场地土质情况与现行国家标准《建筑地基基础工程施工质量验收标准》(GB 50202—2018)的有关规定进行。

压实填土地基应符合现行国家标准《建筑地基基础设计规范》(GB 50007—2011)的相关规定；灰土地基应符合现行国家标准《建筑地基基础工程施工质量验收标准》(GB 50202—2018)的相关规定。

立杆垫板或底座底面标高宜高于自然地坪 50～100 mm。

脚手架基础经验收合格后，应按施工组织设计或专项方案的要求放线定位。

3. 架体稳定

影响脚手架结构承载力主要因素有：

(1) 步距 h、纵距 l_a 和横距 l_b；

(2) 连墙件的布置方式和间距；

(3) 扣件的质量和扭紧程度；

(4) 立杆截面面积。

这些参数应当在编制施工方案时进行设计计算，确保架体在搭设、施工、拆除时的稳定性，搭设施工达到一定规模的还需要进行专家论证。

4. 杆件设置

(1) 纵向水平杆。

纵向水平杆的构造应符合下列规定。

①纵向水平杆应设置在立杆内侧，单根杆长度不应小于 3 跨。

②纵向水平杆接长应采用对接扣件连接或搭接，并应符合下列规定。

a. 两根相邻纵向水平杆的接头不应设置在同步或同跨内；不同步或不同跨的两个相邻接头在水平方向错开的距离不应小于 500 mm；各接头中心至最近主节点的距离不应大于纵距的 1/3。

b. 搭接长度不应小于 1 m，应等间距设置 3 个旋转扣件固定；端部扣件盖板边缘至搭接纵向水平杆杆端的距离不应小于 100 mm。

c. 当使用冲压钢脚手板、木脚手板、竹串片脚手板时，纵向水平杆应作为横向水平杆的支座，用直角扣件固定在立杆上；当使用竹笆脚手板时，纵向水平杆应采用直角扣件固定在横向水平杆上，并应等间距设置，间距不应大于 400 mm。

(2) 横向水平杆。

横向水平杆的构造应符合下列规定：

①作业层上非主节点处的横向水平杆，宜根据支承脚手板的需要等间距设置，最大间距不应大于纵距的 1/2；

②当使用冲压钢脚手板、木脚手板、竹串片脚手板时，双排脚手架的横向水平杆两端均应采用直角扣件固定在纵向水平杆上；单排脚手架的横向水平杆的一端应用直角扣件固定在纵向水平杆上，另一端应插入墙内，插入长度不应小于 180 mm；

③当使用竹笆脚手板时，双排脚手架横向水平杆的两端，应用直角扣件固定在立杆上；单排脚手架的横向水平杆的一端，应用直角扣件固定在立杆上，另一端插入墙内，插入长度不应小于 180 mm。

主节点处必须设置一根横向水平杆，用直角扣件扣接且严禁拆除。

(3) 脚手板。

脚手板的设置应符合下列规定。

①作业层脚手板应铺满、铺稳、铺实。

②冲压钢脚手板、木脚手板、竹串片脚手板等，应设置在三根横向水平杆上。当脚手板长度小于 2 m 时，可采用两根横向水平杆支承，但应将脚手板两端与横向水平杆可靠固定，严防倾翻。脚手板的铺设应采用对接平铺或搭接铺设。脚手板对接平铺时，接头处应设两根横向水平杆，脚手板外伸长度应取 130～150 mm，两块脚手板外伸长度的和不应大于 300 mm(图 3.1(a))；脚手板搭接铺设时，接头应支在横向水平杆上，搭接长度不应小于 200 mm，其伸出横向水平杆的长度不应小于 100 mm(图 3.1(b))。

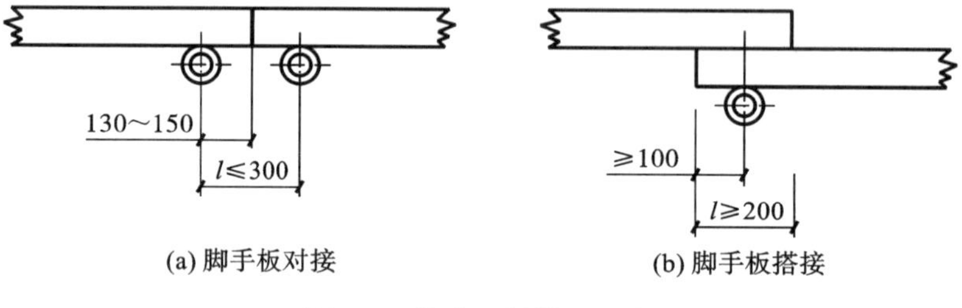

图 3.1　竹脚手板铺设要求

③竹笆脚手板应按其主竹筋垂直于纵向水平杆方向铺设，且应对接平铺，四个角应用直径不小于 1.2 mm 的镀锌钢丝固定在纵向水平杆上。

④作业层端部脚手板探头长度应取 150 mm，其板的两端均应固定于支承杆件上。

(4) 立杆。

每根立杆底部宜设置底座或垫板。

脚手架必须设置纵、横向扫地杆。纵向扫地杆应采用直角扣件固定在距钢管底端不大于 200 mm 处的立杆上。横向扫地杆应采用直角扣件固定在紧靠纵向扫地杆下方的立杆上。

脚手架立杆基础不在同一高度上时，必须将高处的纵向扫地杆向低处延长两跨与立杆固定，高低差不应大于 1 m。靠边坡上方的立杆轴线到边坡的距离不应小于 500 mm。

单、双排脚手架底层步距均不应大于 2 m。

单排、双排与满堂脚手架立杆接长除顶层顶步外，其余各层各步接头必须采用对接扣件连接。

脚手架立杆的对接、搭接应符合下列规定：

①当立杆采用对接接长时，立杆的对接扣件应交错布置，两根相邻立杆的接头不应设置在同步内，同步内隔一根立杆的两个相隔接头在高度方向错开的距离不宜小于 500 mm；各接头中心至主节点的距离不宜大于步距的 1/3；

②当立杆采用搭接接长时，搭接长度不应小于 1 m，并应采用不少于 2 个旋转扣件固定；端部扣件盖板的边缘至杆端距离不应小于 100 mm。

脚手架立杆顶端栏杆宜高出女儿墙上端 1 m，宜高出檐口上端 1.5 m。

(5) 连墙件。

脚手架连墙件设置的位置、数量应按专项施工方案确定。

脚手架连墙件设置的位置、数量除应满足相关规范的计算要求外，还应符合表 3-1 的规定。

表 3-1　连墙件布置最大间距

搭设方法	高度/m	竖向间距(h)	水平间距(l_h)	每根连墙件覆盖面积/m^2
双排落地	≤50	$3h$	$3l_h$	≤40
双排悬挑	＞50	$2h$	$3l_h$	≤27
单排	≤24	$3h$	$3l_h$	≤40

连墙件的布置应符合下列规定：

①应靠近主节点设置，偏离主节点的距离不应大于 300 mm；

②应从底层第一步纵向水平杆处开始设置，当该处设置有困难时，应采用其他可靠措施固定；

③应优先采用菱形布置，或采用方形、矩形布置。

开口型脚手架的两端必须设置连墙件，连墙件的垂直间距不应大于建筑物的层高，并且不应大于 4 m。

连墙件中的连墙杆应呈水平设置，当不能水平设置时，应向脚手架一端下斜连接。

连墙件必须采用可承受拉力和压力的构造。对高度 24 m 以上的双排脚手架，应采用刚性连墙件与建筑物连接。

当脚手架下部暂不能设连墙件时应采取防倾覆措施。当搭设抛撑时，抛撑应采用通长杆件，并用旋转扣件固定在脚手架上，与地面的倾角应为 45°～60°；连接点中心至主节点的距离不应大于 300 mm。抛撑应在连墙件搭设后方可拆除。

架高超过 40 m 且有风涡流作用时，应采取抗上升翻流作用的连墙措施。

(6) 剪刀撑与横向斜撑。

双排脚手架应设置剪刀撑与横向斜撑，单排脚手架应设置剪刀撑。

双排脚手架剪刀撑的设置应符合下列规定。

①每道剪刀撑跨越立杆的根数应按表 3-2 的规定确定。每道剪刀撑宽度不应小于 4 跨,且不应小于 6 m,斜杆与地面的倾角应为 45°~60°。

表 3-2 剪刀撑跨越立杆的最多根数

剪刀撑斜杆与地面的倾角 α	45°	50°	60°
剪刀撑跨越立杆的最多根数 n	7	6	5

②剪刀撑斜杆的接长应采用搭接或对接,当立杆采用搭接接长时,搭接长度不应小于 1 m,并应采用不少于 2 个旋转扣件固定,端部扣件盖板的边缘至杆端距离不应小于 100 mm。

③剪刀撑斜杆应用旋转扣件固定在与之相交的横向水平杆的伸出端或立杆上,旋转扣件中心线至主节点的距离不应大于 150 mm。

高度在 24 m 及以上的双排脚手架应在外侧全立面连续设置剪刀撑;高度在 24 m 以下的单、双排脚手架,均必须在外侧两端、转角及中间间隔不超过 15 m 的立面上各设置一道剪刀撑,并应由底至顶连续设置。

双排脚手架横向斜撑的设置应符合下列规定:

①横向斜撑应在同一节间,由底至顶层呈之字形连续布置,斜腹杆宜采用旋转扣件固定在与之相交的横向水平杆的伸出端上,旋转扣件中心线至主节点的距离不宜大于 150 mm;当斜腹杆在 1 跨内跨越 2 个步距时,宜在相交的纵向水平杆处,增设一根横向水平杆,将斜腹杆固定在其伸出端上;

②高度在 24 m 以下的封闭型双排脚手架可不设横向斜撑,高度在 24m 以上的封闭型脚手架,除拐角应设置横向斜撑外,中间应每隔 6 跨设置一道。

开口型双排脚手架的两端均必须设置横向斜撑。

5. 交底与验收

脚手架搭设前应进行交底且交底要有文字记录。脚手架分段搭设、分段使用应进行分段验收。架体搭设完毕应办理验收手续。验收内容应进行量化,经责任人签字确认。

任务三 盘扣式脚手架施工

任务目标

掌握盘扣式脚手架的工艺流程和施工要点。

一、盘扣式脚手架的工艺流程

采用盘扣式脚手架搭设时,施工宜按下列工艺流程进行(图 3.2):场地平整、夯实→基础承载力实验、材料配备→定位设置通长垫板、底座→立杆→设置纵、横向扫地杆→设置纵、横向横杆→立杆→设置纵、横向横杆→设置外斜杆→设置连墙件→铺脚手板→扎防护栏杆→扎安全网。

二、施工要点

图 3.2　盘扣式脚手架的安装现场

1. 施工方案

脚手架在搭设前应编制专项施工方案，进行设计计算，编制好的专项施工方案应按照搭设规模进行审核及审批，施工时应严格按照经审核通过的施工方案执行。

2. 架体基础

脚手架基础应按专项施工方案进行施工，并应按基础承载力要求进行验收。土层地基上的立杆应采用可调底座和垫板，垫板的长度不宜少于 2 跨。当地基高差较大时，可利用立杆 0.5 m 节点位差配合可调底座进行调整。脚手架应在地基基础验收合格后搭设。

3. 架体稳定

盘扣式钢管支架的架体结构设计应保证整体结构形成几何不变体系。双排脚手架立杆不考虑风荷载时，应按承受轴向荷载杆件计算；当考虑风荷载时，应按压弯杆件计算。

4. 杆件设置

用盘扣式钢管支架搭设双排脚手架时，搭设高度不宜大于 24 m。可根据使用要求选择架体几何尺寸，相邻水平杆步距宜选用 2 m，立杆纵距宜选用 1.5 m 或 1.8 m，且不宜大于 2.1 m，立杆横距宜选用 0.9 m 或 1.2 m。

脚手架首层立杆宜采用不同长度的立杆交错布置，错开立杆竖向距离不应小于 500 mm，当需设置人行通道时，立杆底部应配置可调底座。

双排脚手架的斜杆或剪刀撑设置应符合下列要求：沿架体外侧纵向每 5 跨每层应设置一根竖向斜杆或每 5 跨间应设置扣件钢管剪刀撑，端跨的横向每层应设置竖向斜杆。

盘扣式钢管支架应由塔式单元扩大组合而成，拐角为直角的部位应设置立杆间的竖向斜杆。当作为外脚手架使用时，单跨立杆间可不设置斜杆。

当设置双排脚手架人行通道时，应在通道上部架设支撑横梁，横梁截面大小应按跨度以及承受的荷载计算确定，通道两侧脚手架应加设斜杆；洞口顶部应铺设封闭的防护板，两侧应设置安全网；通行机动车的洞口，必须设置安全警示和防撞设施。

对双排脚手架的每步水平杆层，当无挂扣钢脚手架板加强水平层刚度时，应每 5 跨设置水平斜杆。

连墙件的设置应符合下列规定：

①连墙件必须采用可承受拉压荷载的刚性杆件，连墙件与脚手架立面及墙体应保持垂直，同一层连墙件宜在同一平面，水平间距不应大于 3 跨，与主体结构外侧面距离不宜大于 300 mm；

②连墙件应设置在有水平杆的盘扣节点旁，连接点至盘扣节点距离不应大于 300 mm；采用钢管扣件作连墙杆时，连墙杆应采用直角扣件与立杆连接；

③当脚手架下部暂不能搭设连墙件时，宜外扩搭设多排脚手架并设置斜杆形成外侧斜面状附加梯形架，待上部连墙件搭设后方可拆除附加梯形架。

脚手板的设置应符合下列规定：

①钢脚手板的挂钩必须完全扣在水平杆上，挂钩必须处于锁住状态，作业层脚手板应满铺；

②作业层的脚手板架体外侧应设挡脚板、防护栏杆，并应在脚手架外侧立面满挂密目安全网；防护上栏杆宜设置在离作业层高度 1000 mm 处，防护中栏杆宜设置在离作业层高度 500 mm 处；

③当脚手架作业层与主体结构外侧面间隙较大时，应在连接盘上的悬挑三角架设置挂扣，并应铺放能形成脚手架内侧封闭的脚手板。

5. 交底与验收

脚手架搭设前应进行交底且交底要有文字记录；脚手架分段搭设、分段使用应进行分段验收；架体搭设完毕应办理验收手续；验收内容应进行量化，经责任人签字确认。

思考

1. 对脚手架的基本要求有哪些？
2. 简述多立杆式脚手架的基本组成和一般构造。
3. 简述脚手架的承力结构以及荷载的传递路径。
4. 简述脚手架连墙件设置应注意的主要问题。
5. 简述搭设双排外脚手架时剪刀撑设置的要求。
6. 简述脚手架扣件安装应注意的主要问题。
7. 扣件式脚手架的扣件有哪几种？
8. 简述常用的垂直运输设备及其用途。

碗扣式脚手架施工

垂直运输机械基础知识

项目四　钢筋混凝土结构工程施工

任务一　模板工程施工

钢筋混凝土结构工程基础知识

任务目标

了解模板工程施工前准备事项，掌握模板安装工艺流程、施工要点。

一、胶合板(木)模板施工

模板工程相关知识、作业条件及施工准备

1. 基础模板施工

(1) 工艺流程。

阶形基础、杯形基础、条形基础及筏板基础，施工宜按下列工艺流程进行。

①阶形基础：放线定位→安装第一阶模板→安装第一阶支撑→安装第二阶模板→安装第二阶围箍和支撑→搭设模板吊架→重复上述步骤，安装往上阶形模、围箍、支撑及吊架直至基础面达设计标高要求→检查、校正→模板拆除。

②条形基础及筏板基础：放线定位→安装侧模→安装端头模→安装斜撑、水平撑及拉撑钉牢→检查、校正→模板拆除。

(2) 施工要点。

①阶形基础。

根据设计图纸加工制作每一阶模板，支模顺序由下至上逐层向上安装，先安装底阶模板，用斜撑和水平撑钉稳撑牢；核对模板墨线及标高，配合绑扎钢筋及混凝土(或砂浆)垫块，再进行上一阶模板安装，重新核对各部位墨线尺寸和标高，并把斜撑、水平支撑以及拉杆加以钉紧、撑牢，最后检查斜撑及拉杆是否稳固，校核基础模板几何尺寸、标高及轴线位置。阶形基础施工如图 4.1～图 4.6 所示。

②条形基础及筏板基础。

加工制作侧板和端头板后，在基础底弹出基础边线和中心线，再把侧板和端头板对准边线和中心线，用水平尺校正侧板顶面水平，经检测无误差后，用斜撑、水平撑及拉撑钉牢；最后校核基础模板几何尺寸及轴线位置。条形基础模板安装如图 4.7、图 4.8 所示。筏板基础导墙模板安装如图 4.9、图 4.10 所示。基础侧模支撑如图 4.11、图 4.12 所示。

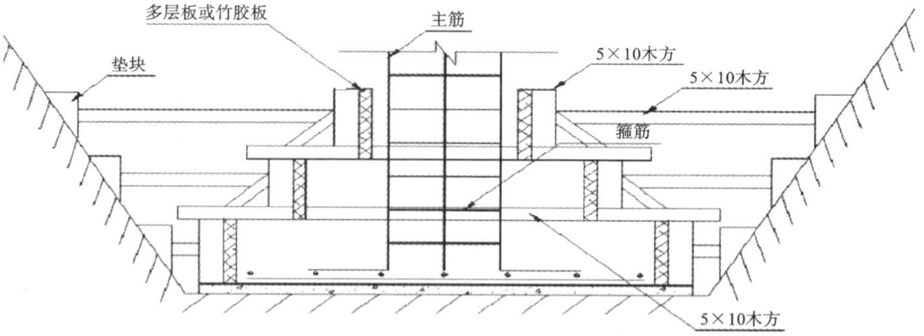

图 4.1 阶形基础模板安装示意图(一)

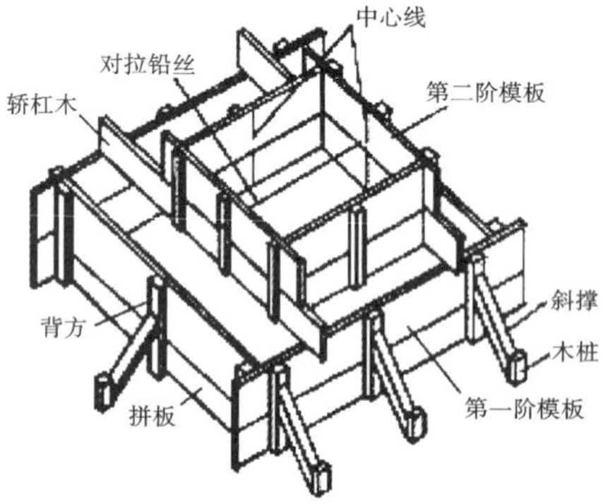

图 4.2 阶形基础模板安装示意图(二)

图 4.3 阶形基础定位放线实例

图 4.4 阶形基础第一层侧模安装实例

图 4.5 阶形基础钢筋绑扎实例

图 4.6 阶形基础进行第二级侧模安装实例

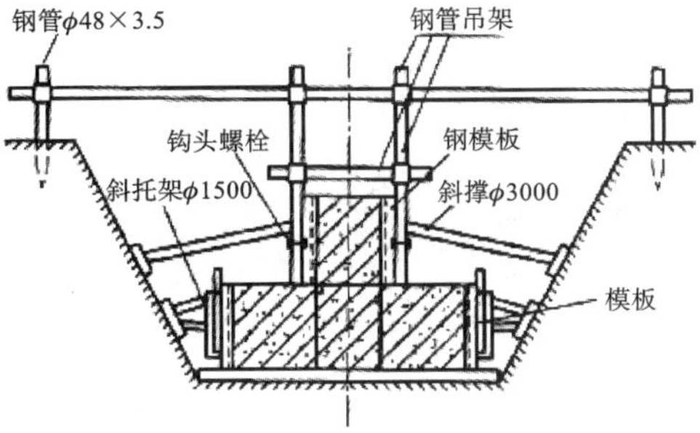

图 4.7　条形基础模板安装示意图

图 4.8　条形基础模板安装实例

底板侧模及导墙模板支设步骤如下。

a. 电焊附加钢筋，模板放在钢筋支撑上，用 U 型卡连接木模板。

b. 附加钢筋用直径 48 mm 钢管纵向连接，使三角架支撑形成稳定的整体，塞木楔子顶紧模板；用钢管对模板支设截面进行加固，间距 1000 mm，保证支撑牢固。

c. 根据模板控制线，拉线检查模板位置，盒尺检查截面尺寸（即支模高度和宽度），可调整木楔子、顶托来控制模板轴线尺寸，模板内顶模筋控制模板截面尺寸。

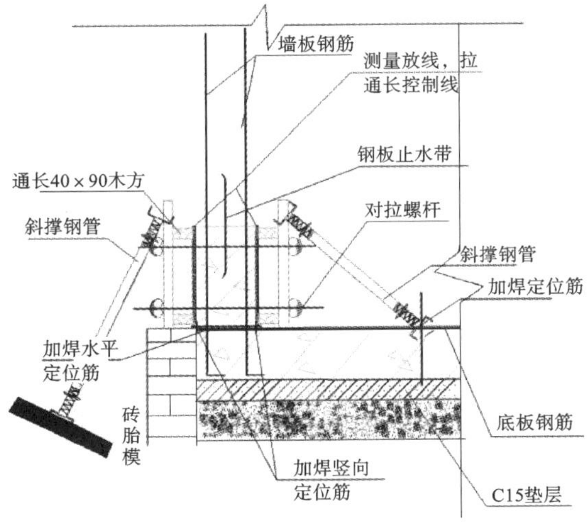

图 4.9　筏板基础导墙模板安装方法（一）

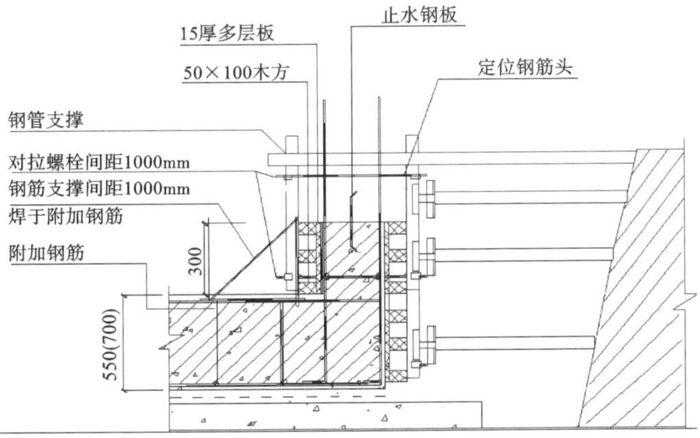

图 4.10　筏板基础导墙模板安装方法（二）

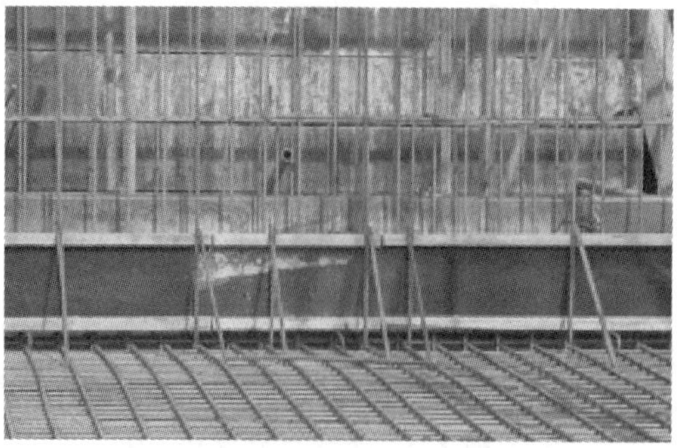

图 4.11 基础侧模支撑图例(一)

图 4.12 基础侧模支撑图例(二)

③模板拆除。

拆除前应先检查基槽(坑)土壁的安全状况,发现有松软、龟裂等不安全因素时,采取安全防范措施后方可进行作业。具体拆除应先拆内外木楞、再拆木面板;钢模板应先拆钩头螺栓和内外钢楞,后拆U型卡和L型插销。拆下的钢模板应妥善传递或用绳钩放置地面,不得抛掷。

④砖胎模法施工。

砖胎模就是用标准砖制作成模板,待有一定强度后,再进行混凝土的浇筑工作(图4.13~图4.15)。砖胎模不是每个项目必须都要有,图纸不会设计砖胎模的大样,也不会明确砖胎模的做法。

图 4.13 砖胎模地梁、承台实例(一)

图 4.14 砖胎模地梁、承台实例(二)

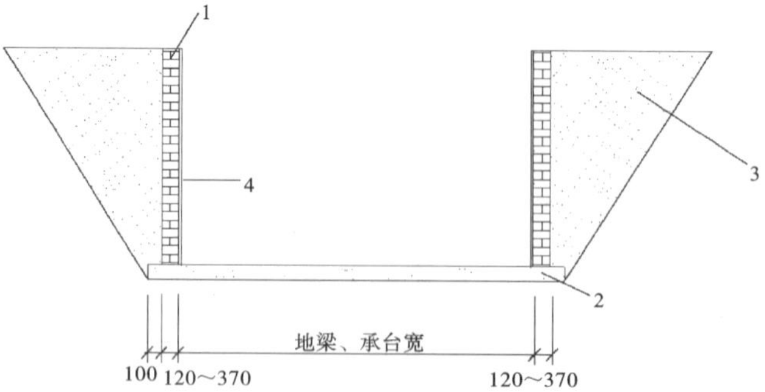

图 4.15 砖胎模地梁、承台构造示意图

1—砖胎模;2—混凝土垫层;3—回填土;4—砂浆抹面

砖胎模一般用于地下室底板侧壁，由于是外防水，需要在垫层上做防水，且防水要延伸到砖胎模上，以便浇筑混凝土之后，防水能上翻到侧壁混凝土墙上。如果底板侧壁用模板，无法做防水，可采取用砖做模板的方法。在一些浇筑混凝土后模板无法拆除或拆除难度很大的地方也有采用砖来代替一般模板的办法。

2. 柱模板施工工艺

柱子的特点是断面尺寸不大而高度较大。柱模板施工的关键是要解决垂直度、施工时的侧向稳定、混凝土浇筑时的侧压力问题，同时方便混凝土浇筑、垃圾清理和钢筋绑扎等。

(1) 工艺流程。

放线定位→安装柱模板→安装柱箍→安装拉杆或斜撑→模板拆除。

(2) 施工要点。

①放线定位：按图纸尺寸先在基础面(或楼面)上弹柱轴线、边线、模板外轮廓线，如图 4.16、图 4.17 所示。柱轴线部位可采用红色边长 50 mm 的"△"标记，并标记"轴线"二字；柱边线采用墨线沿设计柱边位置弹出框线；边框线宜两端各延长不少于 20 cm，备做吊线检查时使用；柱边线向外偏移 500 mm 处用墨线平行于柱边线弹柱控制线。

图 4.16　柱定位放线实例

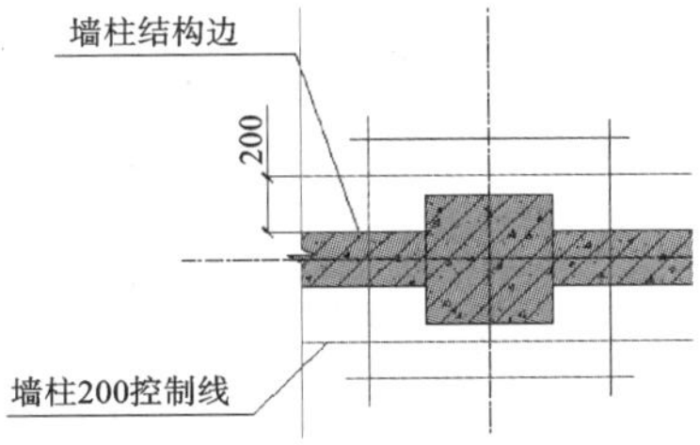

图 4.17　柱定位放线示意

②安装柱模板：按照边线安装柱模板，两垂直向加斜拉顶撑，校正垂直度及柱顶对角线。成排柱模板支模时，应先在楼地面弹出控制线，复核无误后，按柱模板控制线钉好压脚板，再拼装柱模板，拼装的柱模板之间用海面条嵌缝(图 4.18～图 4.24)，接着吊线校正垂直度及柱顶对角线。

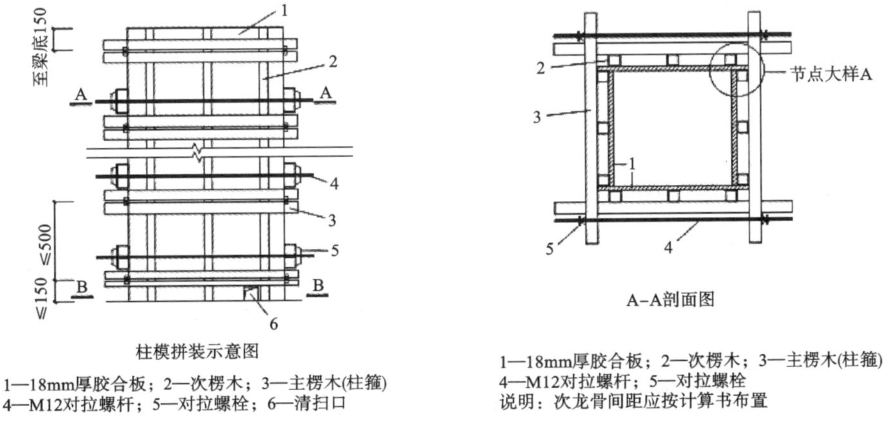

图 4.18　柱模板拼装示意图

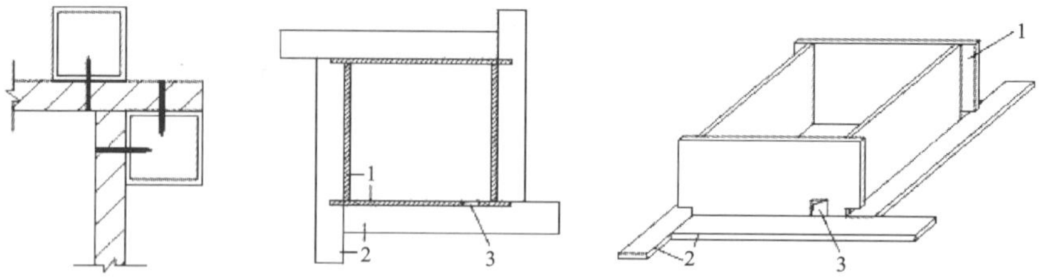

图 4.19 柱模板安装结构图

1—18 厚模板；2—压脚板；3—清扫口

图 4.20 柱模板双面胶漏浆压底实例

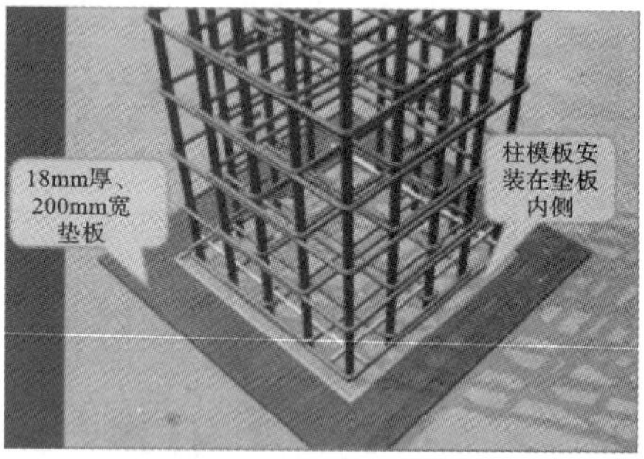

图 4.21 柱模板压脚板实例(一)

图 4.22 柱模板压脚板实例(二)

图 4.23 逐块模板封闭合模并固定

图 4.24 安装竖楞

③安装柱箍：柱箍可分为木箍、钢箍、钢木箍等，根据技术交底的要求选用；柱箍间距、柱箍材料及对应螺栓直径应符合技术交底的要求，如图 4.25～图 4.27 所示。

图 4.25　安装柱箍实例

图 4.26　柱箍对拉螺杆安装实例(一)

阳角部位采用端面硬拼，用钢管扣紧，再用木楔挤紧，从而保证阳角方正，如图 4.28 所示。

图 4.27　柱箍对拉螺杆安装实例(二)

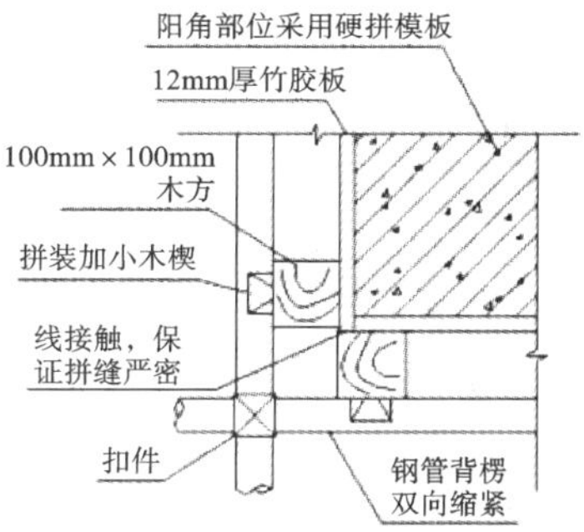

图 4.28　柱阳角模板安装示意图

④柱宽小于 600 mm 时，柱模板采用 $\phi48$ 钢管与扣件“井”字形抱箍紧固，抱箍垂直间距为 500 mm，第一道抱箍距柱脚 200 mm(图 4.29)；当柱宽大于等于 600 mm 时，柱模板采用不小于 $\phi14$ 穿心螺杆紧固，螺栓垂直间距为 500 mm，水平间距为 400 mm，外套硬质 PVC 管(图 4.30)。柱背楞木枋间距不大于 200 mm。

⑤柱接槎做法(图 4.31)。

上部结构模板安装时需向下部结构延伸不小于 300 mm，对拉螺杆距离下部结构顶面不小于 200 mm，上部结构模板的第一道对拉螺杆距离下部结构面不大于 200 mm，下部结构表面与模板对接处应粘贴双面胶，防止模板接缝漏浆，柱、剪力墙模板底部设置清扫口(图 4.32、图 4.33)，有利于清理柱内垃圾杂物。

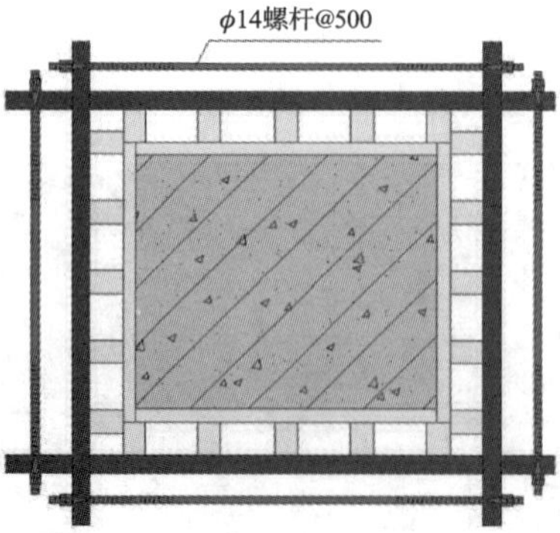

图 4.29　柱宽小于 600 mm 时的柱模板安装

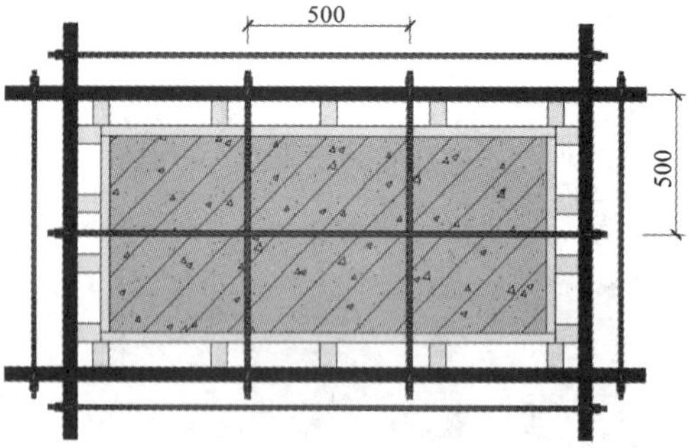

图 4.30　柱宽大于等于 600 mm 的柱模板安装

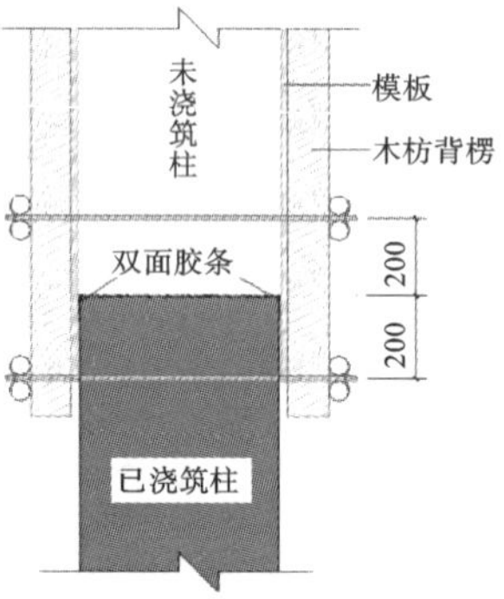

图 4.31　柱接槎模板安装示意图

图 4.32　柱底清扫口实例

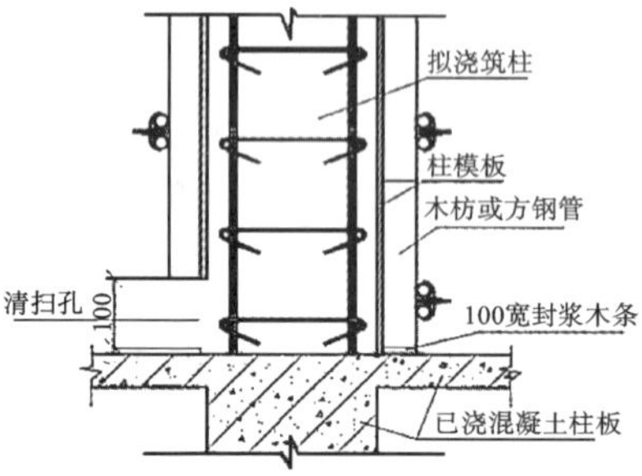

图 4.33　柱底清扫口示意图

⑥安装拉杆或斜撑：柱子模板组装完毕后，用钢管在四周加固，然后将柱模板周边的钢管与脚手架连接，保证柱模的稳定性。在柱模板经过检查吊垂直及模板轴线尺寸符合图纸设计要求和规范有关要求后，将其与满堂脚手架锁死，如图4.34所示。外独立柱双向拉顶结合(图 4.35)，楼面上预埋钢筋拉结点。

⑦模板拆除：拆除拉杆或斜撑、自上而下拆除柱箍或横楞、拆除竖楞，自上而下拆除配件及模板、运走、分类堆放、清理、拔钉。

3. 剪力墙模板施工(采用钢管木方加固)

支撑系统竖向采用木枋，木枋竖楞的横向间距按不大于 200 mm 设置，横向采用钢管 ϕ48.3 双管，对拉螺杆直径大于 12 mm，对拉螺杆间距以底板 200 mm 高处起第一道加固，斜撑竖直方向为 1 道，斜撑水平方向间距 2400 mm，紧固螺帽全部为双螺帽，双蝴蝶卡。人防墙需要采用一次性止水螺杆。

(1) 工艺流程。

放线定位→安放门洞口模板→安装一侧模板及支撑→安装另一侧模板及支撑→模板拆除，如图 4.36～图 4.41 所示。

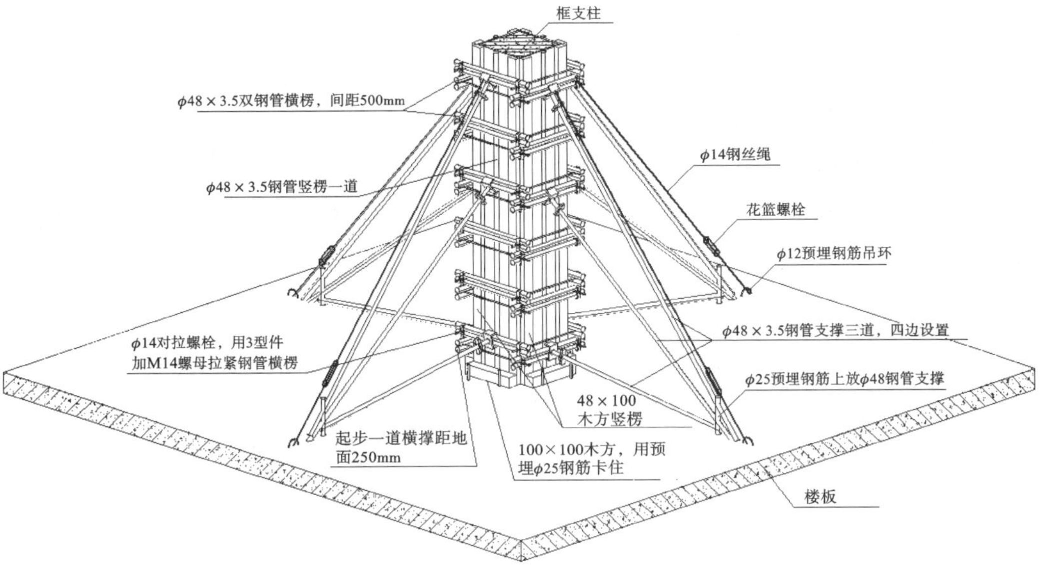

图 4.34　柱斜撑安装示意图

图 4.35　外柱斜撑安装实例

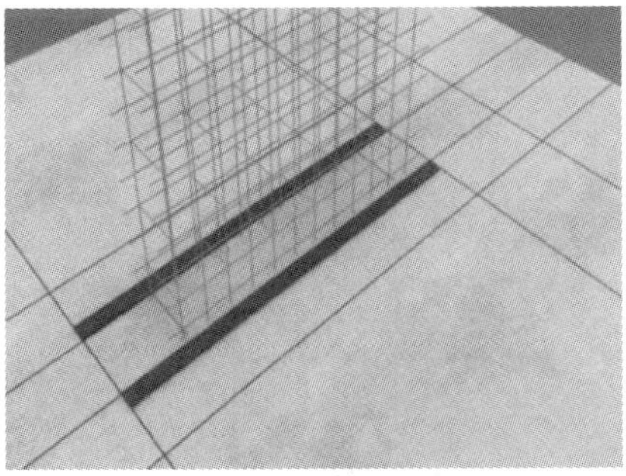

图 4.36　压脚板示意图

图 4.37　压脚板实例

图 4.38 安装一侧模板

图 4.39 安装另一侧模板并加固次楞

图 4.40 安装主楞及设置对拉螺杆

图 4.41 设置斜撑

(2) 操作要点。

①放线定位:按图纸尺寸制作墙侧模板后,应根据施工图放出轴线、墙体边线和外侧300mm控制线(便于模板安装的校正),定好水平控制标高(图 4.42、图 4.43)。

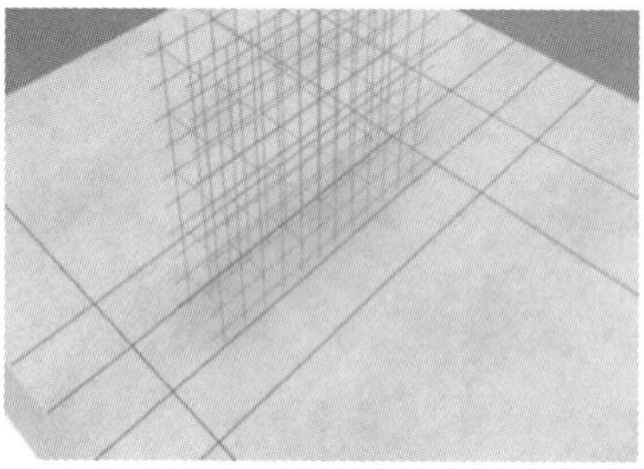

图 4.42 放线定位示意图

图 4.43 放线定位实例

②墙模板配模。

a. 墙模板配模原则:长边包短边,模板尽量采用横配,尺寸必须准确,如图 4.44 所示。

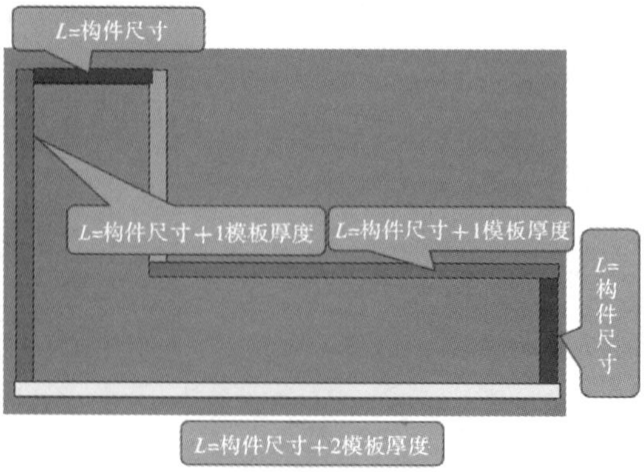

图 4.44 墙模板配模尺寸示例

b. 大模板通高配制，散拼模板配至梁底。墙模板配模高度符合下列要求。

(a)平层内墙模板：层高－(板厚＋板底模厚＋梁侧模高)－10 mm。

(b)外墙及核心筒、楼梯间内筒大模板：层高＋100 mm(下包 50 mm，上露 50 mm)。

(c)厨房、阳台处吊模位置柱墙模板：层高－(板厚＋板底模厚＋梁侧模高)＋30 mm(下包 30 mm)。

(d)下沉式卫生间吊模处柱墙模板：层高－(板厚＋板底模厚＋梁侧模高)＋50 mm(下包 50 mm)。

③模板加固。

模板加固件间距应符合设计方案要求，如无要求可按以下构造要求进行施工：背方间距 200 mm；螺杆离阴角间距 200 mm；螺杆离封头间距 200 mm；第一道加固离楼面 200 mm。模板加固做法如图 4.45～图 4.49 所示。

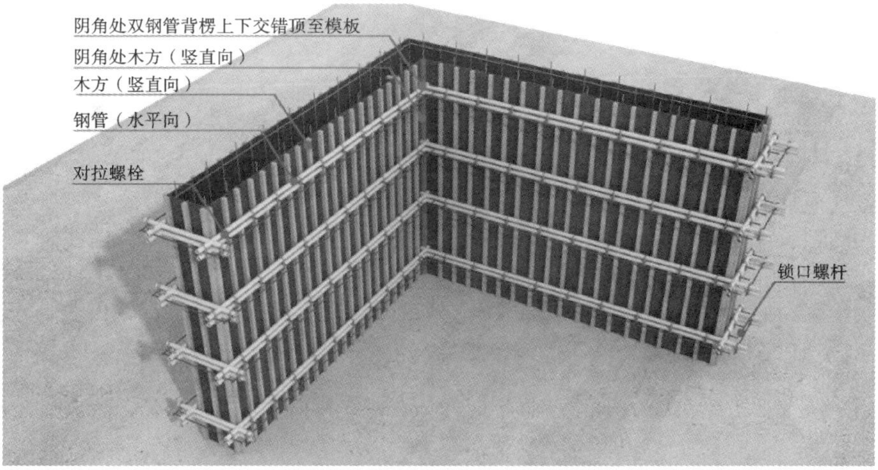

图 4.45 L 形墙体模板加固做法

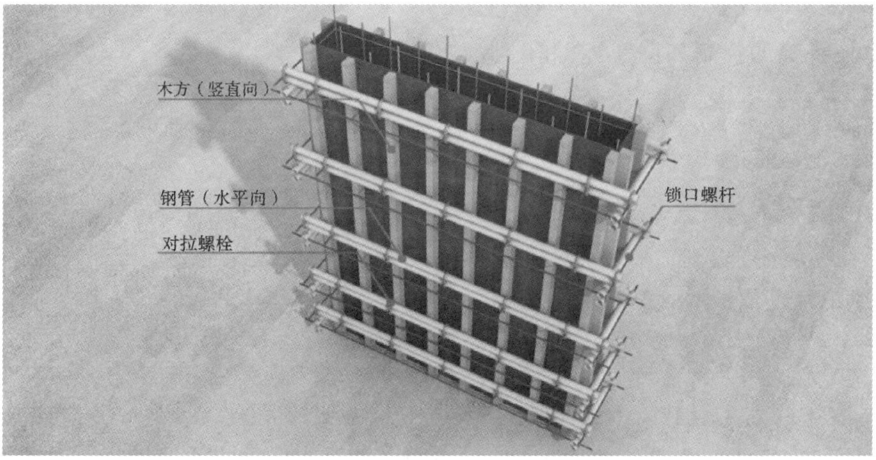

图 4.46 一字形墙体模板加固做法

图 4.47　Z 字形墙体模板加固做法

图 4.48　墙体模板加固实体样板

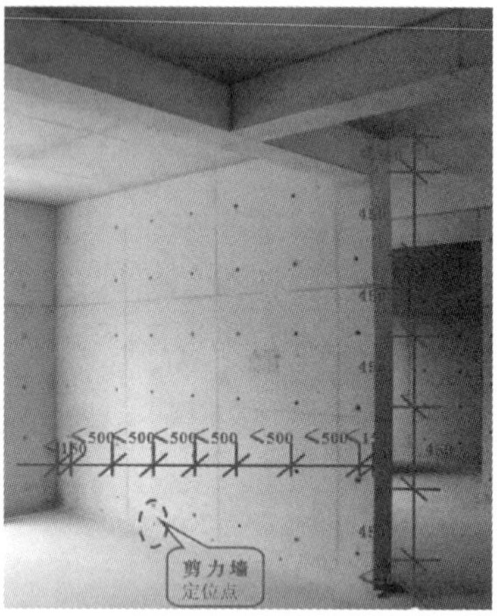

图 4.49　穿墙螺杆间距的要求

④模板拼缝的控制如图 4.50 和图 4.51 所示。

图 4.50　墙模板拼缝做法实例

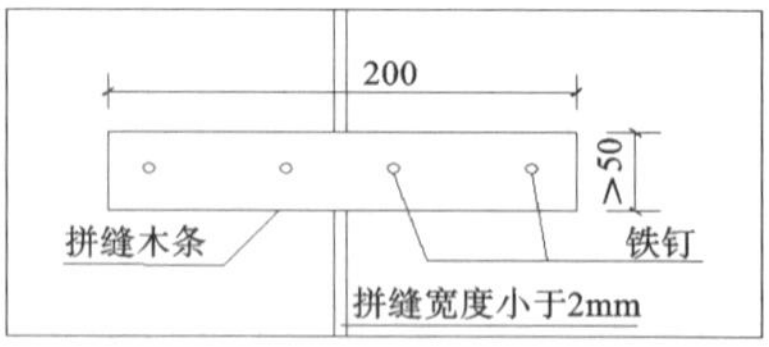

图 4.51　墙模板拼缝做法示意图

⑤对于临空面(楼梯间部位剪力墙、外墙、柱、核心筒等部位)竖向模板，上层模板支设时，临空面部位模板根部延伸至下层并采用预埋螺杆或锁口螺杆进行加固，以防止混凝土接头部位出现爆模、错台等现象，如图 4.52～图 4.55 所示。

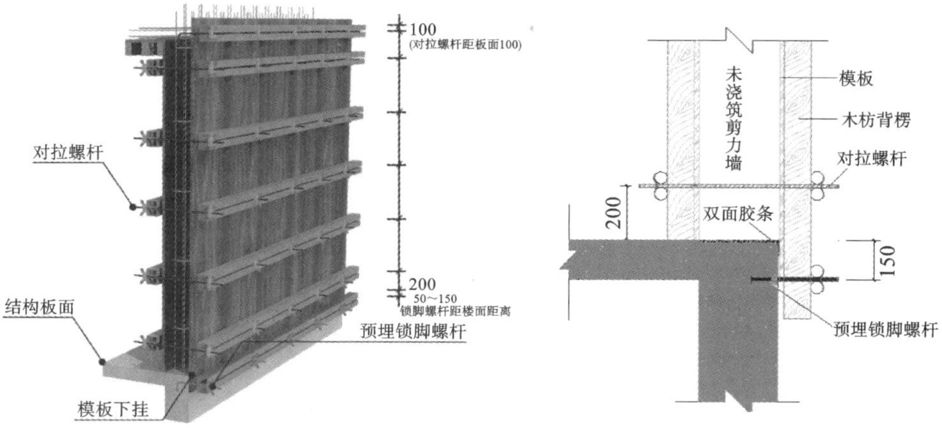

图 4.52 临空面竖向模板锁脚螺杆做法图例(一)

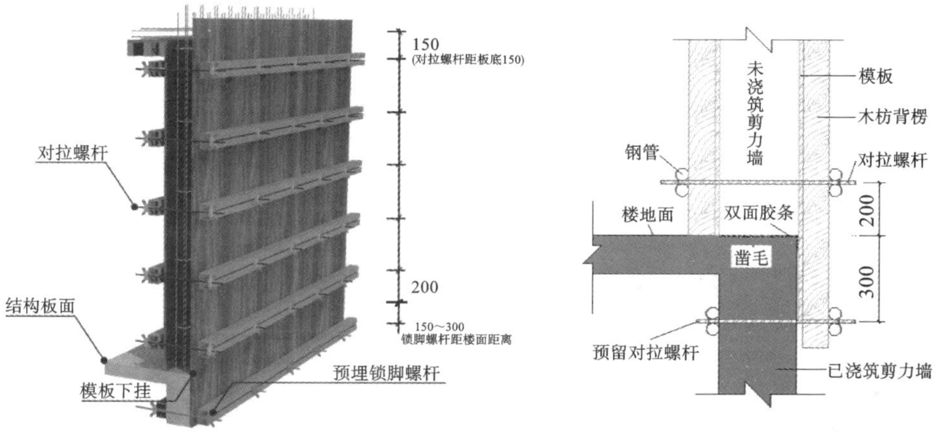

图 4.53 临空面竖向模板锁脚螺杆做法图例(二)

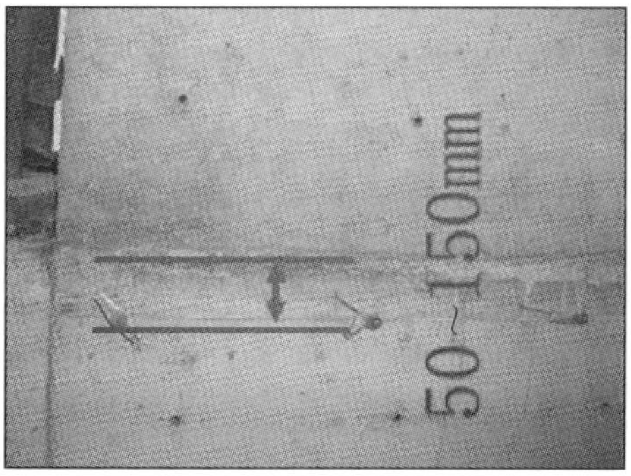

图 4.54 临边模板加固实例(一)

图 4.55 临边模板加固实例(二)

⑥地下室外墙模板加固应采用止水型螺杆,如图 4.56~图 4.58 所示。

⑦阴阳角加固处理。

剪力墙模板的阳角加固方法与柱的阳角加固方法相同。阴角加固方法参照图 4.59 进行。

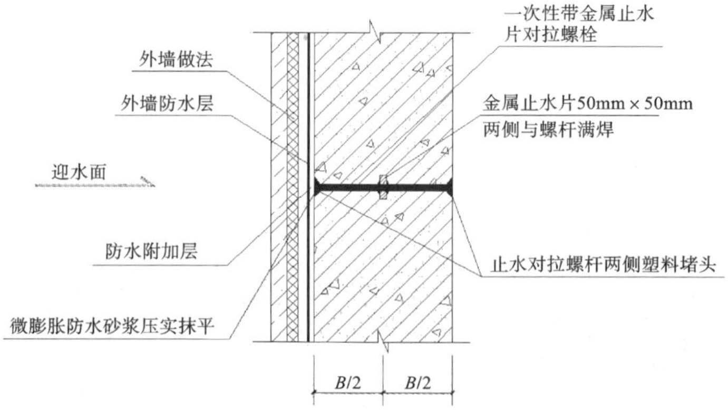

图 4.56　地下室外墙止水螺杆节点做法示意图

图 4.57　地下室外墙止水螺杆节点做法实例图(一)

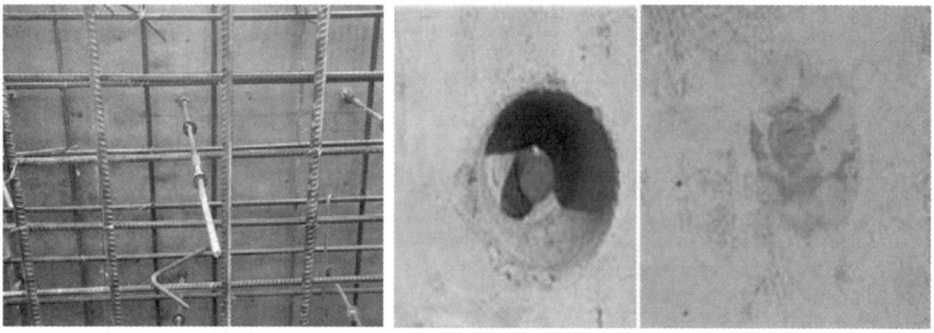

图 4.58　地下室外墙止水螺杆节点做法实例图(二)

图 4.59　阴角加固方法

⑧安装门洞口模板。绑好钢筋后根据门窗洞口的位置线安装门窗预留洞口的模板，安装时应注意门窗洞的定位和下口保护层，在门窗洞口模板下口的正中间部分设置排气

口，跨度大于 3 m 的窗洞还应在跨中设置 50 mm×100 mm 的振捣孔，且洞口模板内侧支撑应采取加固措施，以防洞口变形，如图 4.60～图 4.64 所示。

⑨模板安装完毕后，检查一遍扣件、螺栓是否紧固，模板拼缝及下口是否严密；墙模板立缝、角缝宜设于木方和胶合板所形成的企口位置，以防漏浆和错台。

⑩电梯井剪力墙做法。

电梯井上口模板不得过高，宜比上层地面标高高 20 cm 左右（便于卫生间翻边施工）；电梯井模板上口应设销口楞，再进行侧向支撑，以保证上口模板不变形，如图 4.65～图 4.67 所示。

⑪模板拆除：先拆除穿墙螺栓等附件，再拆除拉杆或斜撑，用撬棍轻轻撬动模板，使模板离开墙体，将模板逐块传下堆放或运走。

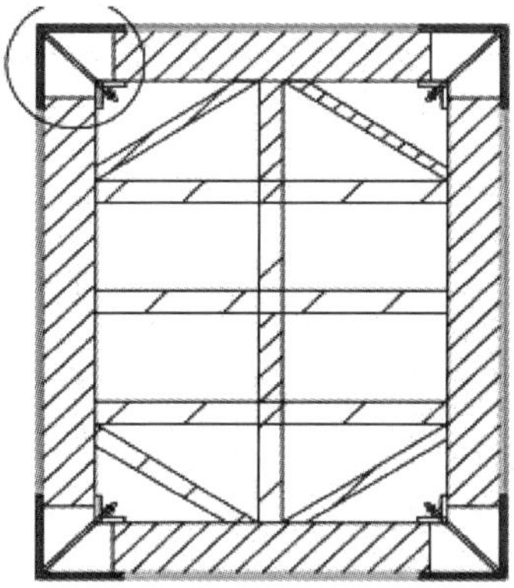

洞口模板支设示意图

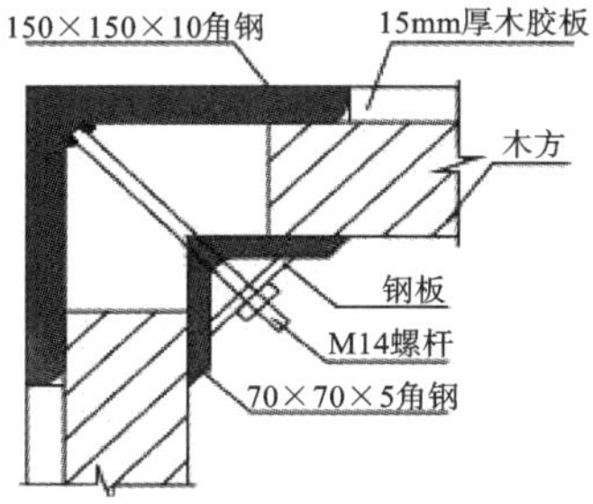

组装节点详图

图 4.60　门窗洞做法示意图(一)

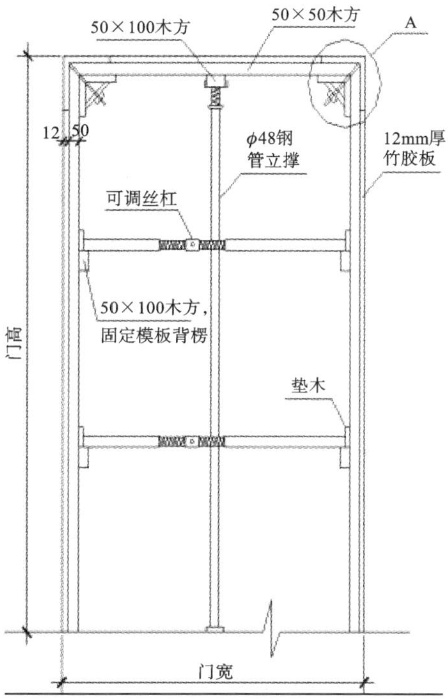

图 4.61　门窗洞做法示意图(二)

(a) 洞口四角可调组装件　(b) 门模板安装实例　(c) 窗模板安装实例

图 4.62　门窗洞做法实例组图

图 4.63 门洞安装实例

图 4.64 窗洞安装实例

图 4.65 电梯井模板上口设销口楞

图 4.66 方木对撑加固

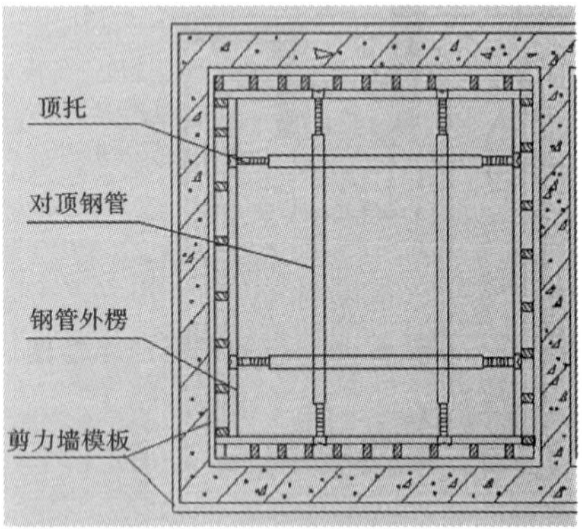

图 4.67 钢管加顶托对撑加固

4. 模板支架安装

(1) 扣件式钢管支架的构造。

①一般规定。

a. 所有钢管及扣件应符合《建筑施工扣件式钢管脚手架安全技术规范》(JGJ 130—2011)的规定。

b. 支架内部应设置剪刀撑体系，以保证支架整体成为几何不变架体，从支架内部防止支架发生侧移。

c. 支架应设置外连装置与建筑物的结构构件联结，从外部防止支架发生侧移。

d. 杆件接长、水平杆与立杆的扣接。

(a)水平杆的接长：所有支架的封顶杆，以及在封顶杆下方 h（步高）处的水平杆和危险区域 H_D（支架中的危险区域）范围内的水平杆采用搭接接长，禁止对接；相邻两水平杆的接头不应在同一 l_a（沿支架纵向的立杆间距）或同一 l_b（沿支架横向的立杆间距）内。

(b)剪刀撑应采用搭接接长。

(c)立杆应采用对接接长，相邻两立杆的接头不应在同一步高内。

(d)纵横两向所有水平杆（包括封顶杆、扫地杆）均应直接与立杆扣接，禁止用水平杆之间相互扣接的形式代替水平杆与立杆的扣接。

e. 支承楼面板、屋面板的立杆，其间距应与支承梁的立杆沿梁长方向的间距成整数倍关系。

f. 截面高度达到或超过 1 m 的梁的支承：

(a)支承立杆应不少于 2 排；

(b)承托梁底模的水平杆与立杆的扣接应使用双扣件；

(c)梁底水平杆抗弯及梁底水平杆与立杆相扣的扣件抗滑移应按有关标准另行计算；

(d)截面高度达到或超过 1.2 m 的梁，应直接用立杆或立杆顶部的可调顶托承重，并应在其底模两侧并支承梁的立杆上，沿梁长方向全高全长各设置一道竖直剪刀撑（竖直剪刀撑如上端达到封顶杆位置，可兼作剪刀撑体系中的竖直剪刀撑，否则应在原剪刀撑体系中增设）。

(2) 普通扣件式钢管模板支撑架安装要点（图 4.68～图 4.70）。

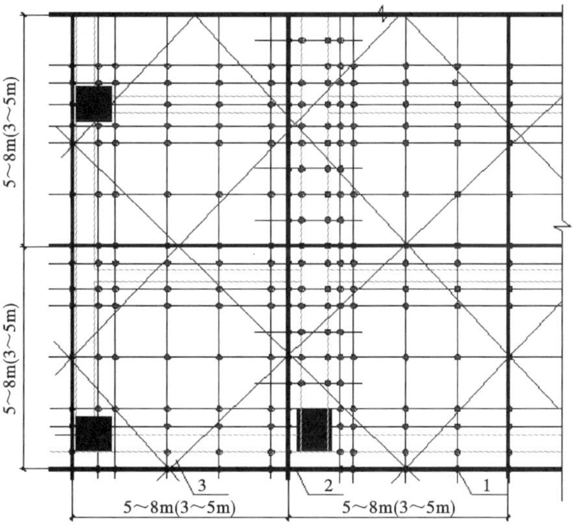

图 4.68 扣件式钢管模板支撑平面图

1—立杆；2—竖向剪刀撑；3—水平剪刀撑

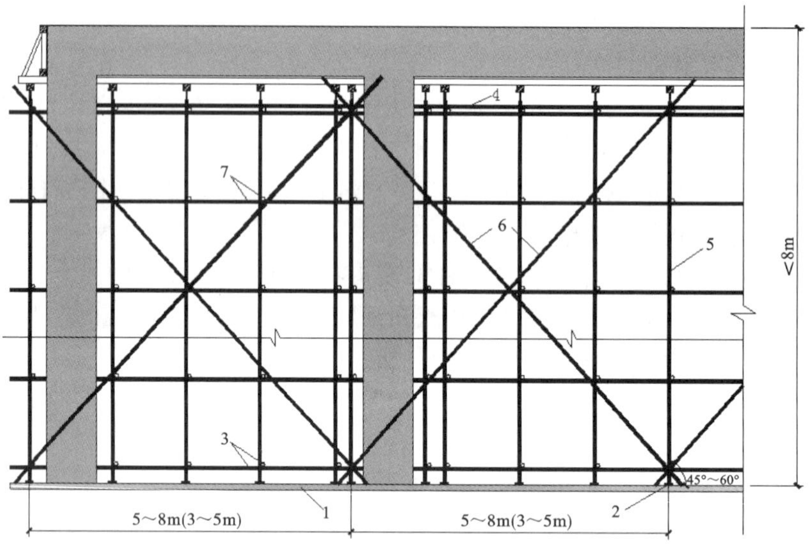

图 4.69 普通扣件式钢管模板支撑立面图

1—夯实基础或硬化地面;2—垫木;3—纵横向扫地杆;4—水平剪刀撑;5—立杆;
6—竖向剪刀撑;7—纵横向水平拉杆

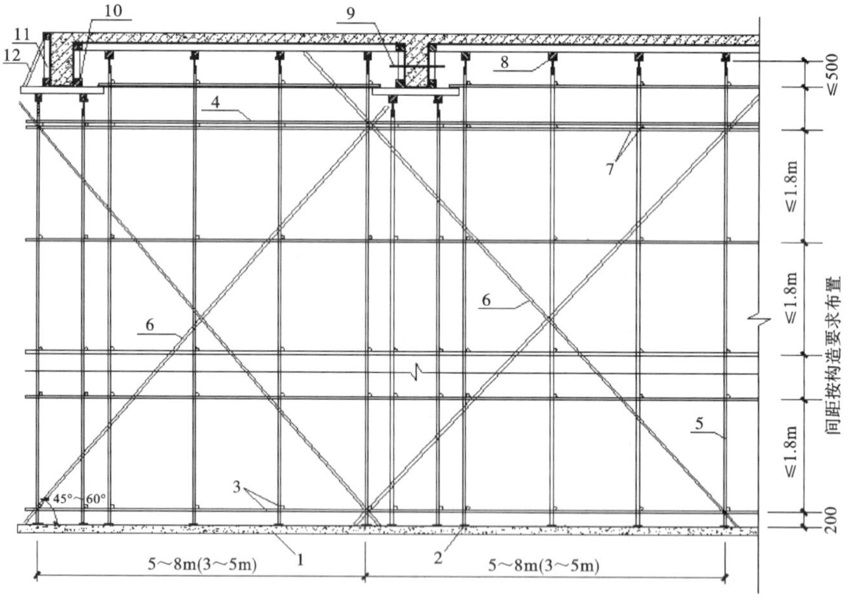

图 4.70 普通扣件式钢管模板支撑剖面图

1—夯实基础或硬化地面;2—垫木;3—纵横向扫地杆;4—水平剪刀撑;5—立杆;6—竖向剪刀撑;
7—纵横向水平拉杆;8—U 型顶托;9—对拉螺栓;10—通长托木;11—立档;12—斜撑

①宜选用外径 ϕ48.3×3.6 的钢管,每根钢管最大质量不应大于 25.8 kg。可调托撑外径不小于 36 mm,支托板厚度不小于 5 mm。

②支设立杆的地基应平整坚实。立杆布置前，应先在楼地面弹线定位，底座、垫板均应准确放在定位线上。每根立杆底部应设置底座或垫板。

③支撑架的可调底座、可调托撑伸出长度不宜超过 300 mm，插入立杆内的长度不小于 150 mm。

④在立杆底距地面 200 mm 高处，沿纵横水平方向按纵下横上的程序设置扫地杆；当立杆底部不在同一高度时，必须将高处的纵向扫地杆应向低处延长 2 跨与立杆固定，高低差不应大于 1 m，靠边坡上方的立杆轴线距边坡的距离不应小于 500 mm。

⑤立杆顶部应采用可调顶托受力，不得采用横杆受力，立杆步距不应超过 1.8 m，立杆伸出顶层水平杆中心线至支撑点的长度不应超过 0.5 m，当伸出顶层水平杆长度大于 0.5 m 时应增设水平杆。

⑥当满堂架高宽比大于 2 时，满堂支撑架应在支架的四周和中部与结构柱进行刚性连接，连墙件水平间距为 6～9 m，竖向间距为 2～3 m。在无结构柱部位应采取预埋钢管等措施与建筑结构进行连接。

⑦立杆接长必须采用对接扣件接，严禁搭接；纵向水平拉杆接长应采用对接扣件连接或搭接，两根相邻纵向水平拉杆接头不应在同步或同跨内，不同步或不同跨两接头水平方向错开的距离不应小于 500 mm，各接头中心至最近主节点距离不应大于步距的 1/3；搭接长度不得小于 1 m，应等间距设置 3 个旋转扣件固定；端部扣件盖板边缘至搭接纵向水平杆杆端距离不小于 100 mm。

⑧每道剪刀撑宽度不应小于 4 跨，且不应小于 6 m，跨越立杆最多根数为：45°时 7 根，50°时 6 根，60°时 5 根。剪刀撑杆件的底端应与地面顶紧，倾角为 45°～60°。

⑨边跨梁模板的横向立杆上方受力点应布置对称、合理。采用调斜外立杆方式的，立杆上的每道水平拉杆应与楼板模板支架的立杆相连接至少三道立杆。

⑩支撑架根据架体的类型设置剪刀撑，应符合以下规定。

a. 普通型。

(a)在架体外侧周边及内部纵、横向每 5～8 m，应由底至顶设置连续竖向剪刀撑，剪刀撑宽度应为 5～8 m。

(b)在竖向剪刀撑顶部交点平面应设置连续水平剪刀撑。当支撑高度超过 8 m，或施工总荷载大于 15 kN/m^2，或集中线荷载大于 20 kN/m 的支撑架，扫地杆的设置层应设置水平剪刀撑。水平剪刀撑至架体底平面距离与水平剪刀撑间距不宜超过 8 m。

b. 加强型。

(a)当立杆纵、横间距为 0.9 m×0.9 m～1.2 m×1.2 m 时，在架体外侧周边及内部纵、横向每 4 跨(且不大于 5 m)，应由底至顶设置连续竖向剪刀撑，剪刀撑宽度应为 4 跨。

(b)当立杆纵、横间距为 0.6 m×0.6 m～0.9 m×0.9 m(含 0.6 m×0.6 m、0.9 m×0.9 m)时，在架体外侧周边及内部纵、横向每 5 跨(且不小于 3 m)，应由底至顶设置连续竖向剪刀撑，剪刀撑宽度应为 5 跨。

(c)当立杆纵、横间距为 0.4 m×0.4 m～0.6 m×0.6 m(含 0.4 m×0.4 m、0.6 m×0.6 m)时，在架体外侧周边及内部纵、横向每 3～3.2 m，应由底至顶设置连续竖向剪刀撑，剪刀撑宽度应为 3～3.2 m。

(d)在竖向剪刀撑顶部交点平面应设置连续水平剪刀撑。当支撑高度超过 8 m,或施工总荷载大于 15 kN/m²,或集中线荷载大于 20 kN/m 的支撑架,扫地杆的设置层应设置水平剪刀撑。水平剪刀撑至架体底平面距离与水平剪刀撑间距不宜超过 6 m,剪刀撑宽度应为 3～5 m。

(3) 高大模板支撑安装要点(图 4.71～图 4.75)。

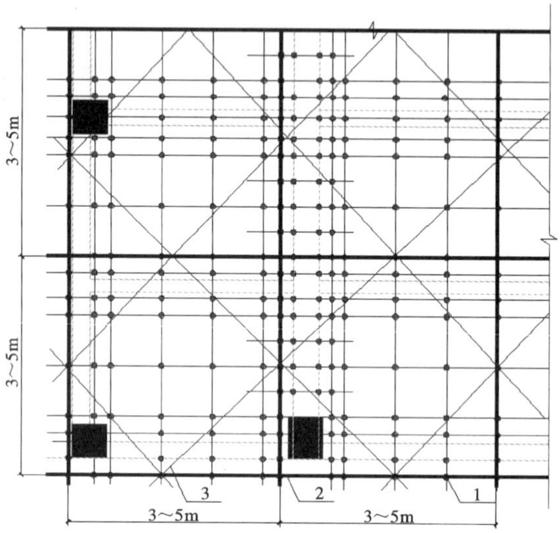

图 4.71　高大模板支撑平面图

1—立杆;2—竖向剪刀撑;3—水平剪刀撑

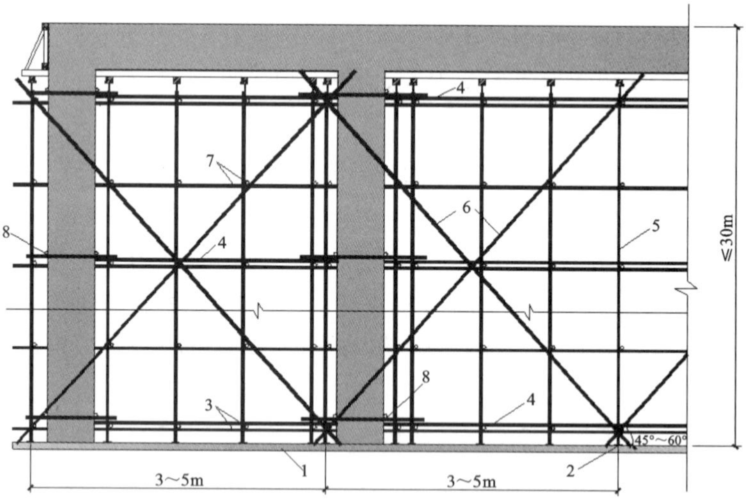

图 4.72　高大模板支撑立面图

1—夯实基础或硬化地面;2—50 厚通长垫木;3—纵横向扫地杆;4—水平剪刀撑;5—立杆;6—竖向剪刀撑;7—纵横向水平拉杆;8—抱柱加固钢管

①应满足"普通扣件式钢管模板满堂支撑架"的一般要求;其立杆和扣件等材料必须进行力学检测。

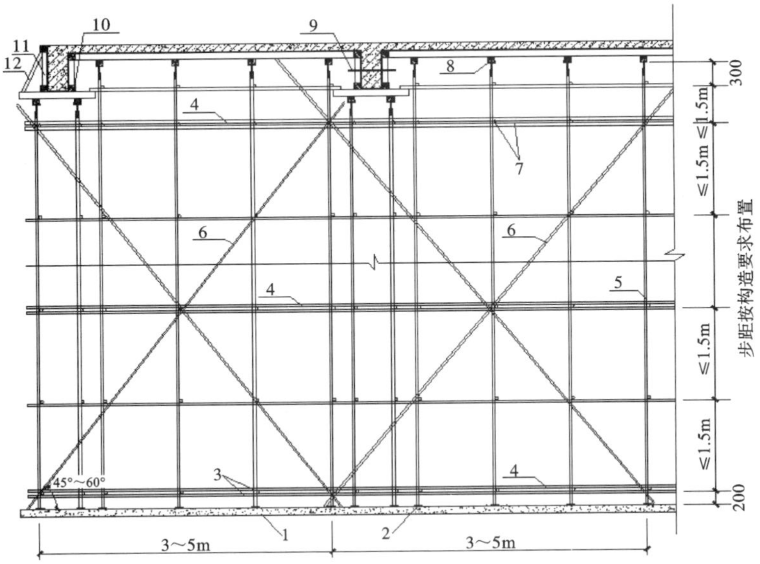

图 4.73　高大模板支撑剖面图

1—夯实基础或硬化地面；2—垫木；3—纵横向扫地杆；4—水平剪刀撑；5—立杆，6—竖向剪刀撑；7—纵横向水平拉杆；8—U 型顶托；9—对拉螺栓；10—通长托木；11—立档；12—斜撑

②支设立杆的地基应平整坚实。施工总荷载大于 10 kN/m²，或集中线荷载大于 15 kN/m的模板工程，当立杆落在地面时，须增设强度不低于 C10、厚度不少于 100 mm 的混凝土垫层；当立杆落在楼面时，楼面下应采取可靠的支顶措施。

③每根立杆底部应设置底座，底座宜采用规格不小于 150 mm×150 mm×8 mm 钢板和钢管套管焊接组成。底座下应设置长度不少于 2 跨、宽度不小于 150 mm、厚度不小于 50 mm 的木垫板或仰铺 12～16 号槽钢。

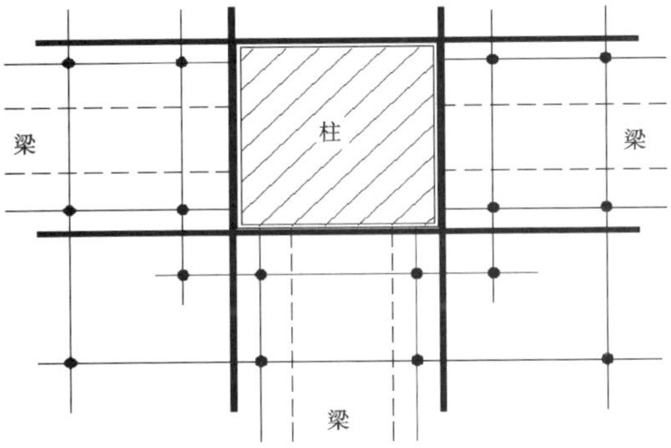

图 4.74　高大模板架体与框架柱连接大样

（注：1. 满堂架与框架柱抱柱加固的第一道连接位置为第一道水平杆上部，最后一道为顶部水平杆上部，中间按每两步距设置；2. 四根抱柱钢管均与水平杆拉接。）

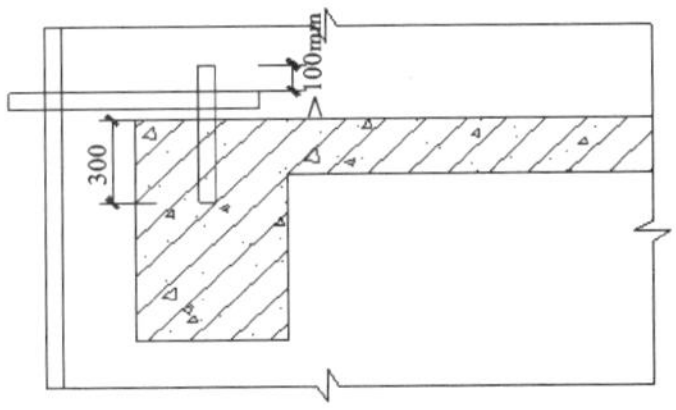

图 4.75　高大模板架体与梁板连接大样

（注：预埋钢管连墙件在梁板面按两步三跨设置。）

④立杆接长必须对接，严禁搭接。立杆纵横间距不得大于 1.2 m×1.2 m，步距不应超过 1.5 m。满堂支撑架搭设高度不宜超过 30 m。

⑤立杆顶部应采用可调顶托受力，不得采用横杆受力，且顶托距离最上面一道水平杆不宜超过 300 mm。当超过 300 mm 时，应采取可靠措施固定。

⑥架体必须连续设置纵、横向扫地杆和水平杆，纵向扫地杆应采用直角扣件固定在距底座上皮不大于 200 mm 处的立杆上，横向扫地杆应采用直角扣件固定在紧靠纵向扫地杆下方的立杆上。

⑦扫地杆与顶部水平杆之间的间距，在满足模板设计所确定的水平拉杆步距要求条件下，进行平均分配确定步距后，在每一步距处纵横向应各设置一道水平拉杆。当层高在 8～20 m 时，在最顶步距两水平杆中间应加一道水平拉杆；当层高大于 20 m 时，在最顶步距两水平拉杆中间应分别增加一道水平拉杆。

⑧架体外侧周边及内部纵、横向每隔 3～5 m 由底至顶设置宽度 3～5 m 连续竖向剪刀撑；在竖向剪刀撑交点平面设置宽度 3～5 m 连续水平剪刀撑。

⑨架体四周与建筑物应形成可靠连接，以减少架体搭设高度对稳定性的不利影响。当满堂架高宽比大于 2 时，满堂支撑架应在支架的四周和中部与结构柱进行刚性连接，连墙件水平间距为 6～9 m，竖向间距为 2～3 m。在无结构柱部位应采取预埋钢管等措施与建筑结构进行连接。

一般模板支架安全要点检查表

⑩立杆垂直度偏差应不大于 $1/500H$（H 为架体总高度），且最大偏差应不大于50 mm。

⑪模板支撑体系杆件不得与外脚手架、卸料平台等连接。

⑫框架结构中，柱和梁板的混凝土浇筑顺序，应按先浇筑柱混凝土，后浇筑梁板混凝土的顺序进行。浇筑过程应有专人对高大模板支撑系统进行观测，发现有松动、变形等情况，必须立即停止浇筑，撤离作业人员，并采取相应的加固措施。

高大模板支架安全要点检查表

5. 梁、楼板、楼梯模板施工工艺

(1) 工艺流程。

定位放线→安装梁底模板→安装梁侧模板→安装楼板模板→安装楼梯模板→模板拆除。

(2) 施工要点。

①放线定位：在柱模上弹出轴线、梁边线、中线位置和水平线，钉柱头模板。

②安装梁底模板。

模板支设采取先支主、次梁，再支楼板模板。安装梁底模板时，将梁底的纵向水平支撑调至梁底（预留梁底横楞及梁底模板厚度）处，然后在纵向水平支撑上安放横楞（图 4.76），间距由计算确定，接着按梁位置安装梁底模板（图 4.77）。安装楼板模板时，先在次梁模板的外侧弹水平线，其标高为楼板底标高减去模板厚和搁栅高度，安装支柱和搁栅，再在搁栅上铺设楼板模板，铺楼板底模时可从四周铺起，在中间收口，楼板模板压在梁侧模时角位模板应通线钉固。

③当梁的跨度大于等于 4 m 时，梁模板的跨中要起拱，起拱高度为梁跨度 L 的 1～3‰（图 4.78、图 4.79），同跨度应起拱一致。起拱顺序：先主梁起拱后次梁起拱。

④所有压角、转角、套割处必须拼密缝，且不得出现小阳角（图 4.80）。尽量做到大模压边、原边压角。梁板模板完成后应立即在柱墙插筋上抄测标高，对模板空间尺寸进行复核（标高、开间）。

图 4.76　安装支撑架

图 4.77　梁底模板安装

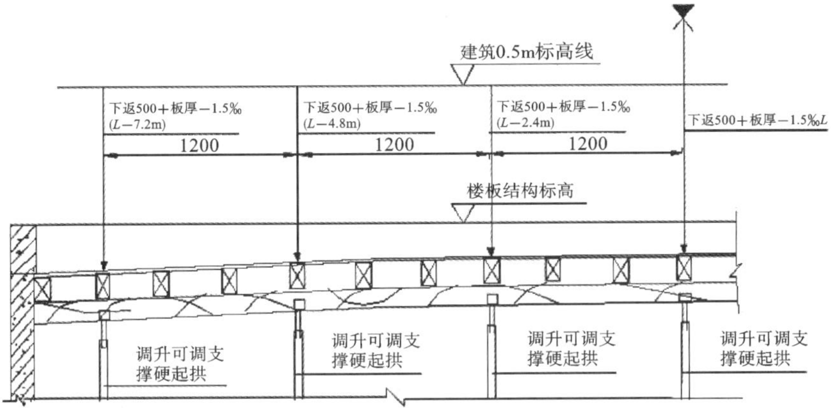

图 4.78　梁、板起拱做法示意图

图 4.79　梁、板起拱测量实例

图 4.80　模板拼缝实例

⑤安装梁侧模板(图 4.81)。

a. 根据墨线安装梁侧模板、压脚板、斜撑等。梁侧模板制作高度应根据梁高及楼板模板来确定。

b. 梁侧模板接头宜留在梁中,利于加固,接口应平顺、严密。

c. 梁侧模与底模拼缝应严密,不漏浆。

d. 梁侧模板支设时,上口应通线,保证侧模垂直度。

e. 处理好梁柱接头:梁侧模相拼接时,应根据现场实际情况确定出拆模的先后顺序,再确定其相交及叠合方式。

图 4.81　梁侧模板安装实例

(注:梁侧模制作高度应根据梁高及楼板厚度确定;支模应遵循边模包底模的原则;
梁侧模板须拉线安装;如遇到梁高超过 650 mm,侧模板安装先安装一边,
等梁钢筋绑扎完毕后再进行另一侧梁模板的安装,有效安排工序先后情况,以满足施工要求。)

f. 高度大于 800 mm 的梁在支模时,先封底模,然后在梁两侧绑扎钢筋,绑扎完结后封侧模。

g. 侧模加固。

按照方案确定的主楞、次楞、穿梁螺杆的尺寸及间距,进行侧模的加固设置,见表 4-1。

表 4-1　梁侧模加固方式

梁高度 h (截面面积≤0.45m²) /mm	梁侧次楞间距 /mm	加固方式	对拉螺杆沿梁高布置情况 /mm	对拉螺杆沿梁跨间距 /mm
h≤600	≤250	斜撑	/	/
600<h≤800	≤250	一道对拉螺杆	≤200	≤450
800<h≤1000	≤250	两道对拉螺杆	≤200,≤450	≤450

梁高 h≤600 mm 时,采用斜撑进行加固,梁侧木枋通过钢管斜撑与架体连接进行加固,斜撑间距 1000 mm(图 4.82、图 4.83 所示)。

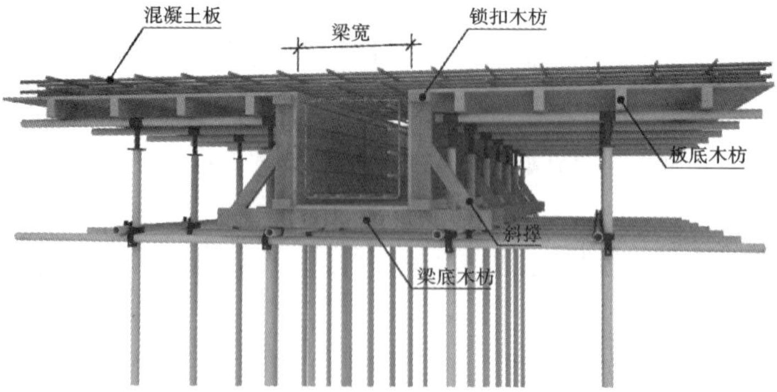

图 4.82　梁侧加固做法(一)

600 mm<h≤800 mm 时,设置一道对拉螺杆,螺杆距离梁底 200 mm(图 4.84、图 4.85)。

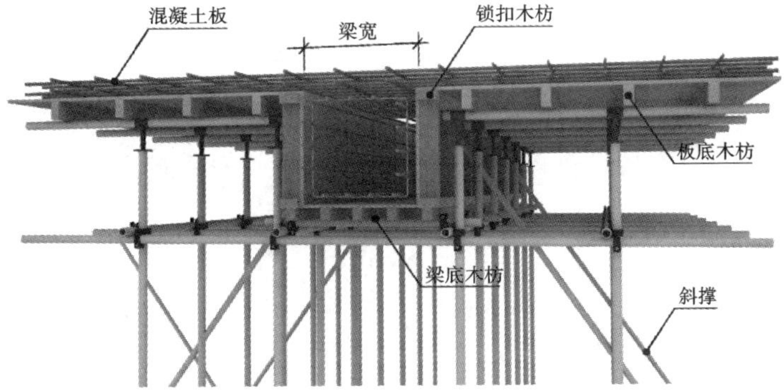

4.83 梁侧加固做法(二)

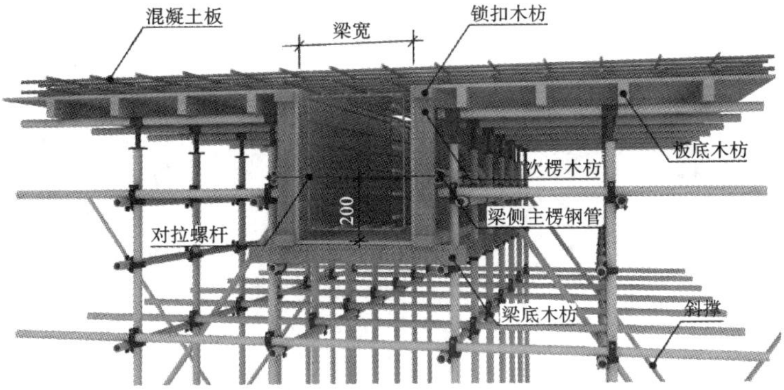

图 4.84 梁侧加固做法(三)

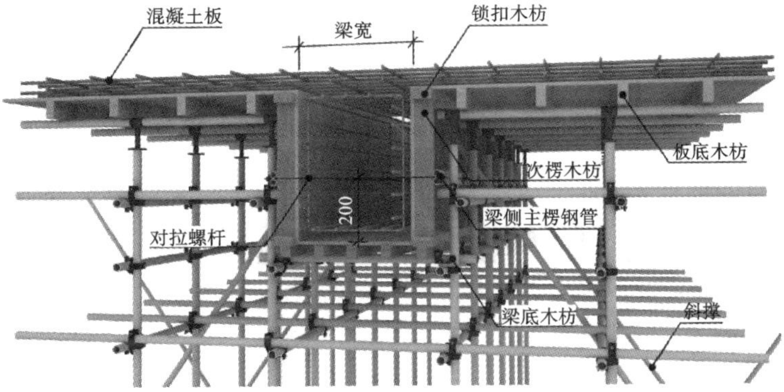

图 4.85 梁侧加固做法(四)

800 mm<h≤1000 mm 时，设置两道对拉螺杆，两道螺杆距离梁底分别为 200 mm、650 mm(图 4.86、图 4.87)。

⑥梁模板加固通用要求。

a. 严格按照施工方案安装穿梁螺杆。

b. 模板拼缝处要贴海绵条并用木方压实。

c. 根据构件截面尺寸进行模板设计，一般内楞采用木方，间距 200 mm 并符合方案要求，外楞采用木方或钢管，如采用钢管，应使用双钢管，穿梁螺杆紧固，螺杆直径 ϕ14，并采用配套的螺帽和 3 型卡。

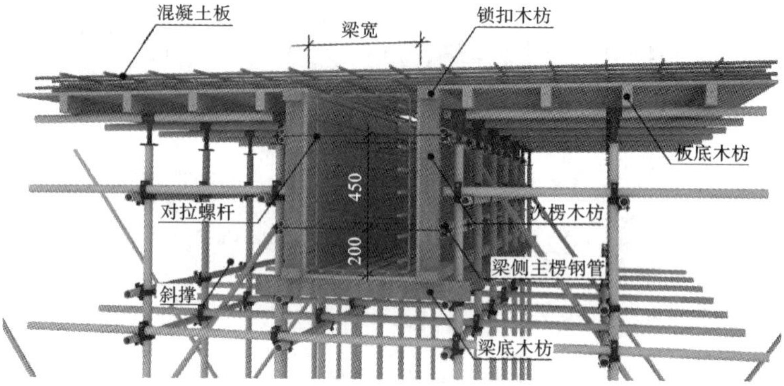

图 4.86　梁侧加固做法(五)

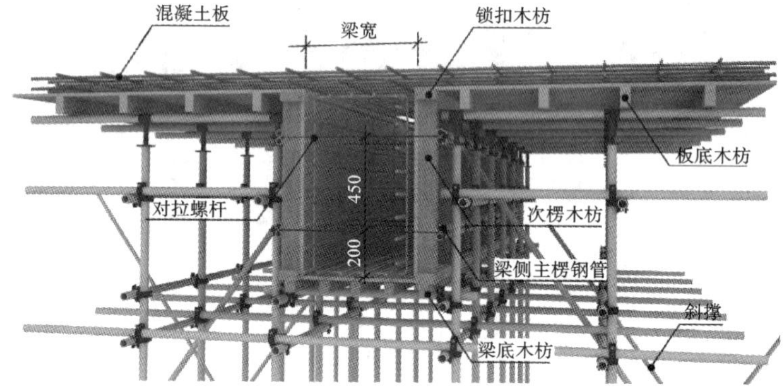

图 4.87　梁侧加固做法(六)

模板安装细节要求如图 4.88～图 4.96 所示。

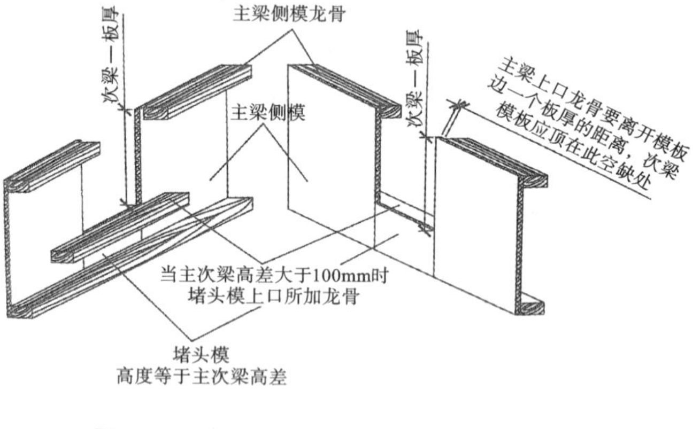

图 4.88　主次梁交接处开口做法示意图(一)

模板拼缝严密、线条顺直、尺寸准确、节点到位，不应有破损、缺陷或凸起现象。

模板切割时应画线，确保切割顺直，不得采用手锯随意切割；梁和梁接口应与板面处在同一平面上，不得超出板面。

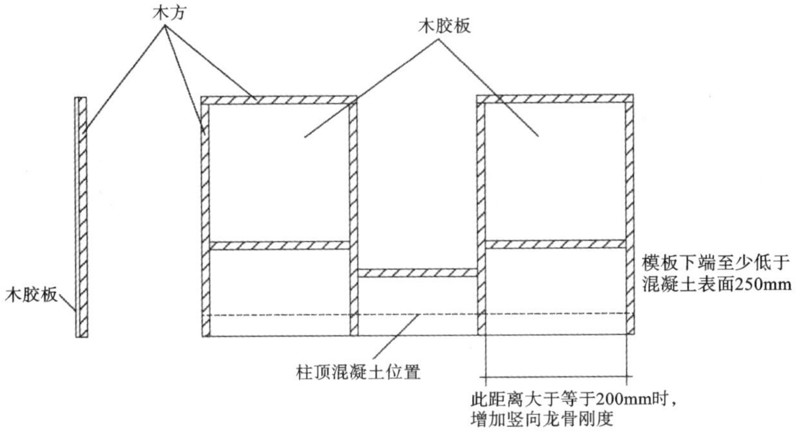

图 4.89　主次梁交接处开口做法示意图(二)

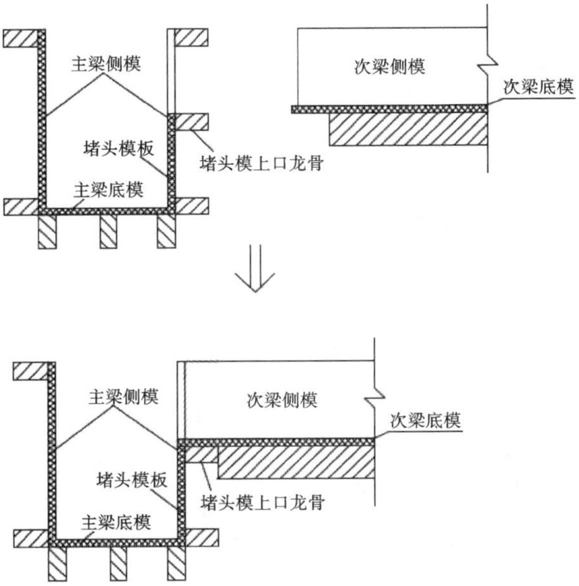

图 4.90　主次梁交接处开口做法示意图(三)

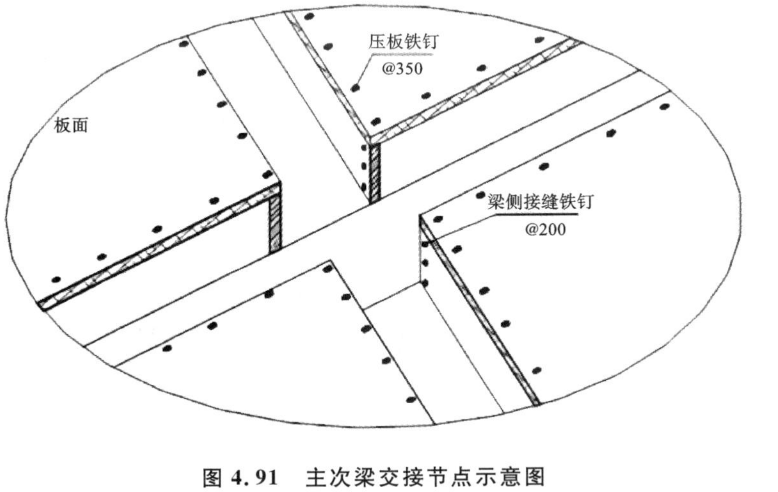

图 4.91　主次梁交接节点示意图

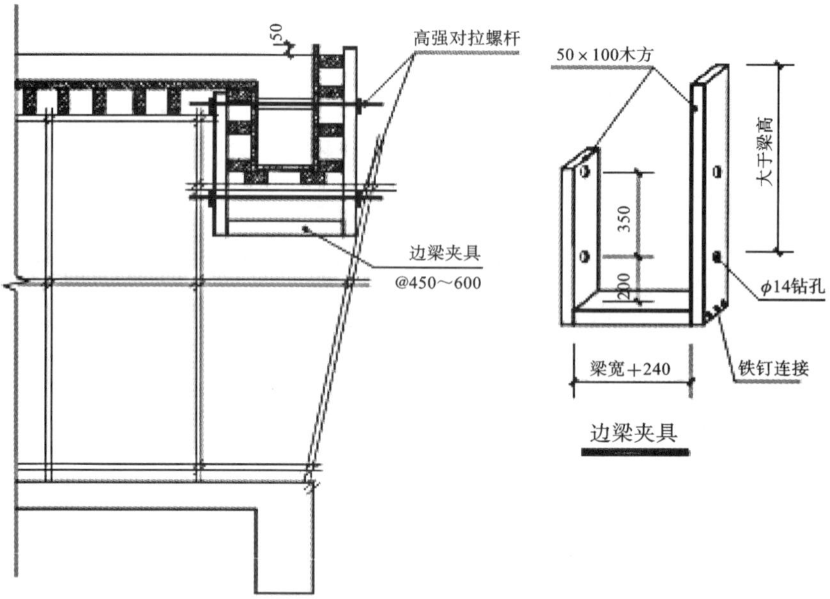

图 4.92 边梁模板安装示意图

图 4.93 边梁模板安装实例

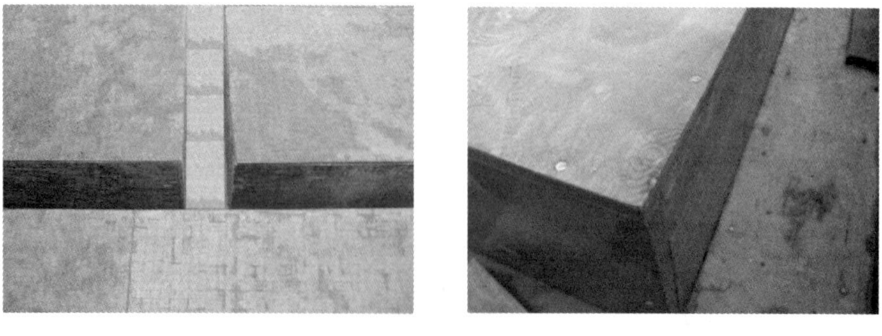

图 4.94 模板交接做法实例(一)

图 4.95　模板交接做法实例(二)

图 4.96　梁清扫口的留设做法

⑦节点加固。

a. 梁柱接头:梁侧模与柱边模交接时,应在接缝处用木枋加固,木枋下端应作为柱模背枋,至少用两道柱箍夹紧,如图 4.97 所示。

b. 柱模接头:柱模接头处应用木枋较多,该处对拉螺杆间距适当缩小。

c. 梁梁、梁柱模板直接处转角节点外应用竖枋缩紧,再用侧模背楞端部将竖枋顶紧,保证转角节点受力。

图 4.97　梁柱接头模板实例

⑧楼板模板施工。

a. 楼板模板安装时,先在柱子上弹出轴线、板位置和水平线,并复核。架子工根据模板设计或模板施工方案要求搭设好板模板的支撑体系后再安装板下木枋。安装木枋时拉通线调节支柱高度,将大龙骨找平,每块板平台木枋截面高度应一致。枋底部水平承重钢管必须用顶托顶紧,杜绝无承重钢管支模或将木枋的一端支撑在侧模背枋上。对跨度不小于 4 m 的现浇钢筋混凝土板,其模板应按设计要求起拱;当设计无具体要求时,起拱高度宜为跨度的 1/1000～3/1000。模板铺设方向从四周或墙、梁连接处向中央铺设(图 4.98),在中间收口。楼板模板压在梁侧模时,角位模板应通线钉固。

平板模板楞木搭接如图 4.99 所示。

图 4.98　模板铺设方向实例

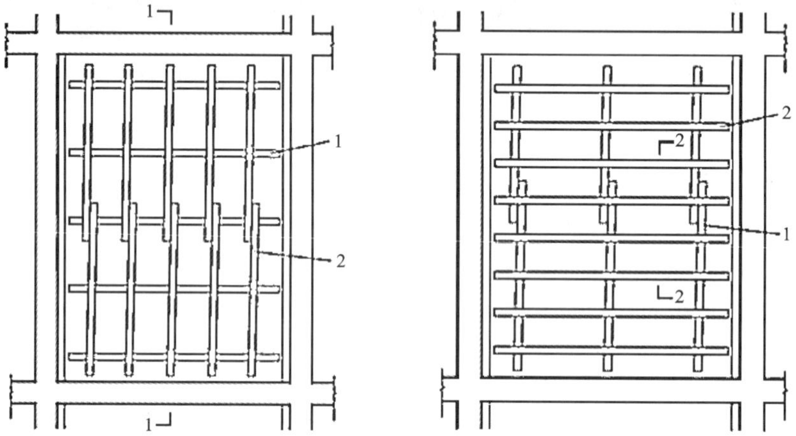

图 4.99　平板模板楞木搭接做法

1—板主楞木；2—板次楞木

说明：1. 次楞木离柱、墙、梁间距不应小于本板块内次楞木间距，方木作为次楞木时间距不得大于 500 mm，方钢管作为次楞木时间距不得大于 350 mm。

2. 主楞木应沿板跨通长布设至柱、墙、梁边，如图 4.100～图 4.102 所示。

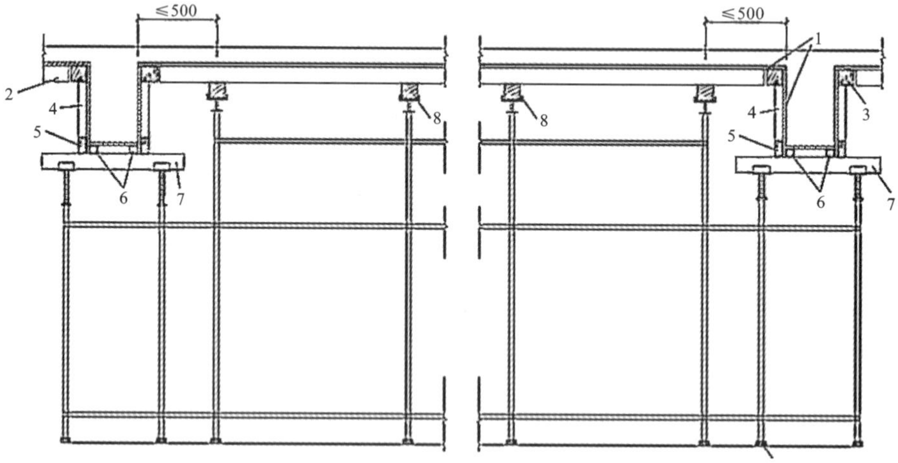

图 4.100　平板模板楞木搭接做法 1-1 剖面

1—18 mm 厚胶合板；2—板次楞木；3—顶部封口托木；4—木档；5—通长夹木；6—梁次龙骨；7—梁主龙骨；8—板主楞木；9—立杆底部垫块

说明：1. 本图适用于层高低于 4m 的建筑；2. 立杆自由端长度应符合相关规范要求；3. 梁立杆应与板立杆应有水平连接；4. 100 mm×100 mm 板底次楞木间距不宜大于 500 mm（板底采用 50×50 方钢作为次龙骨时间距不宜大于 350 mm）；5. 主龙骨及立杆间距应按计算书布置。

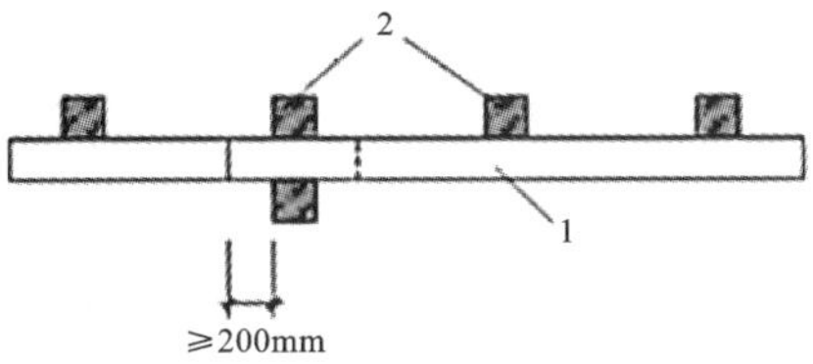

图 4.101　平板模板楞木搭接做法 2-2 剖面

图 4.102　平板模板楞木搭接做法实例

b. 细部要求：楼板支模木龙骨或型钢布置要求均匀，净空间距不超出 20 cm（板厚 15 cm内）（图 4.103）；木龙骨或型钢布置距墙面的距离控制在 15 cm 以内，悬挑长度控制在 25 cm 以内为宜（图 4.104）；主龙骨钢管建议采用双钢管安装，末端悬挑长度不宜超过 25 cm，且距墙面距离控制在 15 cm 内为宜；墙板在最上端应设水平木龙骨一道与顶板边缘平齐加固，通长设置（图 4.105），模板缝同次龙骨同向处，下方敷设方木（图 4.106～图 4.108）。

图 4.103　楼板支模木龙骨安装要求（一）

图 4.104　楼板支模木龙骨安装要求（二）

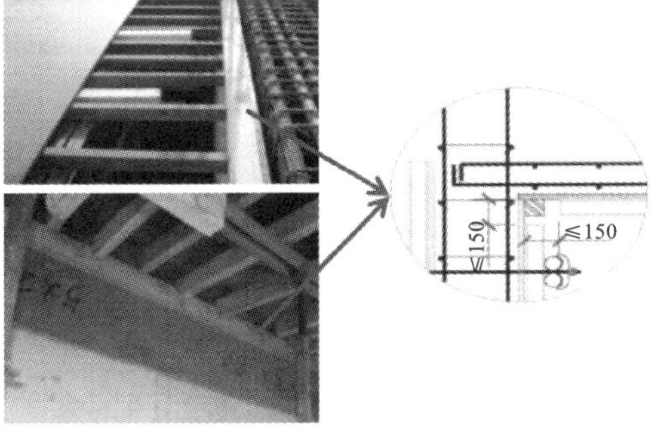

图 4.105　楼板支模木龙骨安装要求（三）

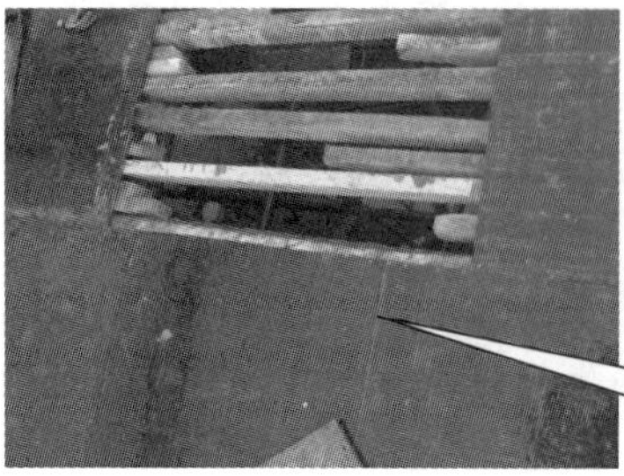

图 4.106 楼板支模木龙骨安装要求(四)

图 4.107 楼板支模木龙骨安装要求(五)

图 4.108 楼板支模木龙骨安装要求(六)

⑨安装楼梯模板。

a. 安装步骤:楼梯支撑架体搭设→铺楼梯段底模板→安装楼梯段侧模→安装楼梯段踏步楼板。

b. 施工要点。

(a)梯段板模板应采用斜面垂直式双排钢管支撑,上下不少于 2 道横杆。

(b)踏步支设等高等宽,横平竖直偏差小于等于 5 mm,踏步加固牢固,不能因踩踏、混凝土浇筑而变形(图 4.109)。

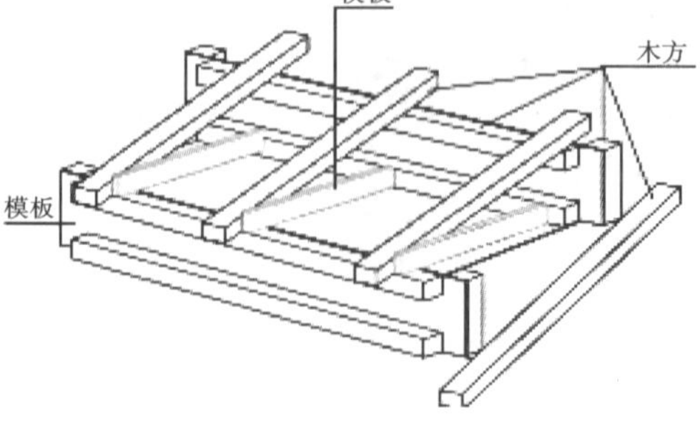

图 4.109 踏步加固做法示意图

(c)木模板楼梯踏步还可采用定型化支模构造做法,具体如下(图 4.110、图 4.111)。

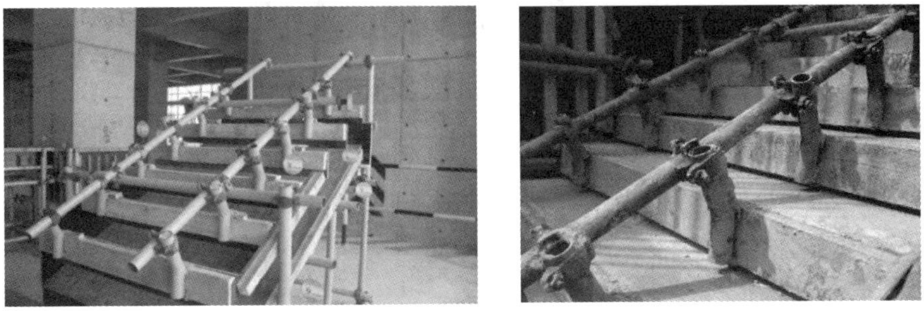

图 4.110　定型化支模做法实例组图

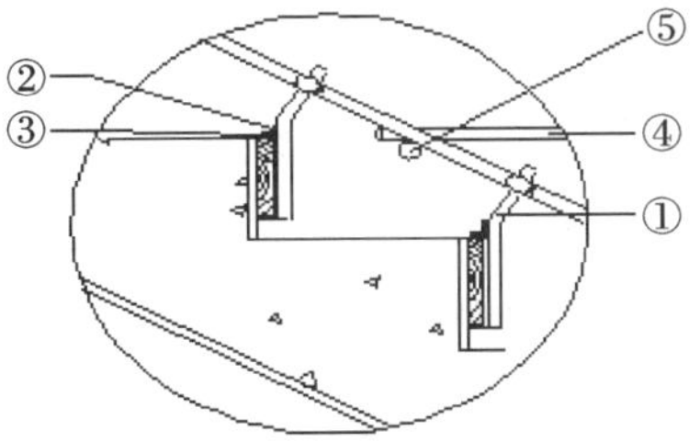

图 4.111　定型化支模构造做法

Ⅰ.采用钢管按支模角度焊制,与纵向主龙骨十字扣件连接。

Ⅱ.L40×4 角铁上下各一个,用于加固踢板。

Ⅲ.木楔子楔紧,便于拆装。

Ⅳ.纵向加固钢管与休息平台支架相连,防止浇筑混凝土时踢板变形。

Ⅴ.横向加固钢管支撑在立杆或两端剪力墙上,防止踢板在人员踩踏下产生标高误差。

楼梯模板安装如图 4.112～图 4.114 所示。

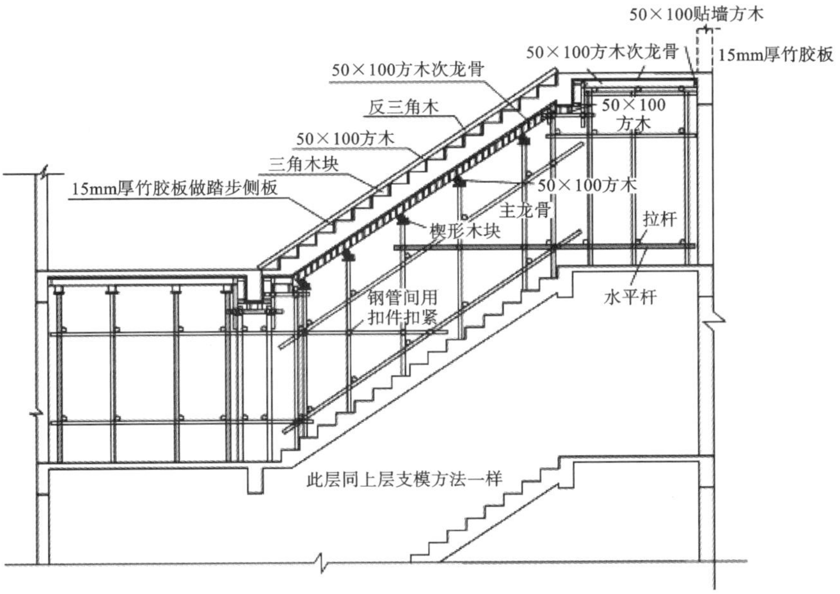

楼梯模板安装过程示意组图

图 4.112　楼梯模板支设图例

⑩模板拆除。

a.基本要求。

(a)模板拆除前,主管工长必须向作业进行书面的技术交底,交底内容包括拆模时

图 4.113　楼梯模板支撑体系实例图

图 4.114　楼梯模板施工缝留设实例组图

间、拆模顺序、拆模要求、模板堆放位置等。

(b)平台结构模板拆除时,主管工长必须书面申请,接到拆模通知单后方可拆模。

(c)模板拆除顺序。

模板拆除顺序与安装顺序相反,先支后拆,后支先拆,先拆非承重模板,后拆承重模板;先拆纵墙模板,后拆横墙模板;先拆外墙模板,后拆内墙模板。

(d)墙、柱、梁、板模板拆除工艺流程:拆除剪力墙、柱模板→拆除梁侧模斜撑、连接件及侧模→下调顶托,拆除主、次龙骨→拆除顶板区域支撑体系→拆除顶板模板→拆除梁底支撑及模板→清理模板。

b. 模板拆除要点。

(a)柱模板:常温下,混凝土浇筑后 8 h 或混凝土达到终凝后,即可松动连接螺栓,一般 10 h 后可成组拆除,吊走柱模板。冬季施工时,柱、剪力墙混凝土强度达 4 MPa 及以上时,才允许拆除模板。

(b)墙模:剪力墙混凝土强度达 4 MPa 及以上时,才允许拆除模板。墙模板拆除时先拆除墙内对拉螺栓,再松动斜支撑,轻轻撬击模板使模板与混凝土面脱离。

拆模时,操作人员应站在安全处,以免发生安全事故,待该段模板全部拆除后,方准将模板、配件、支架等运出堆放。

(c)顶板模板及梁底模板拆除。

Ⅰ. 现场制作同条件试块,以同条件试块的试压结果判定是否可以拆模,参见表 4-2。

表 4-2 拆模时的混凝土强度要求

结构类型	结构跨度/m	按设计的混凝土强度标准值的百分比计
板	≤2	50%
	>2,≤8	75%
	>8	100%
梁	≤8	75%
	>8	100%
悬臂构件	≤2	75%
	>2	100%

注:上表中“设计的混凝土强度标准值”是指与设计混凝土强度等级相应的混凝土立方体抗压强度标准值。

Ⅱ.拆除模板时应将可调螺旋旋向下退 100 mm,使龙骨与板脱离,先拆主龙骨,再拆次龙骨,最后取顶板模板。拆除时人站在钢管架下,待顶板上木料拆完后,再拆钢管架。

Ⅲ.拆除大跨度梁板模时,宜先从跨中开始,分别拆向两端。当局部有混凝土吸附或黏结模板时,可在模板下口接点处用撬棍松动,禁止敲击模板。

Ⅳ.拆模时不要用力过猛,拆下来的材料要及时运走,整理拆下后的模板并及时清理干净,模板应涂刷水性脱模剂,按规格分类堆放整齐。

6. 吊模的施工

(1) 工艺流程。

弹控制线→制作吊模框架→安放等厚吊模垫块→安装吊模→附加内部支撑→吊模边梁固定。

(2) 施工要点。

①吊模净空尺寸应比设计值大 10 mm,以减小因模板微小变形及位移引起的轴线偏差。

②为防止吊模踩踏变形,垫墩设置位置及间距要求如下:

a. 离转角处 10 cm 每边均应设置 1 个垫墩;

b. 模板接缝处每边均应设置 1 个垫墩;

c. 中间每间距 1 m 应设置 1 个垫墩。

吊模安装完成后应进行踩踏试验,以经踩踏不变形、不位移为合格。

③卫生间、厨房、阳台等降板部位吊模若采用木模,应使用新方木,不得随意接头,以确保混凝土成型美观(图 4.115~图 4.121)。

④卫生间、厨房、阳台等降板部位吊模还可采用钢模,确保混凝土成型美观;吊模及翻边拆模应在混凝土浇捣完成 24 h 以后进行,拆模时应小心谨慎,避免对混凝土造成破坏。转角拼装处采用插销连接,焊定位卡控制水平标高及轴线位置。

⑤厨房、卫生间反坎吊模使用 40 mm×40 mm×1.2 mm 厚的镀锌方钢焊接定型钢框,钢框内部安装木模板或不锈钢模板组成定型模板,按照定型模板宽度加工定型模板夹具(图 4.122~图 4.124)。

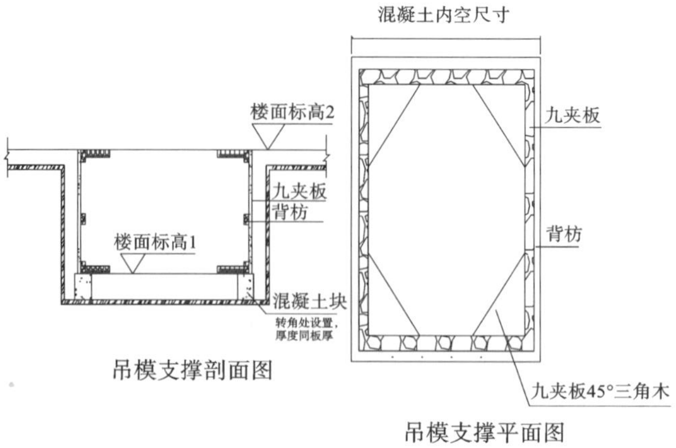

图 4.115　卫生间沉箱模板安装示意图

图 4.116　卫生间沉箱模板安装实体示例(一)

图 4.117　降板模板安装示实体示例(二)

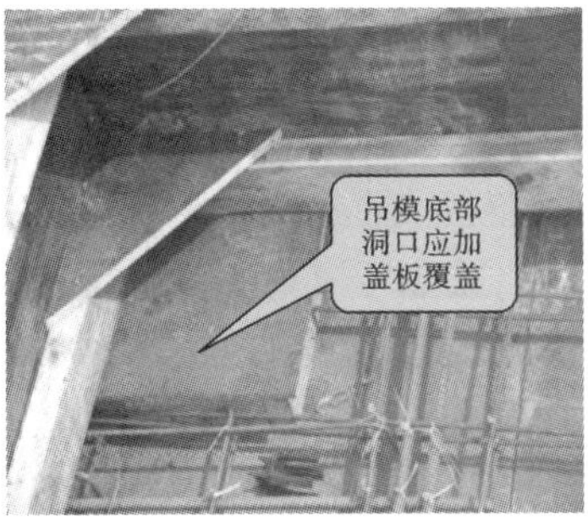

图 4.118　模板实体示例(三)

图 4.119　模板实体示例(四)

图 4.120　模板实体示例(五)

图 4.121　模板实体示例组图

图 4.122　卫生间反坎一次成型做法实例组图

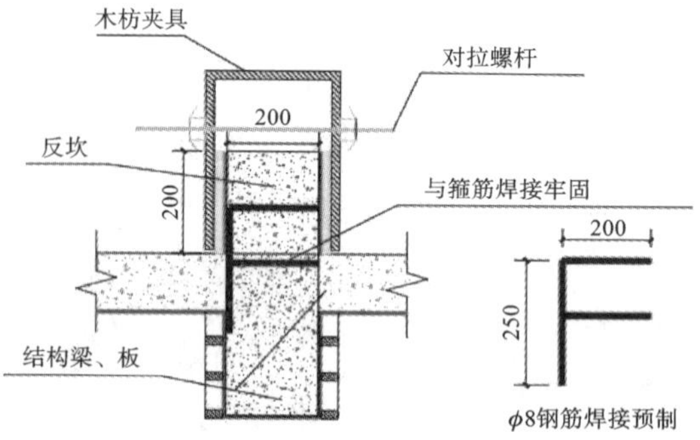

图 4.123　卫生间反坎一次成型做法示意图

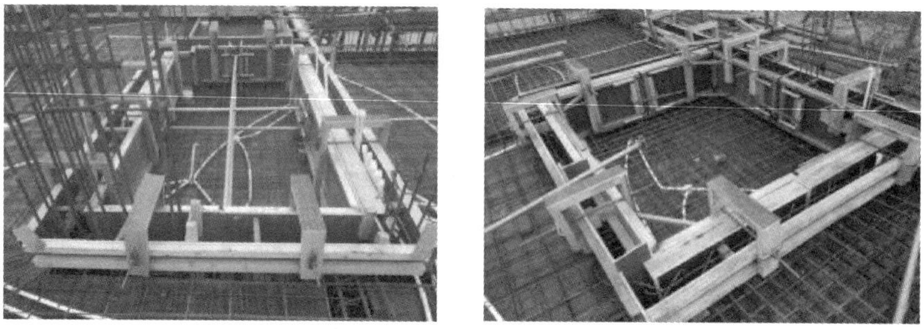

图 4.124　厨房、卫生间反坎吊模实例组图

⑥定型模板外侧钢框底部距离转角处 10 cm，每边均应设置 1 个与板厚同高的圆柱混凝土块，作为吊模支撑。

7. 后浇带模板施工

后浇带可分为平接式、企口式、台阶式三种(图 4.125)。

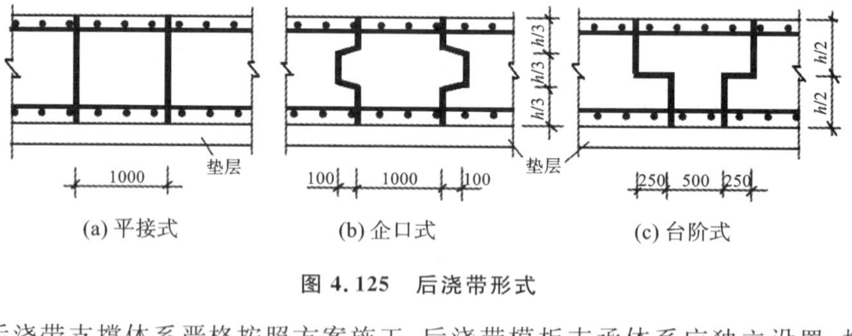

图 4.125　后浇带形式

(1)后浇带支撑体系严格按照方案施工，后浇带模板支承体系应独立设置，模板及龙骨均要断开设置，不得受相邻结构模板安装影响，确保两侧构件在浇捣时和满堂架拆除后，后浇带处模板支撑无松脱、不变形(图 4.126)。

(2)后浇带封堵处理采用钢丝网片配合木方或者快易收口网(图 4.127～图 4.130)。

(3)后浇带封闭前应清理干净，接槎严格按照施工缝要求处理(图 4.131)。

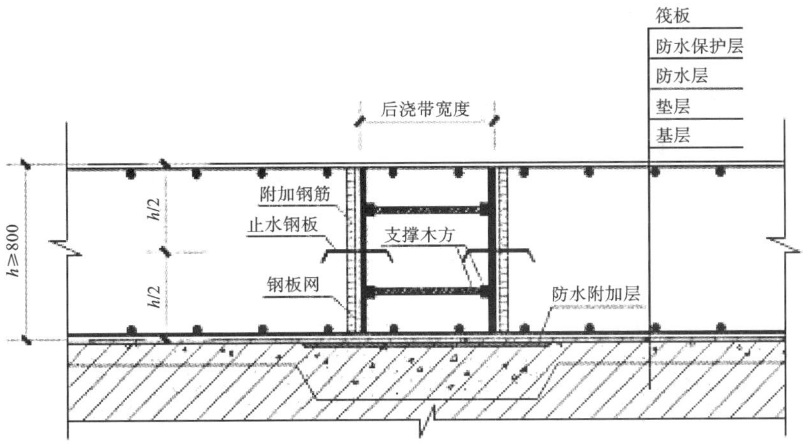

图 4.126　筏板后浇带留置施工示意图

图 4.127　底板后浇带采用快易收口网留设

图 4.128　底板后浇带采用快易收口网留设(加强型)

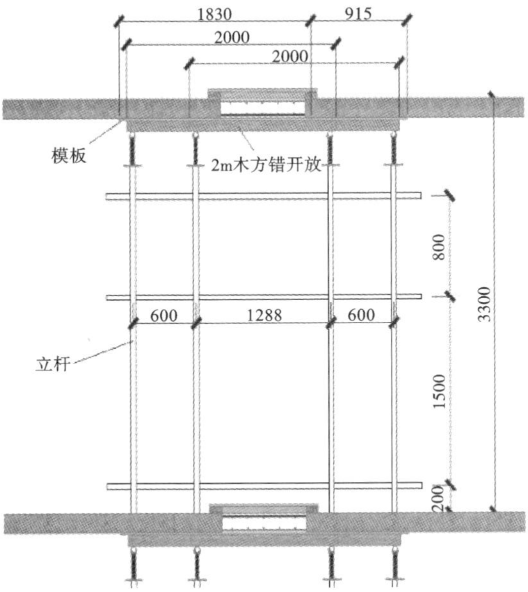

图 4.129　后浇带模板构造示意图(一)

图 4.130　后浇带模板构造示意图(二)

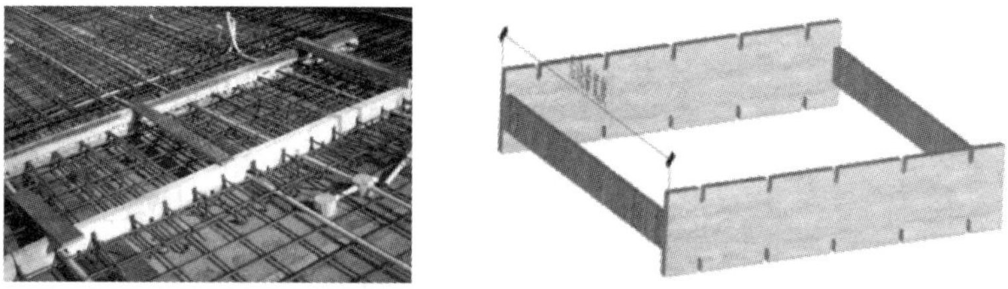

图 4.131　后浇带侧模根据钢筋位置进行开槽

二、铝合金模板施工

1. 概念

铝合金模板是一种具有自重轻(19 kg/m²)、强度高、加工精度高、单块幅面大、拼缝少、施工方便等特点的模板,同时模板周转使用次数多(300 次以上)、摊销费用低、工期短(比一般模板施工快 2～3 倍)、回收价值高,有较好的综合经济效益,并具有应用范围广、可墙顶同时浇筑、成型混凝土表面质量高、建筑垃圾少的技术优势。铝合金模板符合建筑工业化、环保节能要求。

2. 铝合金模板的适用范围

铝合金模板特别适用于标准层超过 25 层且外墙设计为内保温的混凝土结构建筑,层高宜小于 3.3 m。不适宜应用铝合金模板的范围见表 4-3。

表 4-3　不适宜应用铝合金模板的项目

序　号	不适宜项目	原　因
1	层高大于 3.8 m	斜撑杆件过长,不易于控制竖向结构垂直度;立杆之间须增加水平拉杆,增加造价;立杆直径须加大,自重增加,不易操作,影响工效
2	复式结构	层高较高、结构变换多,标准构件少,造价增加
3	标准层层数低于 20 层	模板周转次数少,造价高
4	展示区等工期要求较高部位	前三层施工进度较慢,较难满足工期要求
5	高支模及高大模板部位	立杆直径须加大、间距须加密,施工难度大,模板须专门配置,周转率低、造价高

3. 配套外架形式

铝合金模板特别适合与附着式升降脚手架(即爬架,如图 4.132 所示)配合施工,能有效减少结构留洞(图 4.133),组织各工序穿插施工(外墙门窗、栏杆、腻子等随主体从下往上采用逆作法施工),实现外墙免抹灰,提高工程质量,加快施工工期,提升施工现场形象。

铝合金模板配套型钢悬挑钢管外脚手架使用时,须在悬挑层重新配模,降低了铝合金模板的整体性,混凝土成型效果较差,铝合金模板加工对工字钢的预留位置的精度要求高,施工难度大、影响施工工期,且外墙为全混凝土墙结构,不易于设置连墙件、钢丝绳卸荷等措施,将影响结构施工,且不利于施工质量的控制及安全保障。故不建议采用型钢悬挑钢管外脚手架。

图 4.132　附着式升降脚手架

图 4.133　悬挑架结构留洞

4. 铝合金模板体系组成

铝合金模板体系由以下四部分组成。

(1) 模板系统:构成混凝土结构施工所需的封闭面,保证混凝土浇筑时建筑结构成型。

(2) 支撑系统:在混凝土结构施工过程中起支撑作用,保证楼面、梁底及悬挑结构的支撑稳固。

(3) 紧固系统:保证模板成型的结构尺寸,在浇筑混凝土过程中不产生变形,模板不出现胀模、爆模现象。

(4) 附件系统:模板的连接构件,使单件模板连接成系统,组成整体。

5. 铝合金模板构配件及其分类

(1)构配件。

铝合金模板构配件见表 4-4。

表 4-4　铝合金模板构配件

 墙身板	 楼面板
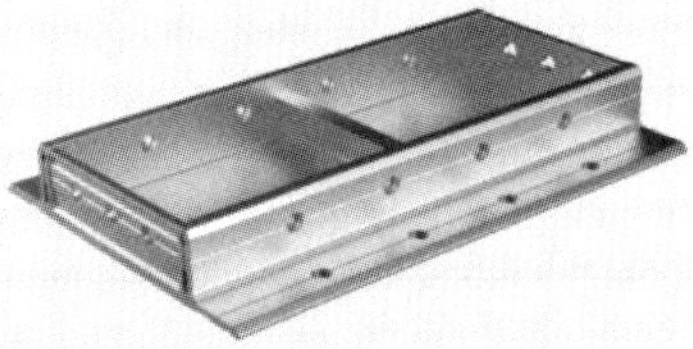 梁底板	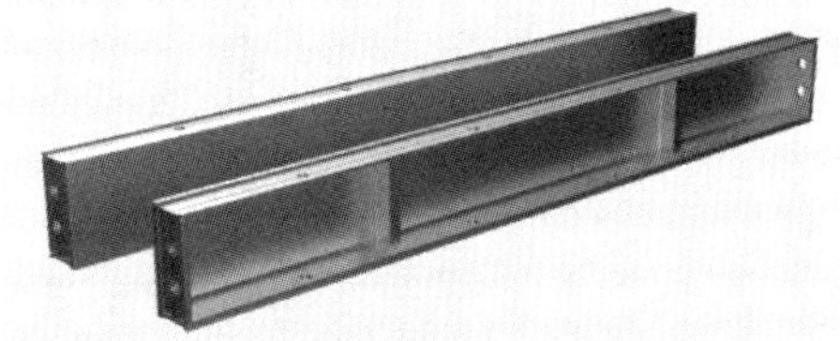 梁侧板
平板模板 包括墙身板、楼面板(含龙骨)、梁底板和梁侧板。铝模的主要构配件,尺寸一般定型化,方便周转。墙模销钉孔距为 300 mm,两端适当加密;楼板和梁板销钉孔距一般为 100 mm。	

续表

墙面C槽

梁底C槽

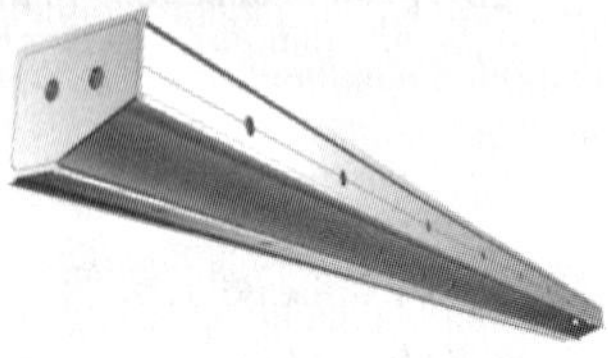

楼面C槽

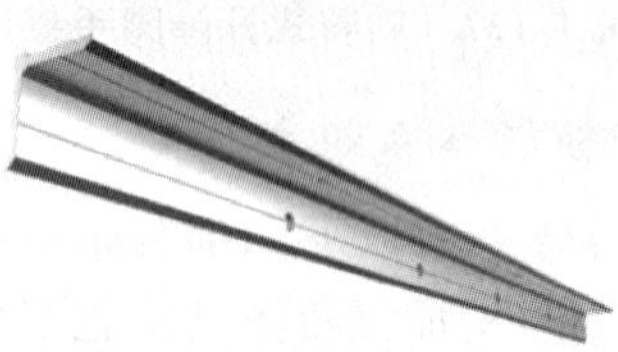

角铝

转角模板

C 槽:主要起承载、传递的作用,其形式有多种,用途广泛。C 槽销钉孔距一般为 100 mm。

角铝:主要起连接作用,用于梁底阳角侧板底板的连接和剪力墙阳角墙板连接。角铝销钉孔距为 50 mm。

梁支撑

楼面支撑

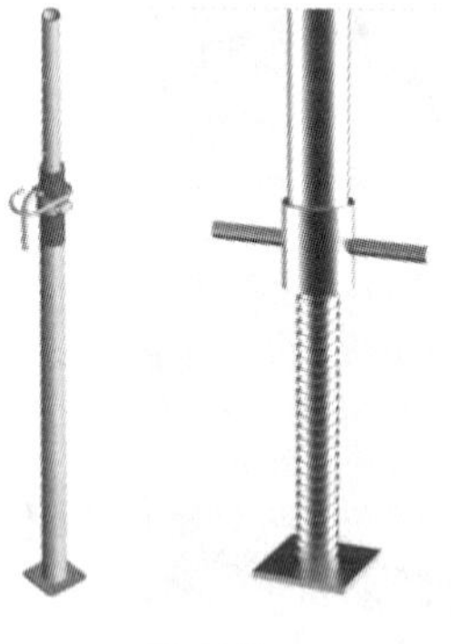

可调支撑

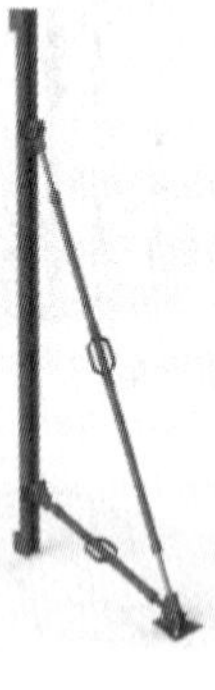

斜撑

支撑系统

梁支撑:与支撑立杆一起传递荷载,用销钉销片与梁底板相连接。梁支撑必须待结构达到相应强度后才能拆除;施工时支撑配 3 层,墙、梁板配 1 层。

楼板支撑:与支撑立杆一起传递楼板荷载,用销钉、销片与龙骨(楼面板)连接,楼板支撑必须待结构达到相应强度后方能拆除。

斜撑:用于固定墙模,可调节墙模水平位置以及垂直度。

续表

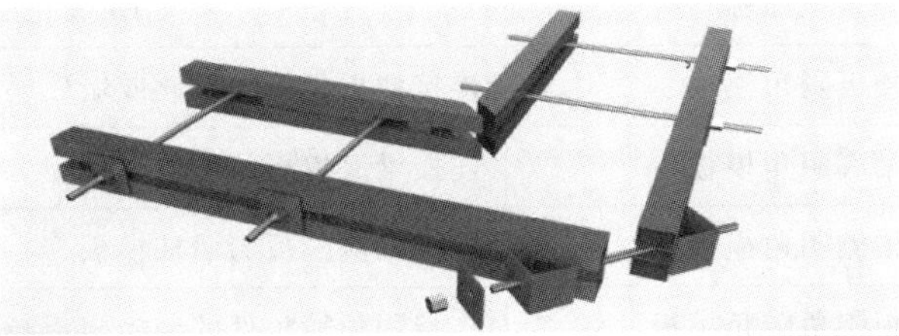

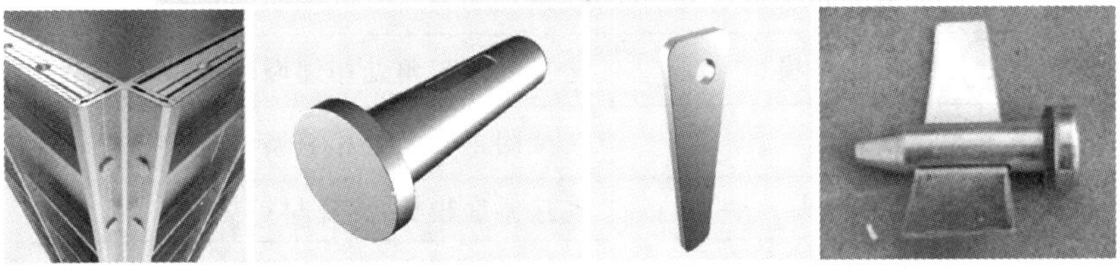

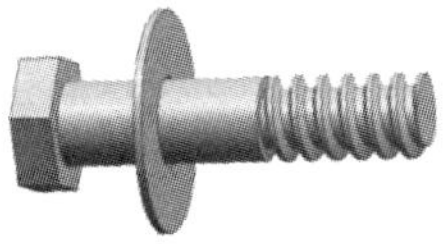

K板螺丝

山型螺母

传料口

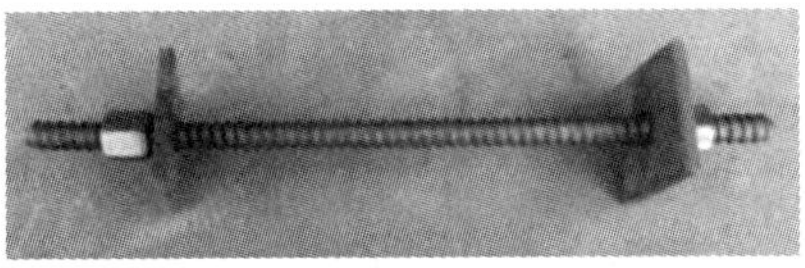

对拉螺杆

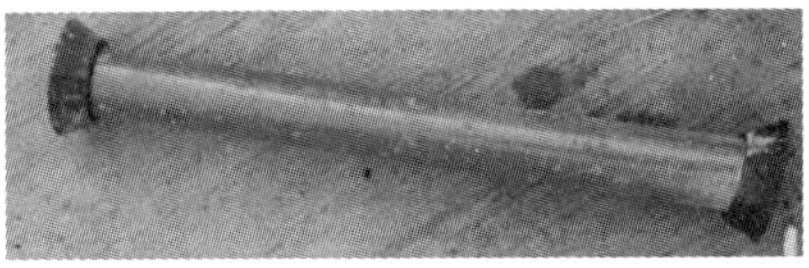

螺杆套管

紧固系统

围檩(背楞)杆件:主要起加固作用,类似于木模加固的钢管。

螺杆:起拉结作用,常用于墙体固定,一般外套PVC管。

销钉:起固定作用,类似于钉子,用途广泛,一般分短钉、中钉、长钉。

销片:起到锁住销钉的作用。

(2)分类。

铝合金模板构配件分类见表4-5。铝合金模板构配件位置如图4.134~图4.138所示。

表4-5　铝合金模板构配件分类

<table>
<tr><th>类　别</th><th colspan="2">名　称</th><th>用　途</th></tr>
<tr><td rowspan="4">平板模板</td><td colspan="2">楼板模板</td><td>用于楼板</td></tr>
<tr><td rowspan="3">墙柱模板</td><td>外墙柱模板</td><td>外墙、柱内侧模板,与承接模板连接</td></tr>
<tr><td>内墙柱模板</td><td>墙柱内侧模板,底部连有角铝</td></tr>
<tr><td>墙端模板</td><td>墙端部封口处模板,两长边连有翼缘,底部连有角铝</td></tr>
<tr><td colspan="3">承接模板(K板)</td><td>承接上层外墙、柱外侧及电梯井道内侧模板</td></tr>
</table>

续表

类　别	名　称	用　途
转角模板	楼板阴角模板	连接楼板模板与梁侧或墙柱模板
	梁底阴角模板	连接梁底模板与墙柱模板
	梁侧阴角模板	连接梁侧模板与墙柱模板
	楼板阴角转角模板	连接阴角转角处的楼板模板与梁侧、墙、柱模板
	墙柱阴角转角模板	连接阴角转角处相邻墙柱模板
	连接角模	连接阴角转角处相邻墙柱模板
早拆装置	梁底早拆头	连接梁底模板，支撑早拆梁
	板底早拆头	连接早拆铝梁，支撑早拆板
	单向早拆铝梁(龙骨)	连接楼板端部的板底早拆头与楼板模板
	双向早拆铝梁(龙骨)	连接楼板跨中的板底早拆头与楼板模板
	快拆锁条	连接板底早拆头与早拆铝梁
支撑	可调钢支撑	支撑早拆头
	斜撑	用于竖向模板调直和增加模板刚度和稳定性
	背楞	用于增加竖向侧模板刚度的方钢管或其他构件
	柱箍	用于增加柱模板刚度
配件	销钉	与销片配合使用，用于模板之间的连接，其中长销钉用于连接快拆锁条与早拆装置
	销片	与销钉配合使用
	对位螺栓	用于拉结两竖向模板及背楞
	对拉螺栓垫片	对拉螺栓配件

图 4.134　铝合金模板构配件位置图(一)

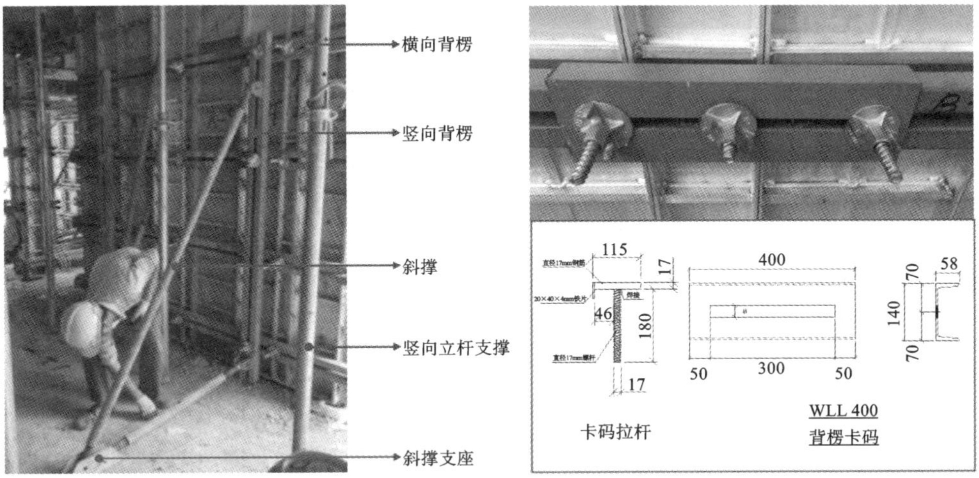

图 4.135　铝合金模板构配件位置图(二)

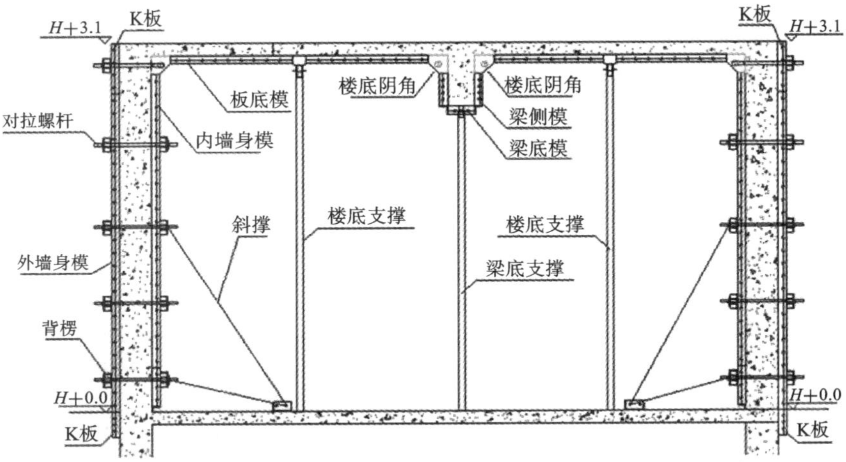

图 4.136　铝合金模板构配件位置图(三)

图 4.137　外墙 K 板位置示意图(一)

图 4.138　外墙 K 板位置示意图(二)

6. 总体做法

(1) 铝合金模板施工作业流程。

图纸会审→施工图优化→配模设计、审核→模板加工制作→试拼装与验收→运输进场。

(2) 施工图纸会审。

建设单位、设计单位、总包单位、铝合金模板分包单位应共同审定图纸,并做好相应影像资料及记录。

结构、建筑设计及交楼标准经各方单位确定以后,不能再做修改和调整。一旦改动,将对工期和成本产生较大影响。

(3) 图纸优化。

项目部应同铝合金模板分包单位设计部门合作,对原施工图进行优化。与门窗单位、栏杆单位、水电安装单位进行深入对接,确保每个细节均能合理对接,并及时与建设单位、设计单位、监理单位签字确认。

(4) 配模设计、审核。

铝合金模板分包单位负责专业设计、合理配模,项目总工及时跟踪设计内容及设计进度,并组织会审,由分公司总工负责审定。

(5) 模板加工制作。

项目部应安排专业人员对模板加工(图 4.139)进行跟踪,并及时将表面处理形式(静电粉末喷涂,如图 4.140 所示)、生产质量、进度及试拼装效果反馈项目部及建设、监理单位。

图 4.139 铝合金型材冲切加工

图 4.140 铝合金模板构件静电粉末喷涂

(6) 试拼装与验收。

铝合金模板分包单位在工厂按照 1∶1 比例对铝模进行试拼装,除部分销钉可不全打外,其余构件(斜撑及预埋件、竖向背楞、立杆、传料口、对拉螺杆)等均应完全按照现场实施要求进行拼装(图 4.141)。项目部应组织建设单位、监理单位、设计单位、集团公司技术中心、工程管理中心、分公司相关人员在现场对其进行验收,铝合金模板分包单位应及时按照验收意见进行整改和调整,复验合格后,各方签字确认并保留相关验收影像资料。

图 4.141　厂内试拼装

(7) 运输进场。

铝合金模板分包单位应将试拼装验收合格的铝模进行编号(图 4.142),并按照现场安装顺序进行打包,结合项目进度计划与部署,及时运送至项目部,材料进场按照清单组织验收。总包单位应合理规划堆放场地,避免材料丢失。项目部应提前规划好进场路线及模板堆放场地,现场材料堆放高度不能超过两层,底部设置方木,项目部专门提供一个仓库安置辅材及配件,防止材料丢失。

图 4.142　铝合金模板编号

各项工作应安排紧凑,与建设单位、设计单位、铝合金模板分包单位及时沟通,部分工作应尽量提前插入或同步进行。从结构优化至铝合金模板运输到现场一般需 45 天左右。

(8) 常用工具:铁锤、自制铁钩、扳手、竖向构件开模器、水平构件开模器、操作凳、电钻、开孔钻头等(图 4.143～图 4.145)。

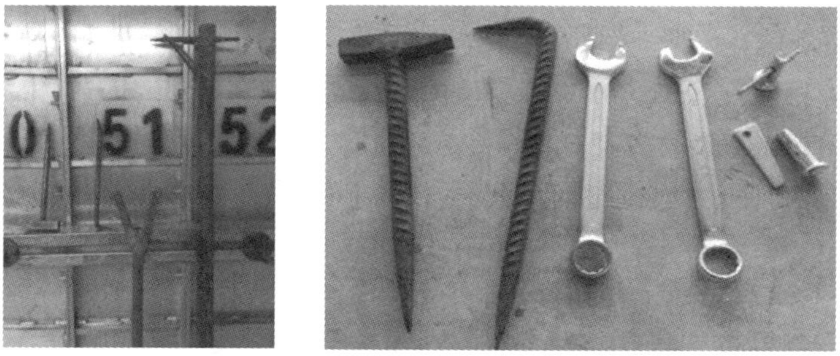

图 4.143　锤子、撬杠、开板器、扳手

图 4.144　撬杠的使用

图 4.145　开板器的使用

7. 劳动力及场地准备

一般配备 5～7 个安装人员，具体视工程量进行增减。首层拼装时，模板须按户型按类别（墙柱、梁板）分别堆放，堆放地点为项目指定场地，如场地为地下室顶板或者副楼屋面，注意不要超过结构可承受荷载（图 4.146）。

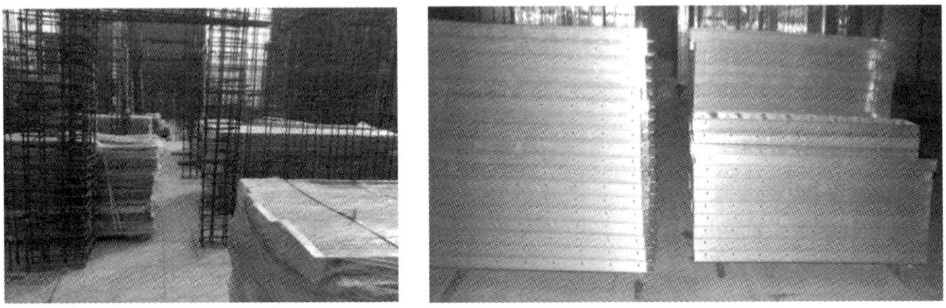

图 4.146　模板在楼面上堆放

8. 施工流程和施工要点

(1) 墙柱模板施工。

①工艺流程。

放线定位→安装一侧模板→安装套管、螺杆→安装另一侧模板→安装 K 板、R 板→安装背楞、斜撑→模板拆除。

②施工要点。

a. 放线定位：根据设计图纸弹出墙柱轴线、边线，并用钢筋头固定转角位置。

b. 安装一侧模板：墙柱模板需按照墙柱模板拼装图并结合编号进行拼装（图 4.147、图 4.148）。

剪力墙模板拼装应从剪力墙端部开始，因为每块模板尺寸均为负偏差，所以合拢之前销钉不需要满打，以 50%为宜。

c. 安装套管、螺杆：墙模板一侧拼装完成后，拼装另一侧模板前需放置好对拉螺杆和胶杯胶管；待另一侧模板拼装完成合拢后须将销钉全部紧固（图 4.149）。为防止对拉螺杆脱落，可以给对拉螺杆戴上螺帽（图 4.150）。

d. 安装另一侧模板：清扫墙内杂物后，再安装另一侧模板。

e. 安装 K 板、R 板：在外墙与楼面交接处安装 K 板；R 板为墙柱根部拼接模板，连接于墙柱模板根部。

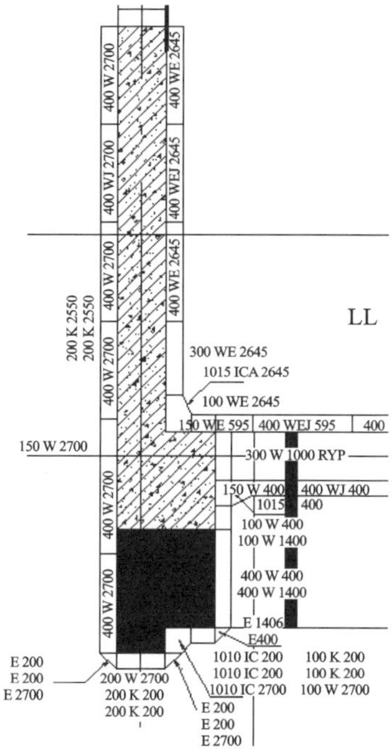

图 4.147　剪力墙配模图例

图 4.148　安装一侧模板

f. 安装背楞、斜支撑：最底部一道背楞距离地面不宜大于 300 mm，内墙最上层一道背楞离板顶不宜大于 700 mm；背楞竖向间距不宜大于 800 mm；背楞不宜接长使用，接长使用时，相邻背楞间的接缝应错开 400 mm 以上，且背楞接头卡件长度不应小于400 mm；背楞对拉螺杆间距不宜大于 800 mm。斜支撑应设置长度可调构件，以调整侧面模板垂直度，当斜支撑承受模板传递的侧向荷载时，其荷载应可靠传递至施工层结构楼板，且斜支撑间距不宜大于 2000 mm，宽度大于 2000 mm 的墙体或剪力墙短肢宜设置不少于两根斜支撑(图 4.151)。

图 4.149　剪力墙模板合拢

图 4.150　对拉螺杆戴上螺帽

g. 墙柱模板拼装合拢并打好销钉后，应对墙模板进行初步校正。初步校正包括位置的校正、标高的校正以及垂直度、平整度的校正。

墙模位置的校正：采用撬棍等工具对墙柱模板平面位置进行校正，使其与地面的墙线对齐。

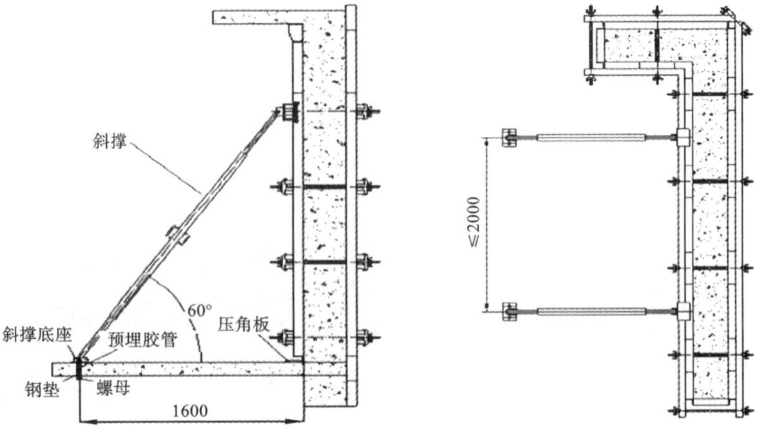

图 4.151　斜支撑设置示意图

墙模标高的校正：每面墙阳角处模板上设置 1.00 m 刻度线，经激光水平仪测量，通过在墙脚垫垫片进行标高的初步控制。标高控制精度为±3 mm。

墙模垂直度、平整度的校正：采用在墙根部打入木楔子的方式进行垂直度、平整度的校正。垂直度、平整度控制精度在 5 mm 以内。

h. 墙柱模板背楞加固：梁模板安装完成后应对剪力墙进行背楞加固，墙柱模板背楞应按背楞编号进行安装，不得随意更换位置(图 4.152)。背楞应尽量通长设置，当不能通长时采用[型槽钢进行加固接长。背楞的加固采用事先预埋的 M16 对拉螺杆和垫片进行加固，螺母的紧固以稍微受力为准。螺母紧固后以对拉螺杆超过螺母 100 mm 为宜。背楞采用内四外五设置，对拉螺杆横向间距以不超过 800 mm 为宜，最下排对拉螺杆距离地面不超过 300 mm。加固完成后应检查背楞及对拉螺杆间距是否满足设计要求。

i. 墙柱模板精确校正。

墙柱模板背楞加固完成后，需对墙柱模板进行精确校正(图 4.153)。精确校正包括位置的校正以及垂直度、平整度的校正。

图 4.152　墙柱模板背楞加固

图 4.153　墙柱模板精确校正

精确校正采用斜撑进行校正。上斜撑主要校正墙模垂直度和平整度，下斜撑主要校正墙模水平位置。斜撑根据现场情况可以不一次性设置到位，但每面墙至少有一个斜撑稳固墙模。斜撑与混凝土楼板的固定采用钢筋进行限位固定(或者采用膨胀螺栓)。墙柱模板精确校正的合格标准：垂直度、平整度在 3 mm 以内；水平位移小于等于 2 mm。

⑥模板拆除。

a. 模板拆除步骤：斜支撑拆除→螺杆背楞拆除→墙柱端头板拆除→墙柱模板拆除→阴角板拆除。

b. 模板拆除条件：混凝土强度达到 1.2 MPa，即可拆除，一般情况下混凝土浇筑 12 h 后可以拆除。

c. 模板拆除方法：先拆除斜支撑，后松动、拆除穿墙螺栓；拆除穿墙螺栓时，用扳手松动螺母，取下垫片，除下背楞（图 4.154），轻击螺栓一端，至螺栓退出混凝土；再拆除铝模连接的销子和楔子（图 4.155），用撬棍撬动模板下口，使模板和墙体脱离（图 4.156～图 4.159）。拆下的模板和配件及时清理，并通过上料口搬运至上层结构。模板拆除时注意防止损伤结构的棱角部位。

图 4.154　除下背楞

图 4.155　取下销钉

图 4.156　取下压脚板

图 4.157　阳角位置墙模拆除

图 4.158　中间大面模板拆除

图 4.159　阴角角模拆除

(2) 梁模板施工。

①工艺流程。

C 槽→第一段梁底模→荷载(支撑头)→支撑立杆→第二段梁底模(循环)→C 槽。

②施工要点。

a. 梁底模施工:墙柱模板初步校正后开始安装梁底模(图 4.160)。对于较短的梁,先安装墙梁交界处的 C 槽(图 4.161),然后将梁底模板在地面拼装完成,再由两人托起,与墙柱打好销钉连接,拼装的同时安装好支撑立杆(图 4.162)。梁底模在安装时销钉应紧固到位。梁底模安装的过程中应注意门窗拉片压槽、滴水线压槽及水电预留预埋洞口是否正确,如与设计不一致,应及时调整。

图 4.160 梁底与墙柱模板节点

图 4.161 安装 C 槽

图 4.162 安装支撑立杆

当 1300 mm<L≤2450 mm 时,梁底配一个梁底固顶,两端梁底模板长度平均分配,如图 4.163(a)所示;当 L>2450 mm 时,梁底配两个或以上梁底固顶,中间配一个或以上 1100 mm 梁底模板,两端梁底模板长度平均分配,如图 4.163(b)所示。

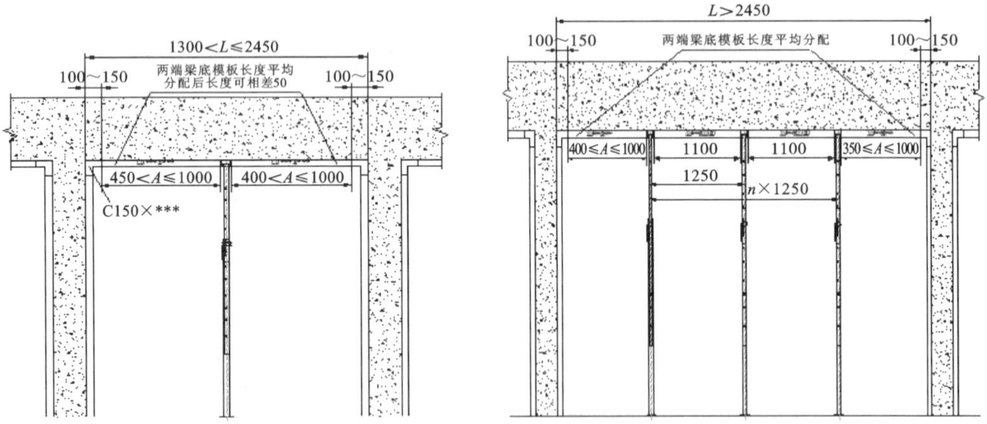

(a) (b)

图 4.163 梁底立杆支撑示意图

b. 梁侧模安装:梁侧模与梁底模采用角铝连接(图 4.164),通过销钉紧固。梁侧模也是从梁的一端往另一端按模板编号依次安装(图 4.165)。梁侧模与梁底模相连时,每块侧模两端必须打销钉,销钉间距不超过 300 mm,销钉大头朝上;相邻侧模最上、最下必须打销片且大头朝上,销钉间距不超过 100 mm。梁侧模安装完成后,再安装板底阴角 C 槽。梁模板安装完成后应对梁模板的标高和定位进行检查。梁侧模安装过程中应注意抹灰压槽及水电预留洞口的位置是否正确，如与设计不一致，应及时调整。

图 4.164　梁底模采用角铝连接

图 4.165　梁侧模安装

不同梁侧模高度梁侧模加固如图 4.166～图 4.168 所示。

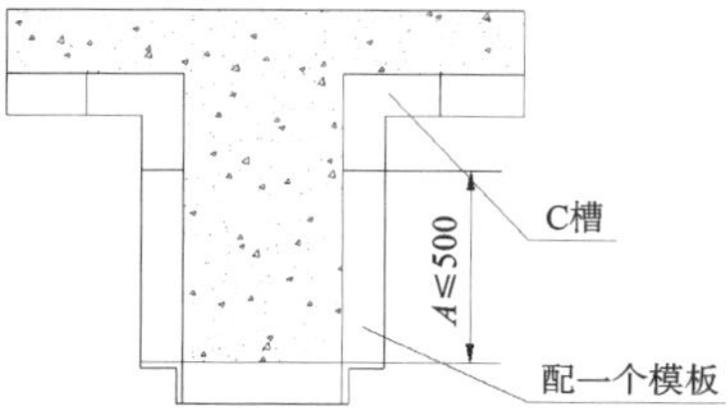

图 4.166　梁侧模高度小于等于 650 mm 时的安装方法

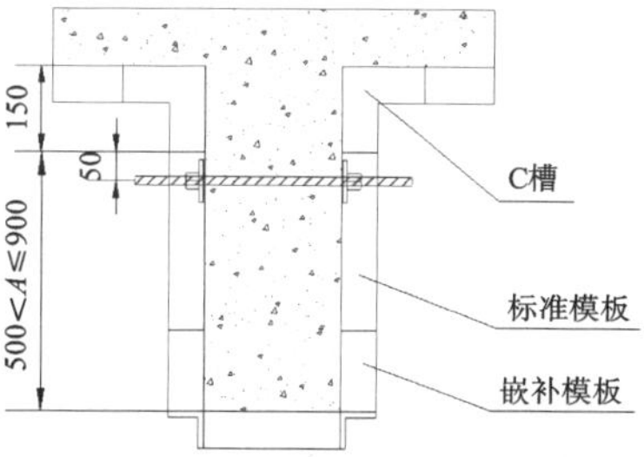

图 4.167　梁侧模高度大于 650 mm 且小于等于 1050 mm 时的安装方法

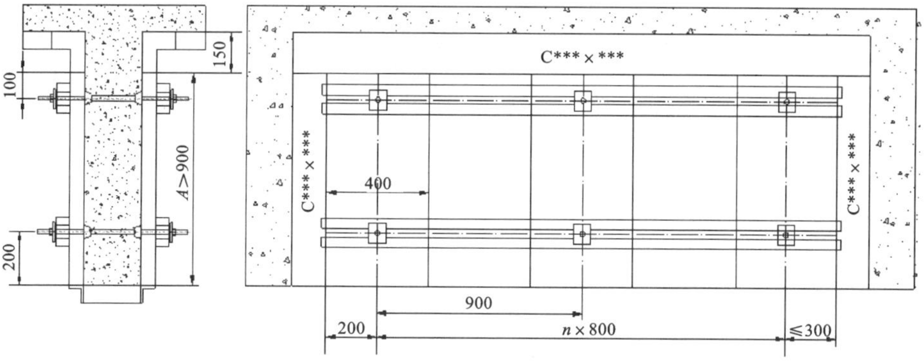

图 4.168　梁侧模高度大于 1050 mm 时的安装方法

高度大于等于 600 mm 的外梁，应在梁钢筋绑扎完毕后安装外侧模板。外侧模均采用对拉螺杆加固，螺杆间距小于等于 900 mm。

(3)楼板模板施工。

①工艺流程。

楼板 C 槽→楼板角部第一块楼板模板→楼板龙骨拼装（同梁底模）→第二块楼板模板→楼板龙骨拼装（循环）→补齐剩余楼板模板。

②施工要点。

安装楼板模板前需对梁间距进行检查，要求尺寸偏差在 3 mm 以内，否则需要对梁进行调整。楼板模板拼装过程中须检查预留洞口（包括放线孔、传料口、泵管孔、布料机孔以及水电预留预埋洞口等）的位置是否正确（图 4.169、图 4.170）。安装龙骨时需保证支撑位置与设计相符,且支撑须与龙骨同步搭设。板铺完后须根据斜撑布置图增加斜撑。

图 4.169 传料口预留(一)

图 4.170 传料口预留(二)

(4) 梁、楼板模板拆除。

①模板拆除流程。

作业准备→梁底模拆除→内梁侧模拆除→楼面 C 槽拆除→楼面板拆除→K 板拆除→支撑杆件拆除,如图 4.171~图 4.174 所示。

图 4.171 拆除梁底模

图 4.172 拆除梁侧模

图 4.173 拆除角部 C 槽

图 4.174 板模拆除

②拆除条件:根据铝模的早拆体系,当混凝土浇筑完成后强度达到设计强度的 50% 后方可拆除顶模,一般情况下 48 h 以后可以拆除顶模。支撑杆的拆除应符合《混凝土工程施工质量验收规范》(GB 50204—2015)关于底模拆除时的混凝土强度要求,根据留置的拆模试块来确定支撑杆的拆除时间。为保证混凝土质量,混凝土浇筑施工时应留置拆模试块,拆除底模前应先对此试块进行试压检测,待强度满足要求后,报监理工程师批准方可进行拆除。

③拆除方法：顶板模板拆除先从梁、板支撑杆连接的位置开始，拆除梁、板支撑杆销子和与其相连的连接件；紧接着拆除与其相邻梁、板的销子和楔片；然后可以拆除铝模。每一列的第一块铝模被搁在墙顶边模支撑口上时，要先拆除邻近铝模，然后从需要拆除的铝模上拆除销子和楔子，利用拔模具把相邻铝模分离开。拆除顶模时确保支撑杆保持原样，不得松动。拆除每个支撑杆时，一只手抓住支撑杆，另一只手用锤向松动方向锤击可调节支点，即可拆除支撑杆。

(5)楼梯模板施工。

①楼梯模板安装步骤如下：

a. 安装楼梯板梁侧剪力墙的模板，并安装完对拉螺杆，楼梯斜板梁侧的墙板调校平直；

b. 安装斜板与墙板连接的 C 槽及斜板底笼，固顶，其中斜板底笼及固顶用单支顶撑起，调校到设计位置；

c. 安装斜板底板模板；

d. 安装侧板；

e. 安装踏步盖板；

f. 调校楼梯模板到设计位置；

g. 安装楼梯背楞。

②楼梯模板拆除步骤：拆除楼梯背楞→拆除踏步盖板→拆除侧板→拆除斜板底板模板→拆除斜板与墙板连接的 C 槽→支撑杆件拆除。

思考

1. 对模板及其支架的要求有哪些？
2. 同一流水段模板安装的顺序是什么？
3. 梁模板起拱的要求是什么？
4. 柱模板的安装工艺要点是什么？
5. 梁模板的安装工艺要点是什么？
6. 模板拆除时混凝土强度要求、拆除顺序的要求是什么？
7. 铝合金模板体系由哪些部分组成？
8. 铝合金模板拆除有什么要求？

任务二　钢筋工程施工

钢筋工程基础知识及施工准备

任务目标

了解施工前准备事项，掌握钢筋加工及安装工艺流程、施工要点。

一、作业条件

(1) 各种设备在操作前检修完好，保证正常运转，并符合安全要求规定。

(2) 钢筋抽料。钢筋抽料人员要熟识图纸、会审记录及现行施工规范,按图纸要求的钢筋规格、形状、尺寸、数量,正确合理地填写钢筋抽料表,计算出钢筋的用量。

二、工艺流程及施工要点

(一)钢筋的加工制作

1. 工艺流程

钢筋原材除锈→钢筋调直→钢筋切断→钢筋弯曲成型→钢筋自检、标识与码放。

2. 施工要点

(1) 钢筋原材除锈。

钢筋的表面应洁净。油渍、漆污和用锤敲击时能剥落的浮皮、铁锈等应在使用前清除干净。

钢筋除锈可采用的方法:机械除锈、化学除锈、手工除锈。

机械除锈:对直径较细的盘条钢筋,通过冷拉和调直过程自动去锈;粗钢筋采用圆盘铁丝刷除锈机除锈(图 4.175)。

化学除锈:先预处理(人工打磨或用高压水枪冲洗),后涂刷钢筋除锈剂(图 4.176)。

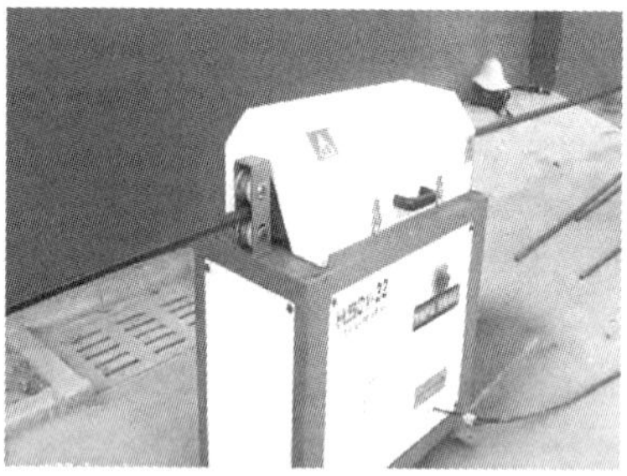

图 4.175 机械除锈

图 4.176 化学除锈

手工除锈:人工采用钢丝刷、砂盘、喷砂、高压喷水等除锈(图 4.177)。

除锈效果如图 4.178 所示。

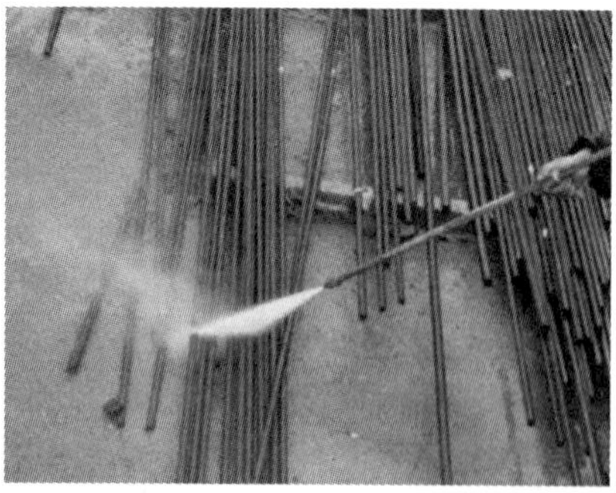

图 4.177 手工除锈(高压喷水)

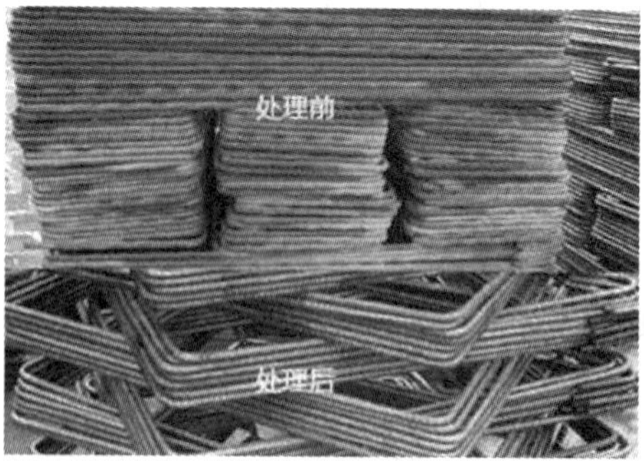

图 4.178 除锈效果

(2) 钢筋调直。

①钢筋调直宜采用机械方法,也可以采用冷拉方法调直。钢筋调直过程中不应损伤带肋钢筋的横肋,经调直后的钢筋不得有局部弯曲、死弯、小波浪形,其表面伤痕不应使

钢筋截面减小超过 5%。

②采用机械设备调直,调直设备不应具有延伸功能。

③采用冷拉方法调直钢筋时,HPB300 级钢筋的冷拉率不宜大于 4%,HRB335 级、HRB400 级、HRB500 级、HRBF335 级、HRBF400 级和 RRB400 级钢筋冷拉率不宜大于 1%。

钢筋伸长值 Δl 按式(4-1)进行计算。

$$\Delta l = rL \tag{4-1}$$

式中:r——钢筋的冷拉率(%);

L——钢筋冷拉前的长度(mm)。

(3) 钢筋切断。

①钢筋切断应在调直后进行(图 4.179);钢筋切断后应按级别、规格、类型分别堆放,并挂牌标示。

图 4.179　数控调直切断弯钩一体机

②钢筋切断应根据钢筋编号、直径、长度和数量搭配,先断长料后断短料,尽量减少钢筋接头,以节约钢材(图 4.180、图 4.181)。

图 4.180　钢筋切断机断料

图 4.181　手动切断器

③钢筋的断口,不得有马蹄形或起弯等现象(图 4.182、图 4.183)。

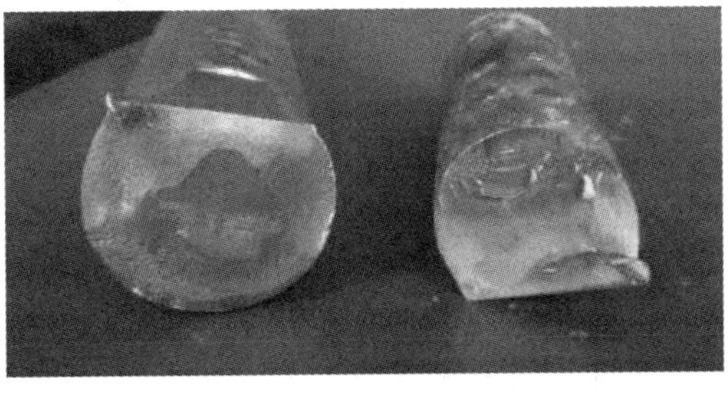

图 4.182　马蹄形断口

图 4.183　断口平直

(4) 钢筋弯曲成型。

钢筋弯曲成型如图 4.184、图 4.185 所示。

图 4.184 钢筋弯曲成型

图 4.185 钢筋弯曲场景

①应采用机械弯曲成型;应根据料牌所示的形式、尺寸加工(表 4-6),形式复杂的应放大样(图 4.186);试弯经检验合格后再成批加工。

表 4-6 钢筋下料表示例

构件名称	钢筋编号	简图	直径/mm	下料长度/mm	单根根数	合计根数	质量/kg
L_1 梁(共10根)	①	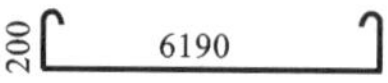	25	6802	2	20	523.75
	②	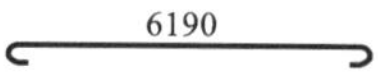	12	6340	2	20	112.60
	③	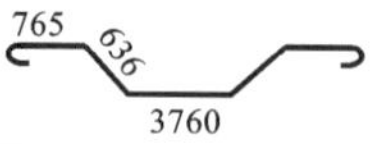	25	6824	1	10	262.72
	④	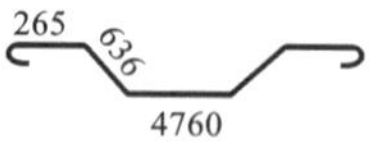	25	6824	1	10	262.72
	⑤	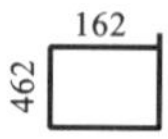	6	1298	32	320	91.78
	合计	ϕ6:91.78 kg;ϕ12:112.60 kg;ϕ25:1049.19 kg					

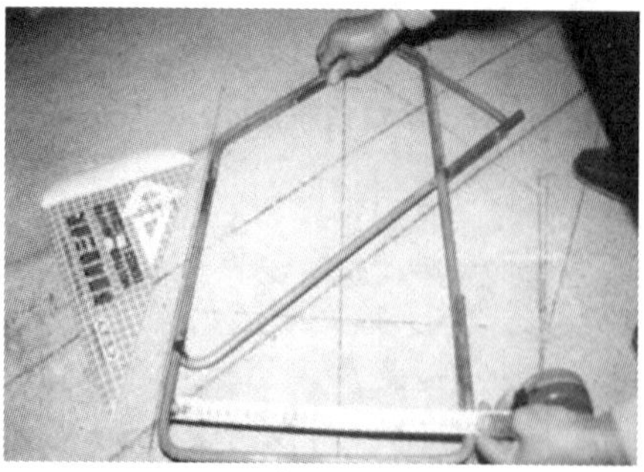

图 4.186 钢筋放样

②钢筋弯曲前,对形状复杂的钢筋(如弯起钢筋),根据钢筋料牌上标明的尺寸,用笔将各弯曲点位置画出,要考虑钢筋弯曲时的增长量。画线从钢筋中线开始向两边进行,两边不对称的钢筋,可从钢筋一端开始向另一端画线。

③钢筋弯钩。

a. 钢筋弯钩有三种形式,包括半圆弯钩、直弯钩及斜弯钩。钢筋弯曲后,弯曲处内皮收缩、外皮延伸、轴线长度不变,弯曲处形成圆弧,弯起后尺寸大于下料尺寸。钢筋弯曲调整值见表 4-7。

表 4-7　钢筋弯曲调整值表

钢筋弯曲角度	30°	45°	60°	90°	135°
钢筋弯曲调整值	0.35d	0.5d	0.85d	2d	2.5d

注：d 为钢筋直径。

b. 钢筋弯弧内直径为 2.5d，平直部分为 3d。钢筋弯钩增加长度的理论计算值：对 180°弯钩为 6.25d，对 90°弯钩为 3.5d，对 135°弯钩为 4.9d，如图 4.187 所示。

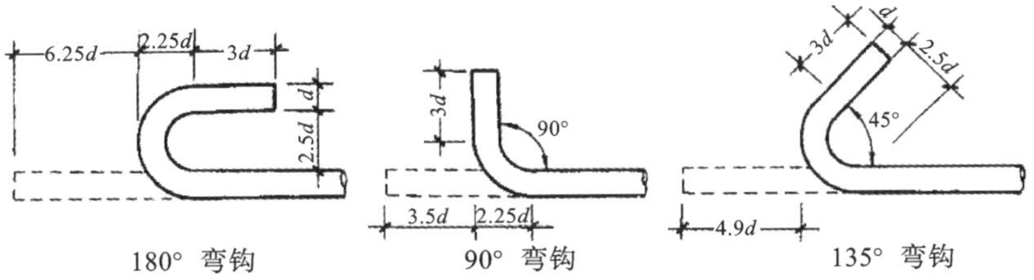

图 4.187　钢筋末端弯钩增长值

c. 当设计要求钢筋末端做 135°弯钩时，HRB335 级、HRB400 级钢筋的弯弧内直径不应小于钢筋的 4 倍，弯钩的弯后平直部分长度应符合设计要求；当钢筋做不大于 90°的弯折时，弯折处的弯弧内直径不应小于钢筋直径的 5 倍。

d. 为了保证箍筋加工的准确性，要求在加工机具的操作平台上用角钢焊出 135°、90°及弯钩平直长度控制线，如图 4.188 所示。钢筋做 90°弯钩时必须加挡板，挡板根据钢筋直径随时调整，防止圆弧变形。

e. 直径为 28 mm 以下的 500 MPa 级带肋钢筋的弯弧内直径不应小于钢筋直径的 6 倍，直径为 28 mm 及以上的 500 MPa 级带肋钢筋的弯弧内直径不应小于钢筋直径的 7 倍。

f. 位于框架结构的顶层端节点处的梁上部纵向钢筋和柱外侧纵向钢筋在节点角部弯折处，当钢筋直径为 28 mm 以下时，弯弧内直径不宜小于钢筋直径的 12 倍，钢筋直径为 28 mm 及以上时，弯弧内直径不宜小于钢筋直径的 16 倍。

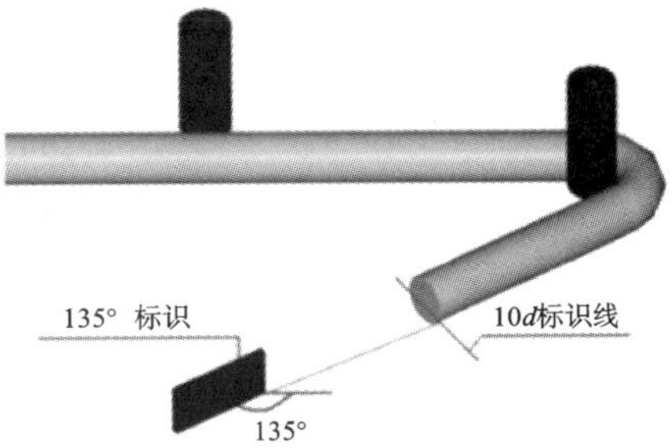

图 4.188　钢筋末端弯钩加工位置标识

g. 由于弯钩直径理论计算值与实际不一致，在半圆弯钩实际配料时，增加长度见表 4-8。

表 4-8　半圆弯钩增加长度(用机械弯)

钢筋直径/mm	≤6.5	8～10	12～18	20～28	32～36
一个弯钩长度/mm	4d	6d	5.5d	5d	4.5d

注：d 为钢筋直径。

④钢筋弯曲。

a. 画线：钢筋弯曲前，对形状复杂的钢筋(如弯起钢筋)，根据钢筋料牌上标明的尺寸，用石笔将各弯曲点位置画出。画线时应注意：根据不同的弯曲角度扣除弯曲调整值，其扣法是从相邻两段长度中各扣一半；钢筋端部带半圆弯钩时，该段长度画线时增加

0.5d(d 为钢筋直径);画线工作宜从钢筋中线开始向两边进行;两边不对称的钢筋,也可从钢筋一端开始画线,如画到另一端有出入,则应重新调整。

【例 4-1】 以图 4.189～图 4.193 中的①、⑤、⑥、⑨号钢筋为例,进行画线(注:画线计算时精确到 mm)。

解:①号钢筋需加工成型的形状和尺寸如图 4.189 所示,画线方法如下:

(a) ①号钢筋的形状和尺寸

(b) ①号钢筋画线

图 4.189 ①号钢筋的形状、尺寸和画线

第一步,在钢筋中心线上画第一道线;

第二步,自中线向端头位置量取 7000/2－2d/2＝3475(mm),画第二道线。

⑤号钢筋需加工成型的形状和尺寸如图 4.190 所示,画线方法如下:

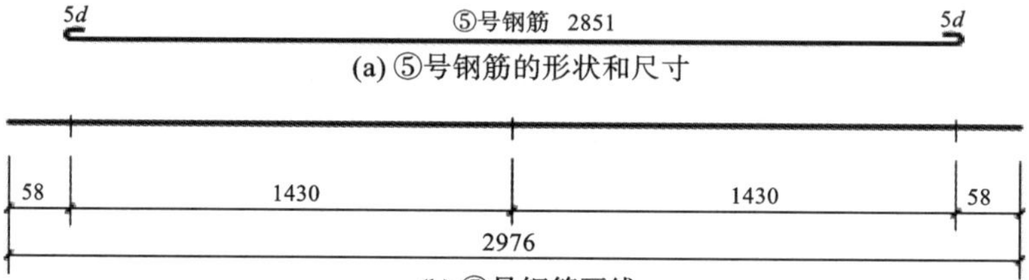

(a) ⑤号钢筋的形状和尺寸

(b) ⑤号钢筋画线

图 4.190 ⑤号钢筋的形状、尺寸和画线

第一步,在钢筋中心线上画第一道线;

第二步,自中线向端头位置量取 2851/2＋0.5d＝1430(mm),画第二道线。

⑥号钢筋需加工成型的形状和尺寸如图 4.191 所示,画线方法如下:

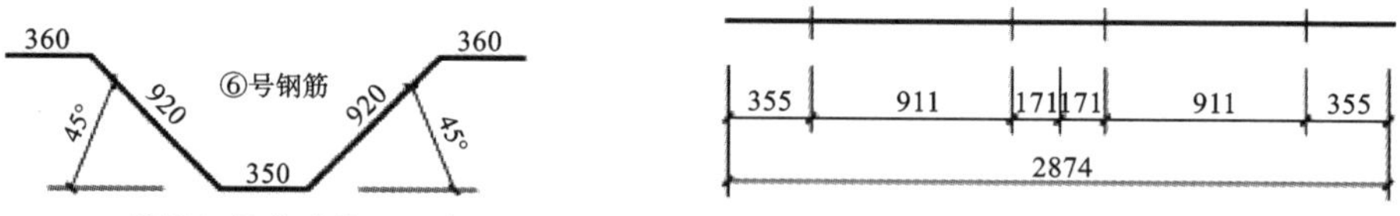

(a) ⑥号钢筋的形状和尺寸

(b) ⑥号钢筋画线

图 4.191 ⑥号钢筋的形状、尺寸和画线

第一步,在钢筋中心线上画第一道线;

第二步,自中线向端头位置量取 350/2－0.5d/2＝171(mm),画第二道线;

第三步,取斜段 920－2×0.5d/2＝911(mm),画第三道线。

⑨号钢筋需加工成型的形状和尺寸如图 4.192 所示,画线方法如下。

第一步,在钢筋中心线上画第一道线。

第二步,一边自中线向端头量取 270－2d＝250(mm),画第二道线。

另一边自中线向端头位置量取 670－2d＝650(mm),画第二道线。

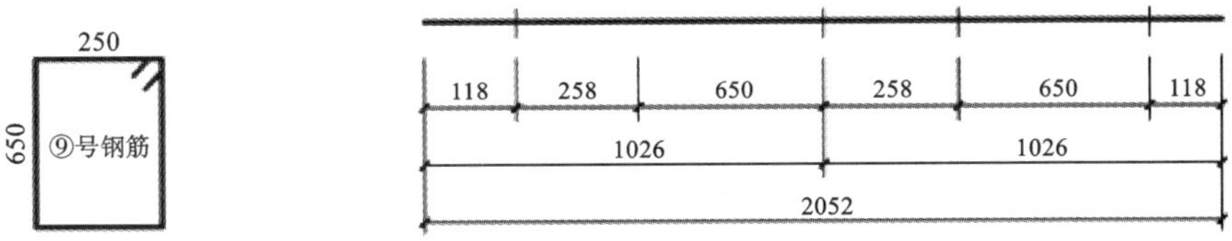

(a) ⑨号钢筋的形状和尺寸　　(b) ⑨号钢筋画线

图 4.192　⑨号钢筋的形状、尺寸和画线

第三步，一边自第二道线向端头量取 670－d－0.2d＝658(mm)，画第三道线；另一边自第二道线向端头量取 270－d－0.2d＝258(mm)，画第三道线。

b. 机械弯曲成型。

(a)采用钢筋在弯曲机上成型时，成型轴宜加偏心轴套(图 4.193)，以便适应不同直径的钢筋弯曲需要。弯曲细钢筋时，为了使弯弧一侧的钢筋保持平直，挡铁轴宜做成可变挡架或固定挡架(加铁板调整)。

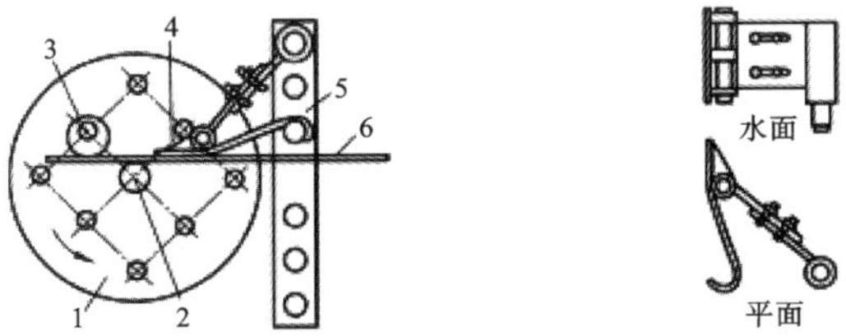

(a) 工作简图　　(b) 可变挡架构造

图 4.193　钢筋弯曲成型

1—工作盘；2—心轴；3—成型轴；4—可变挡架；5—插座；6—钢筋

②钢筋弯曲点线和心轴的关系如图 4.194 所示。由于成型轴和心轴同时在转动，就会带动钢筋向前滑移。因此，钢筋弯 90°时，弯曲点线约与心轴内边缘齐；弯 180°时，弯曲点线距心轴内边缘为(1.0～1.5)d(钢筋硬时取大值)。

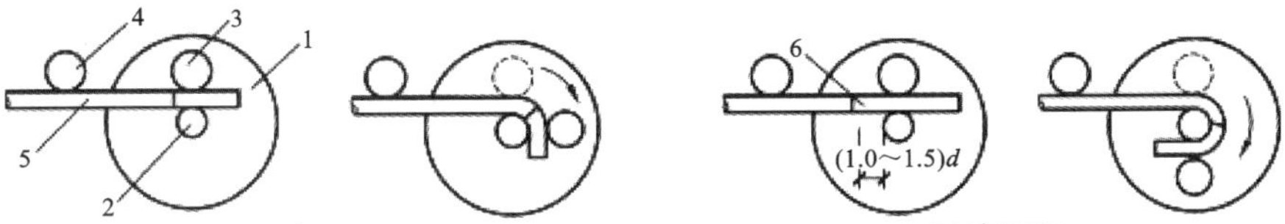

(a) 弯90°　　(b) 弯180°

图 4.194　弯曲点线与心轴关系

1—工作盘；2—心轴；3—成型轴；4—固定挡铁；5—钢筋；6—弯曲点线

③弯曲时应注意，对 HRB335 与 HRB400 钢筋，不能弯过头再弯过来，以免钢筋弯曲点处产生裂纹。

c. 手工弯曲成型工具和设备。

(a)工作台：钢筋弯曲应在工作台上进行，工作台的宽度通常为 800 mm，长度视钢筋种类而定，弯细钢筋时一般为 4000 mm，弯粗钢筋时可为 8000 mm，台高一般为 900～1000 mm。

(b)手摇扳：手摇扳的外形如图 4.195 所示，它由钢板底盘、扳柱、扳手组成，用来弯制直径在 12 mm 以下的钢筋，操作前应将底盘固定在工作台上，其底盘表面应与工作台面平直。

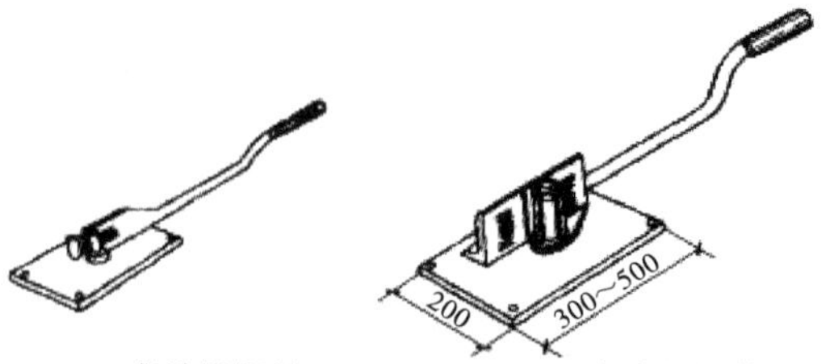

(a) 弯单根钢筋　　(b) 弯多根钢筋

图 4.195　手摇扳

(c)卡盘:用来弯制粗钢筋,由钢板底盘和扳柱组成。扳柱焊在底盘上,底盘须固定在工作台上。图 4.196(a)所示为四扳柱的卡盘,扳柱水平净距约为 100 mm,垂直方向净距约为 34 mm,可弯曲直径为 32 mm 钢筋。图 4.196(b)所示为三扳柱的卡盘,扳柱的两斜边净距约为 100 mm,底边净距约为 80 mm。这种卡盘无须配钢套,扳柱的直径视所弯钢筋的粗细而定。一般弯曲直径为 20～25 mm 的钢筋,可用厚 12 mm 的钢板制作卡盘底板。

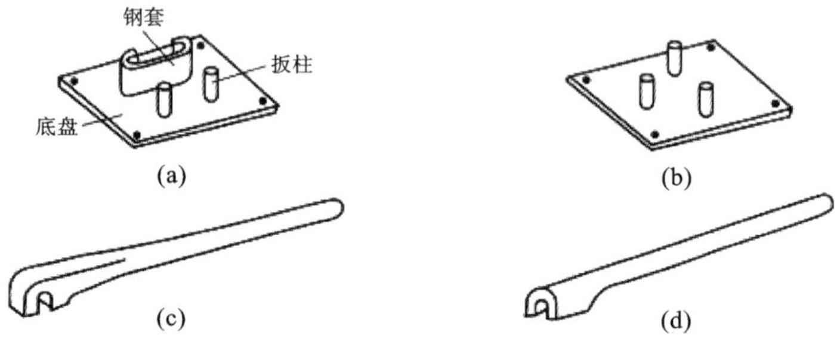

图 4.196　卡盘与钢筋扳子

(d)钢筋扳子:弯制钢筋的工具,主要与卡盘配合使用,分为横口扳子和顺口扳子两种,如图 4.196(c)、(d)所示。横口扳子又有平头和弯头之分,弯头横口扳子仅在绑扎钢筋时作纠正钢筋位置用。钢筋扳子的扳口尺寸比弯制的钢筋直径大 2 mm 较为合适。

d. 曲线形钢筋成型。

弯制曲线形钢筋时,应在原有钢筋弯曲机的工作盘中央放置一个十字架和钢套;另外在工作盘四个孔内插上短轴和成型钢套(和中央钢套相切)。插座板上的挡轴钢套尺寸,可根据钢筋曲线形状选用。

e. 螺旋形钢筋成型。

螺旋形钢筋,无机械自动成型时可用手摇滚筒成型(图 4.197)。由于钢筋有弹性,滚筒外径应比螺旋筋内径略小,可参考表 4-9。

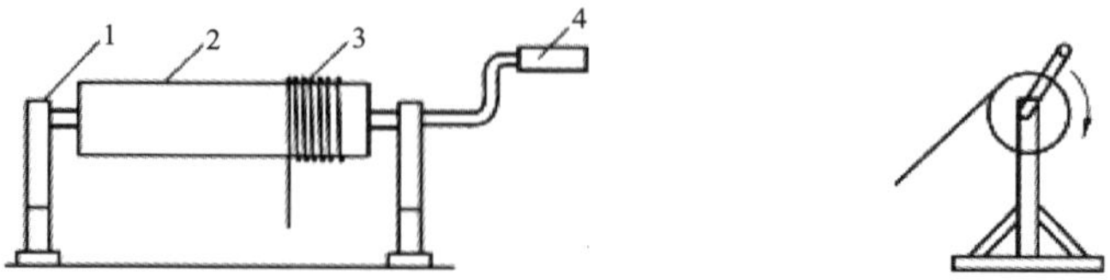

图 4.197　螺旋形钢筋成型

1—支架;2—卷筒;3—钢筋;4—摇把

表 4-9　滚筒外径与螺旋筋内径关系

螺旋筋内径/mm	$\phi6$	288	360	418	485	575	630	700	760	845	—	—	—
	$\phi8$	270	325	390	440	500	565	640	690	765	820	885	965
滚筒外径/mm		260	310	365	410	460	510	555	600	660	710	760	810

⑤箍筋加工。

除焊接封闭环式箍筋外，箍筋的末端均应做弯钩，弯钩形式应符合设计要求。当设计无具体要求时，应符合下列规定。

a. 箍筋、拉筋弯钩的弯弧内直径应符合规定。

b. 对一般结构构件，箍筋弯钩的弯折角度不应小于 90°，弯折后平直部分长度不应小于箍筋直径的 5 倍；对有抗震设防及设计有专门要求的结构构件，箍筋弯钩的弯折角度不应小于 135°，弯折后平直部分长度不应小于箍筋直径的 10 倍和 75 mm 的较大值。

c. 圆形箍筋的搭接长度不应小于钢筋的锚固长度，且两末端均应做 135°弯钩，弯折后平直部分长度不应小于箍筋直径的 5 倍；对有抗震设防及设计有专门要求的结构构件，箍筋弯钩的弯折角度不应小于 135°，弯折后平直部分长度不应小于箍筋直径的 10 倍和 75 mm 的较大值。

d. 拉筋用作梁、柱复合箍筋中单肢箍筋或梁腰筋间拉结筋时，两端弯钩的弯折角度均不应小于 135°，弯折后平直部分长度不应小于拉筋直径的 10 倍。拉筋用作剪力墙、楼板等构件中的拉结筋时，两端弯钩可采用一端 135°，另一端 90°，弯折后平直部分长度不应小于箍筋直径的 5 倍。

箍筋人工弯曲弯制步骤如图 4.198 所示：第一步，按照在工作台上标出的 1/2 长标记线位置，弯折 90°；第二步，根据短边内侧标记线，弯折短边；第三步，根据长边内侧标记线，弯折长边 90°弯钩；第四步，根据长边内侧标记线，弯折长边；第五步，根据短边内侧标记线，弯折短边 90°弯钩。

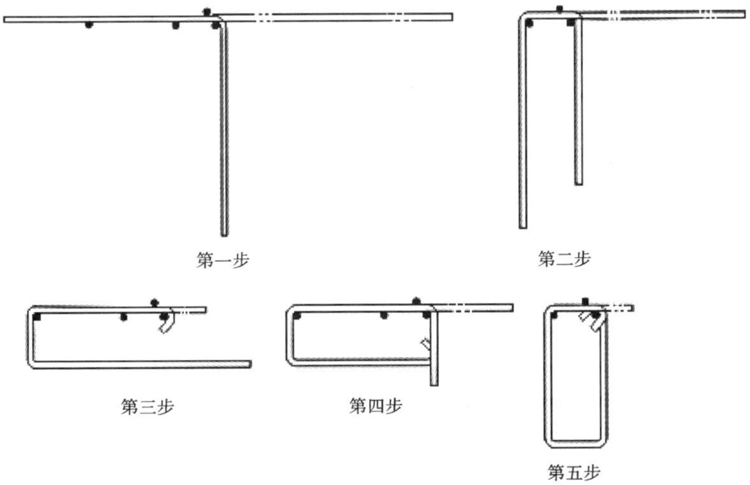

图 4.198　箍筋人工弯曲弯制步骤示意图

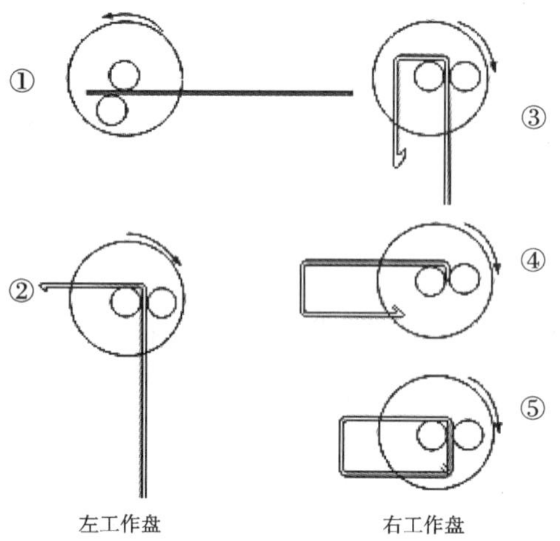

图 4.199 箍筋机械弯曲弯制步骤示意图

箍筋机械弯曲弯制步骤如图4.199所示:第一步,下好料的钢筋放入左工作盘,启动转盘,逆时针转动,弯折 135°箍筋弯钩;第二步,继续利用左工作盘,顺时针转动,弯折长边;第三步,改用右工作盘,顺时针转动,弯折短边;第四步,用右工作盘顺时针转动,弯折短边 135°弯钩;第五步,右工作盘弯折短边。

定型化箍筋加工模具如图 4.200 所示。加工完成后应对半成品尺寸进行复核,如图 4.201 所示。

(5) 钢筋自检、标识与码放。

①制作成型的钢筋,由钢筋制作组长按照规定进行制作工序自检,合格后进行钢筋标识。钢筋的几何尺寸量度,除箍筋量度内皮尺寸,其余量度外包尺寸,如图 4.202 所示。

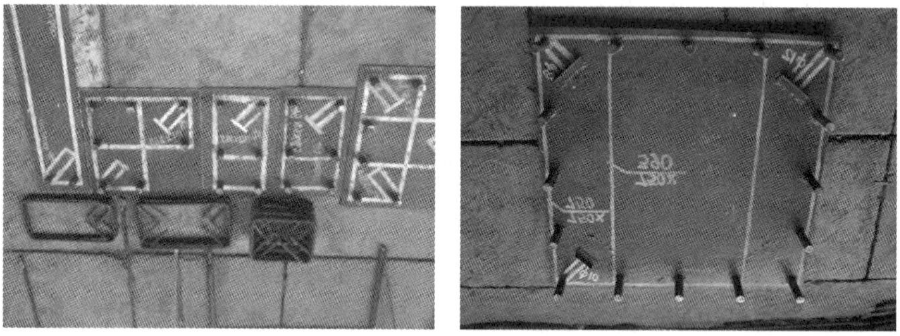

图 4.200 定型化箍筋加工模具

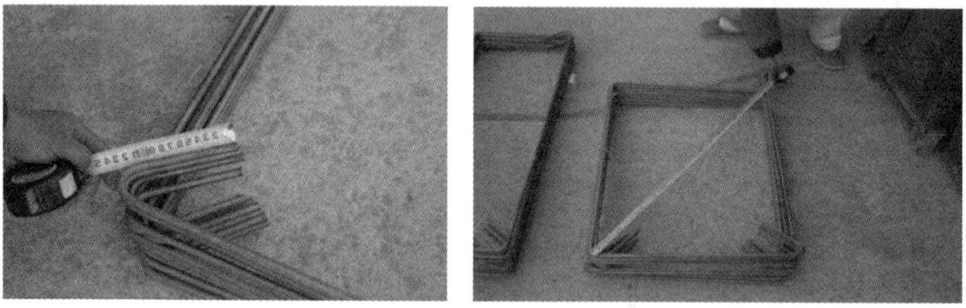

图 4.201 尺寸复核

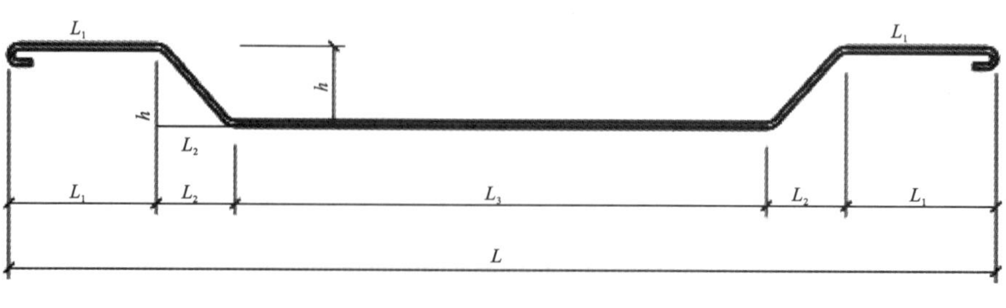

图 4.202 钢筋尺寸量度

②依据钢筋配料单，将每一编号的钢筋制作一块料牌，作为钢筋加工的依据与钢筋安装的标志。钢筋配料单和料牌，应严格校核，必须准确无误，以免返工浪费。料牌上应有成型钢筋的构件部位、构件编号，钢筋规格（级别、直径）、形状简图、尺寸、数量等内容。料牌可采用薄镀锌铁皮或水泥袋类牛皮纸或不易损坏的纸张制作，宜防水、牢固。

③成型合格的钢筋，在其适当位置用绑扎丝挂上或绑上钢筋料牌进行成品钢筋标识（图 4.203），并应按照构件编号、钢筋编号和按照构件施工的先后顺序，进行分类、有序地整齐码放（图 4.204），以利于钢筋吊运。

图 4.203　钢筋标识

图 4.204　分类堆放整齐

（二）钢筋的绑扎与安装

在现浇钢筋混凝土结构中，钢筋安装主要是把已经加工成型的钢筋运输到构件所在位置，并现场绑扎成构件的钢筋骨架。

1. 基础钢筋绑扎

（1）工艺流程如下：定钢筋位置线→放置保护层垫块，摆放基础底面钢筋→钢筋绑扎、基础面筋支撑设置。

（2）定钢筋位置线：将基础垫层清扫干净，根据图纸标明的钢筋间距，计算底板需用的钢筋根数，在垫层上弹出钢筋位置线。

（3）放置保护层垫块、摆放基础底面钢筋。

①按弹出的钢筋位置线铺底板下层钢筋，一般情况下先铺短向钢筋，再铺长向钢筋。

②放置底板混凝土保护层垫块（垫块厚度等于保护层厚度），摆放方式为每 1 m 左右距离按梅花形摆放。若基础底板较厚或基础梁及底板用钢筋量密度大，摆放距离可适当缩小，可采用花岗岩块代替。

（4）钢筋绑扎、基础面筋支撑设置。

①钢筋网（筛底）的绑扎，四周两行钢筋交叉点应每点扎牢，中间部分每隔一根相互成梅花式扎牢，双向主筋的钢筋，必须将全部钢筋相互交点扎牢，注意相邻绑扎点的铁线扣要成八字形绑扎（左右扣绑扎）。

②基础底板采用双层钢筋网时，在上层钢筋网下面设置钢筋撑脚（凳仔）或混凝土垫块，以保证上、下层钢筋位置的正确和两层之间距离。钢筋撑脚每隔 1 m 放置一个，其直径选用：当板厚 $h \leqslant 300$ mm 时为 8～10 mm；当板厚 $h=300 \sim 500$ mm 时为 12～14 mm；

当板厚 $h>500$ mm 时为 16～18 mm。基础底板具有防水要求时，钢筋撑脚不得支在混凝土垫层上。

③当有基础底板和基础梁时，基础底板的下部钢筋应放在梁筋的下部。对基础底板的下部钢筋，主筋在下分布筋在上；对基础底板的上部钢筋，主筋在上分布筋在下。

④180°弯钩应向上，不要倒向一边；但双层钢筋网的上层钢筋弯钩应朝向下。

⑤根据弹好的墙、柱位置线，将墙、柱伸入基础的插筋绑扎牢固，插入基础深度应符合设计要求，甩出长度不宜过长，其上端应采取措施保证甩筋垂直，不歪斜、倾倒、变位。

⑥独立柱基础的钢筋网双向弯曲受力，如图纸没有规定绑扎方法，其短向钢筋应放在长向钢筋的上边。

⑦底板钢筋如采用绑扎接头，钢筋搭设处应用铁丝在接头中心及两端扎牢；如采用焊接接头，接头位置应符合《混凝土结构工程施工质量验收规范》(GB 50204—2015)的规定。

⑧基础上部钢筋支撑设置，根据基础板厚及面筋重量计算出支撑系统所用的材料、支撑杆高度、支撑杆间距等。

2. 柱子钢筋绑扎

(1) 工艺流程如下：剔凿柱混凝土表面浮浆→修理柱子筋→套柱箍筋→搭接绑扎竖向受力筋→画箍筋间距线→箍筋绑扎→保护层设置(图 4.205)。

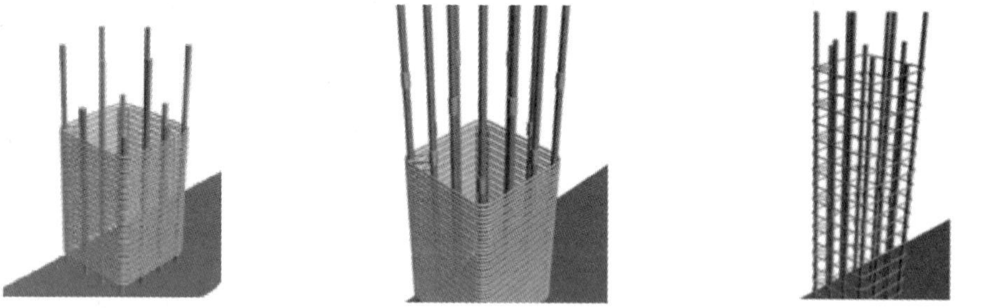

(a) 套柱箍筋　　(b) 搭接绑扎竖向受力筋　　(c) 画线、绑扎柱箍筋

图 4.205　柱钢筋绑扎顺序示意图

(2) 施工要点。

①柱箍筋宜采用缠扣绑扎，如图 4.206 所示。

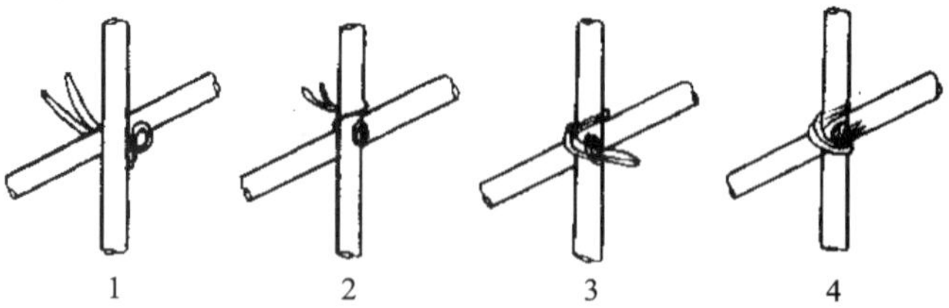

图 4.206　缠扣绑扎示意图

1、2、3、4—绑扎顺序

②按图纸将箍筋间距画在主筋上，将已套好的箍筋向上移动，由上至下进行箍筋绑扎。箍筋与主筋应垂直，箍筋转角处与主筋交点均要绑扎，主筋与箍筋非转角部分的相交点成梅花形交错绑扎，如图 4.207 所示。

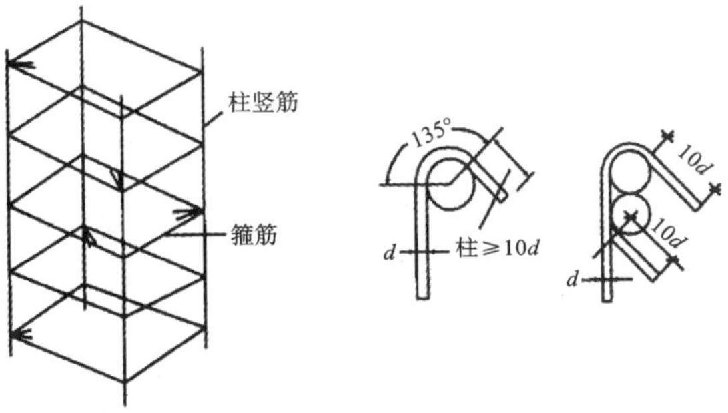

图 4.207　箍筋绑扎方法示意

③柱筋绑扎时可采用柱端箍筋定位法进行钢筋定位，如图 4.208～图 4.211 所示。

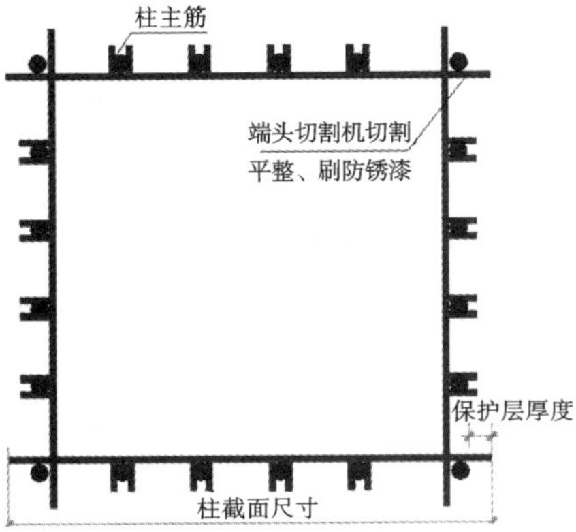

图 4.208　柱定位筋示意图

图 4.209　柱定位筋实体

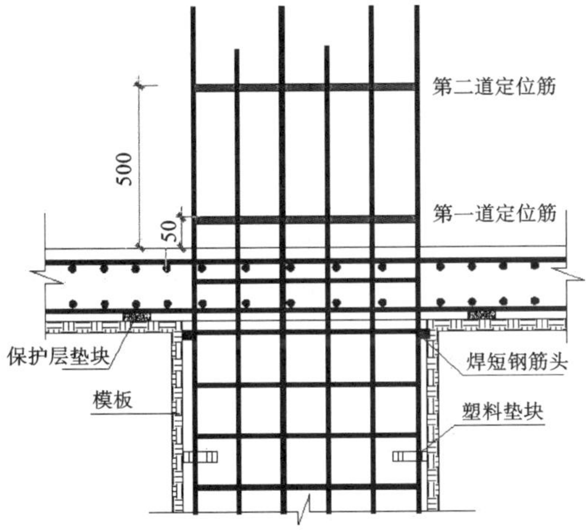

图 4.210　柱钢筋加固示意图

图 4.211　柱钢筋加固实例

④梁柱节点(核心区)箍筋应采取定型箍筋钢筋笼的做法，避免该处箍筋缺失，如图 4.212～图 4.214 所示。定型箍筋钢筋笼制作好后把梁的纵向钢筋穿过定型箍筋钢筋笼，把梁的钢筋笼连同柱节点钢筋笼一起沉入梁模。定型箍筋钢筋笼具体做法如图 4.215、图 4.216 所示。

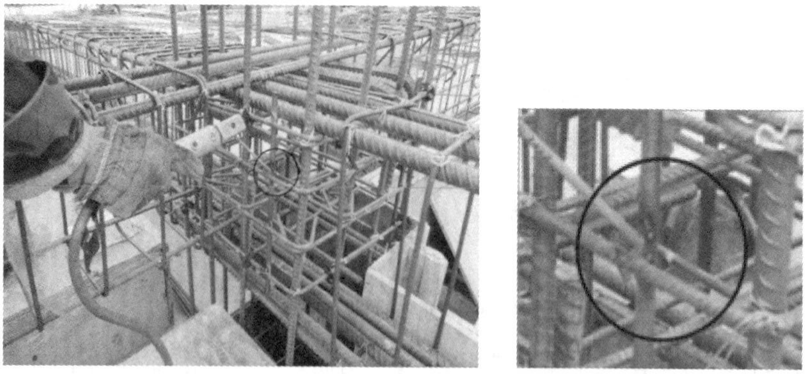

图 4.212 梁柱节点(核心区)箍筋定位方法示意

图 4.213 定型箍筋钢筋笼

图 4.214 使用定型箍筋钢筋笼

框架梁、柱箍筋应按图 4.215(a)制作;当梁、柱纵筋较密,无法按图 4.215(a)制作时,应做成焊接封闭环式箍筋(图 4.215(b)或规范的焊接工艺),不得焊伤箍筋。梁柱节点箍筋必须按图 4.215(a)或焊接封闭环式箍筋制作,并按设计要求的间距加密箍筋。当现场安装有困难时,可在柱每侧设置不少于 1 根 $\phi12$ 钢筋段与节点箍筋点焊制成钢筋笼,随绑扎后的梁筋一齐下沉至设计位置,如图 4.216 所示。

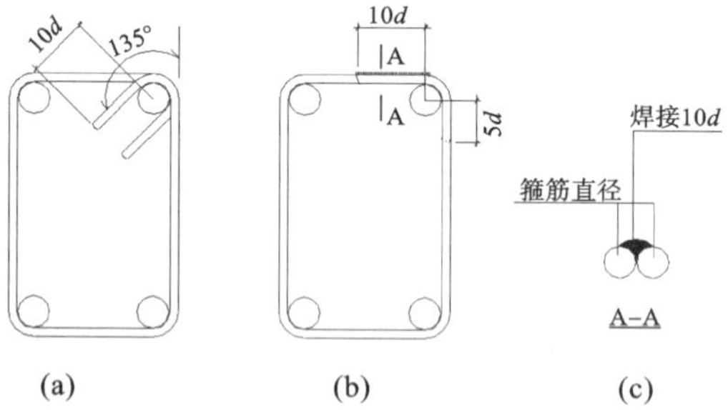

图 4.215 梁、柱箍筋制作示意

柱筋应在四周对称设置保护层,如图 4.217 所示。

3. 剪力墙钢筋绑扎

(1) 工艺流程如下:剔凿混凝土墙体浮浆→修理预留搭接钢筋→画水平和竖向筋间距→绑定位钢筋→绑其余横竖筋(图 4.218)。

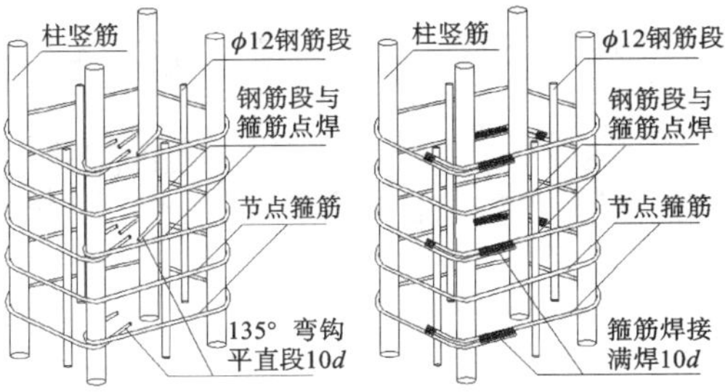

图 4.216 封闭环式箍筋制作示意

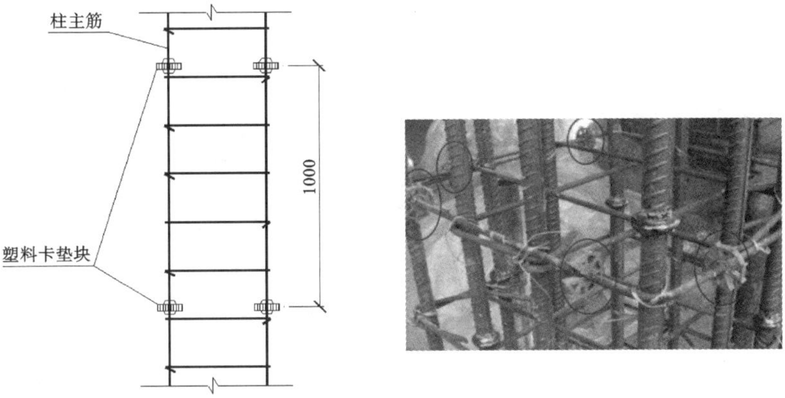

图 4.217 柱四周对称设置保护层示意

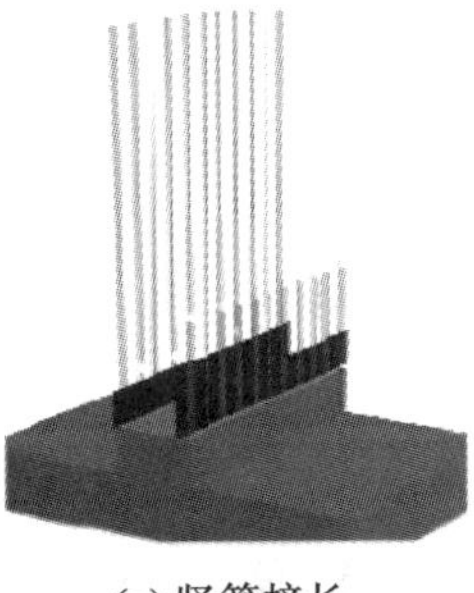

(a) 竖筋接长

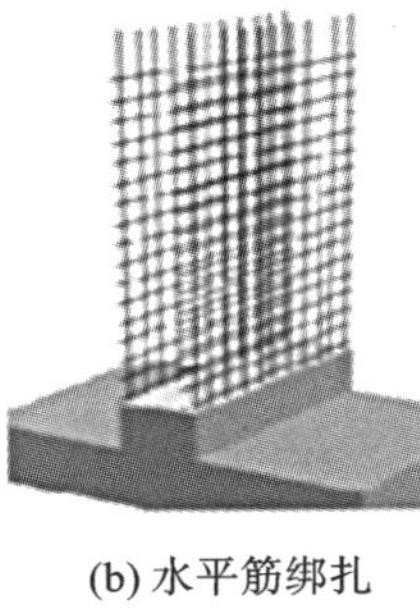

(b) 水平筋绑扎

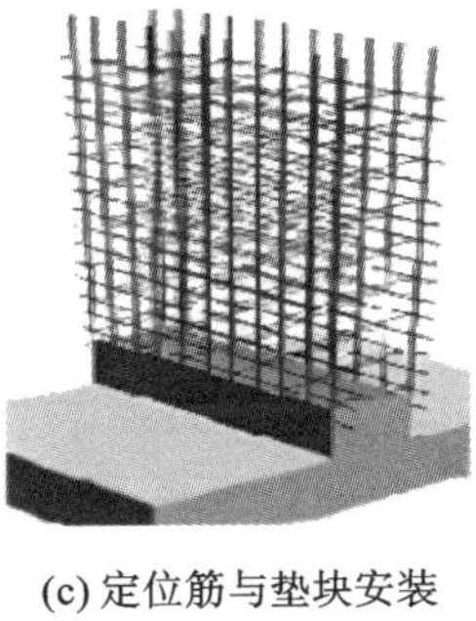

(c) 定位筋与垫块安装

图 4.218 剪力墙钢筋绑扎顺序示意图

(2) 施工要点。

①墙钢筋绑扎前应先将混凝土墙体浮浆凿除，如图 4.219 所示。

②绑扎时先画水平筋和竖向筋间距，再进行墙筋定位筋绑扎，然后再按设计间距逐根绑扎钢筋(图 4.220、图 4.221)。

③剪力墙钢筋应采取定位措施(梯子筋定位法)，如图 4.222～图 4.225 所示。

图 4.219　混凝土浮浆凿除实例

图 4.220　剪力墙定位筋绑扎

图 4.221　其他竖筋绑扎

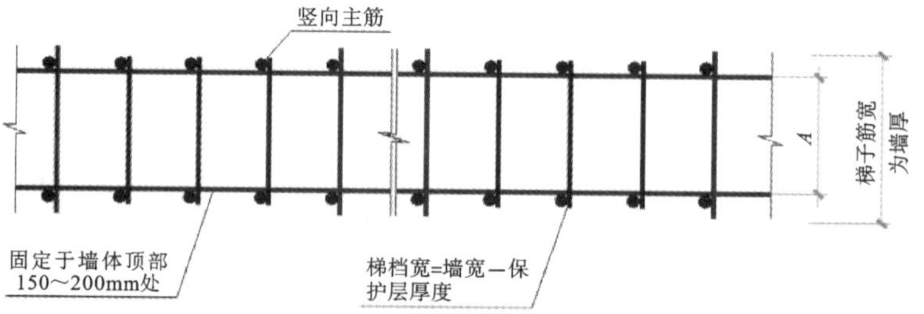

图 4.222　墙体水平梯子筋示意图

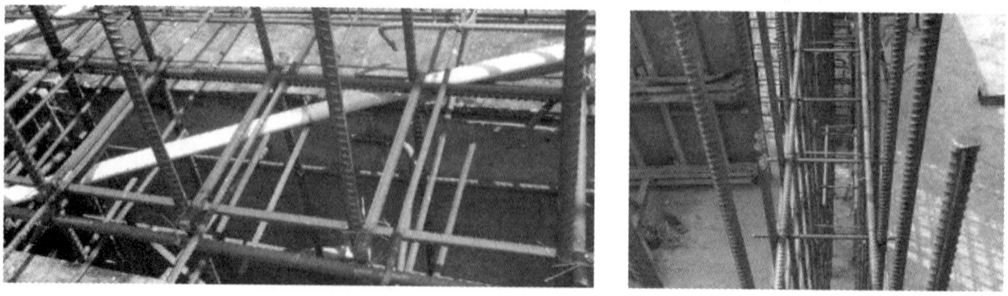

图 4.223　墙体水平梯子筋实例

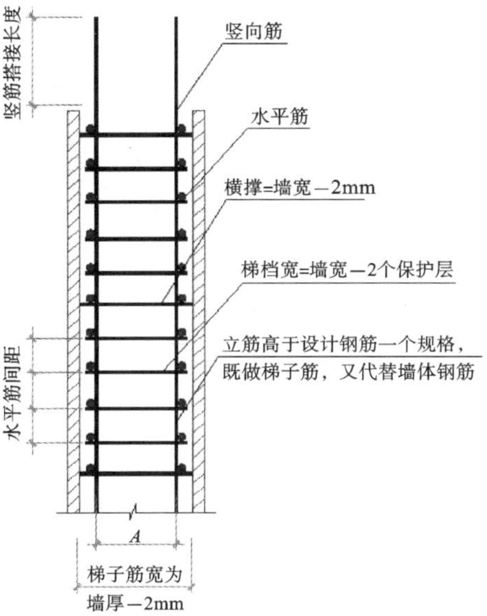

图 4.224　竖向梯子筋示意图

图 4.225　竖向梯子筋实例

当墙筋直径大于 16 mm 时，可取消竖向梯子筋，采用双 F 卡定位或成品混凝土撑筋（图 4.226、图 4.227），但须与墙体水平钢筋绑扎牢靠。定位卡两端使用无齿锯切割，端头往里刷 15 mm 防锈漆，如图 4.228 所示。

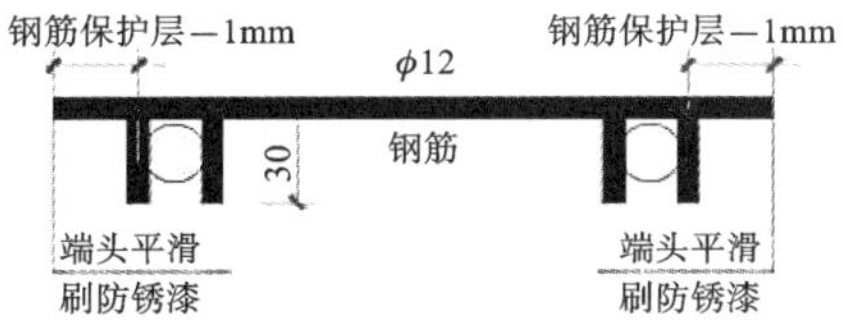

图 4.226　双 F 卡示意图

图 4.227　双 F 卡实例

④剪力墙钢筋必须每点绑扎牢固（图 4.229），竖向钢筋搭接的绑扎要求如图 4.230 所示。

图 4.228　定位水平筋端头刷防锈漆

图 4.229　剪力墙钢筋必须每点绑扎牢固

4. 梁钢筋绑扎

将各梁型号、钢筋规格及布筋方式写在相应位置模板上，便于梁筋就位（图 4.231）。

(1) 工艺流程如下:画主(次)梁箍筋间距、摆放箍筋→穿主(次)梁底层纵筋→穿主(次)梁上层架立筋→主(次)梁箍筋绑扎。

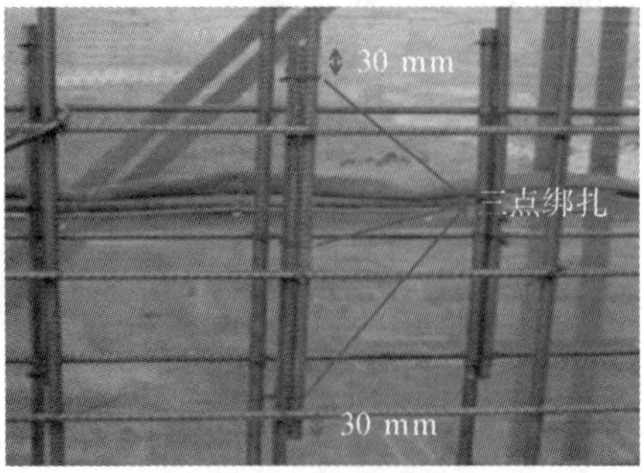

图 4.230 竖向钢筋搭接的绑扎要求

图 4.231 梁筋就位前标识

(2) 施工要点。

①画主(次)梁箍筋间距,摆放并绑扎箍筋,如图 4.232 所示。

(a) 摆放主筋

(b) 在上部主筋画出箍筋间距

(c) 穿设箍筋

(d) 进行箍筋绑扎

(e) 箍筋绑扎完毕并检查

(f) 绑扎腰筋、吊筋及拉钩、梁筋完成

图 4.232 梁筋绑扎顺序示意组图

②绑梁上部纵向筋的箍筋，宜用套扣法绑扎，如图 4.233 所示。

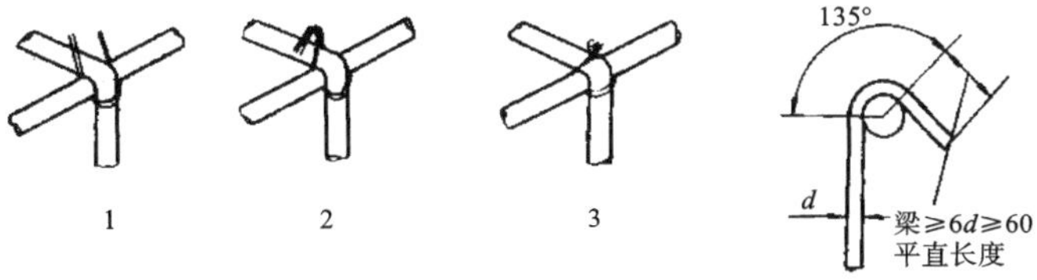

图 4.233　梁钢筋套扣法绑扎示意图

1、2、3—绑扎顺序

③水平钢筋搭接的绑扎要求如图 4.234 所示。

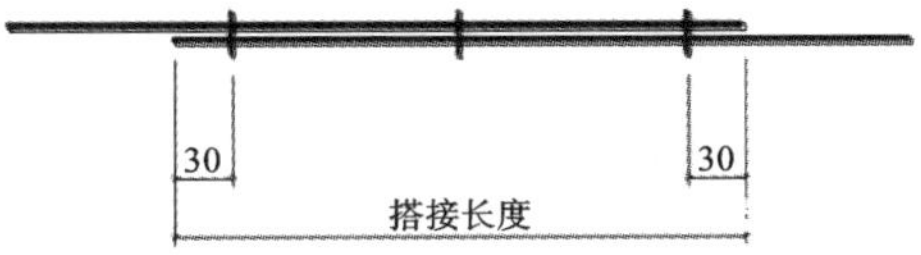

图 4.234　水平钢筋搭接的绑扎要求

5. 板钢筋绑扎

(1) 工艺流程如下：清理模板→模板上画钢筋位置线→绑板底部受力筋→绑板面层钢筋。

(2) 施工要点。

①清理模板上面的杂物，用粉笔在模板上按图纸设计将主筋和分布筋位置画好，如图 4.235 所示。

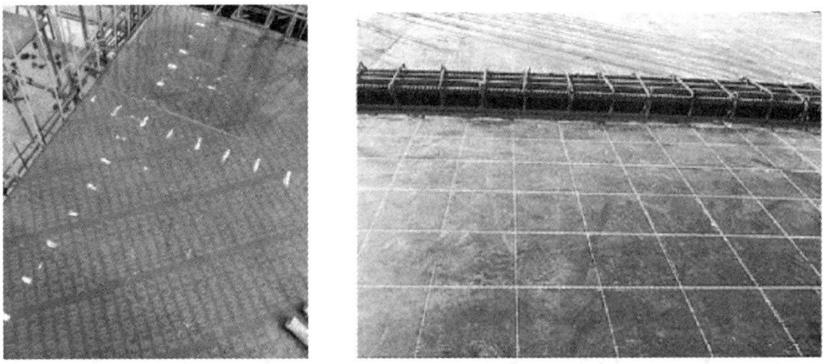

图 4.235　钢筋位置定位画线

②板底部受力筋、面层钢筋绑扎。

a. 板的钢筋网绑扎与基础基本相同，但应注意板上部的负钢筋(面加筋)要防止被踩下；特别是雨篷、挑檐、阳台等悬臂板，要严格控制负筋位置，如图 4.236～图 4.238 所示。

b. 按画好钢筋的间距，先摆放受力钢筋，后摆放分布钢筋；预埋件、电线管、预留孔等及时配合安装。在现浇板中有板带梁时，应先绑扎板带梁钢筋，再摆放板钢筋。

c. 绑扎板筋时一般用顺扣或八字扣，最外侧两根钢筋的相交点应全部绑扎，其他各相交点可交错绑扎。如板为双层钢筋，两层筋之间应加钢筋马凳，以确保上部钢筋的位置。双向板相交点须全部绑扎，负弯矩筋每个相交点均应绑扎。板筋绑扎如图 4.239～图 4.243 所示。

实体钢筋通长马凳

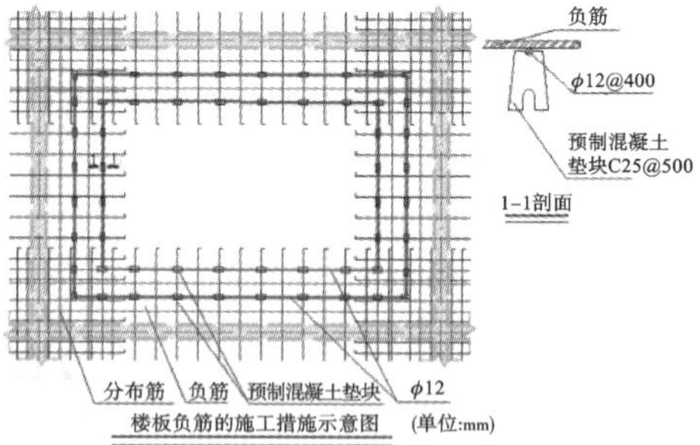

通长马凳示意图

说明：使用通长马凳支撑，第一道距梁边不大于20cm，通长马凳间距不大于50cm。

图 4.236 马凳筋布置(一)

实体钢筋马凳

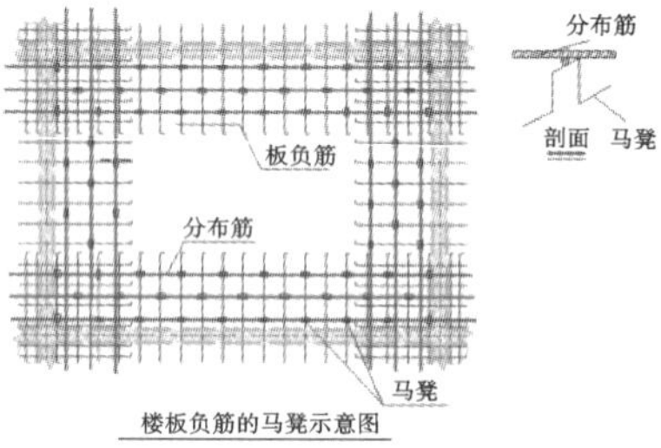

马凳示意图

说明：在每道分布筋下焊接马凳，按梅花状分布，自板边起，不少于3道，如上图。

图 4.237 马凳筋布置(二)

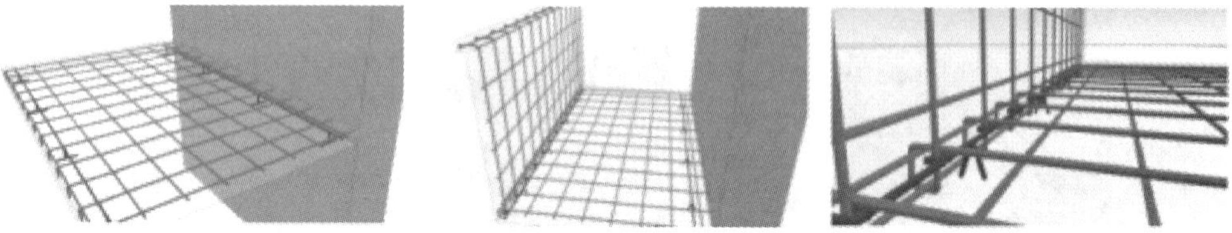

图 4.238 悬臂板钢筋定位措施

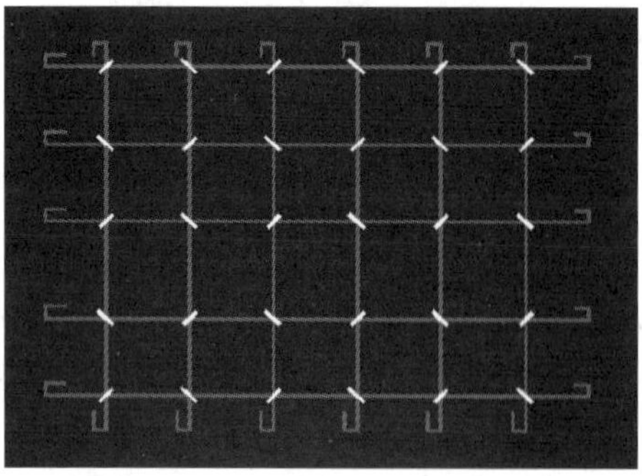

图 4.239 双向板绑扎方法

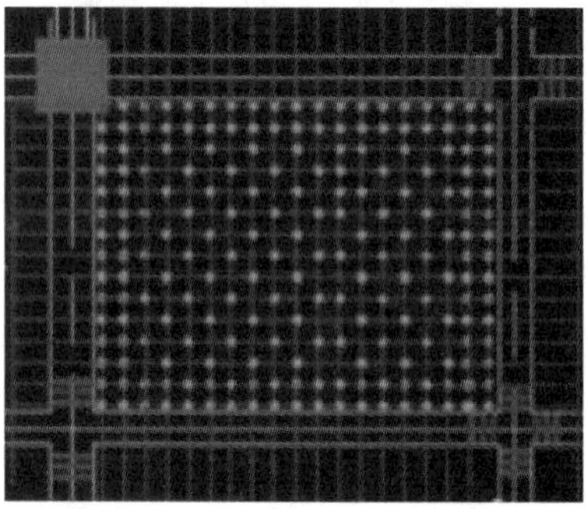

图 4.240 单向板绑扎方法

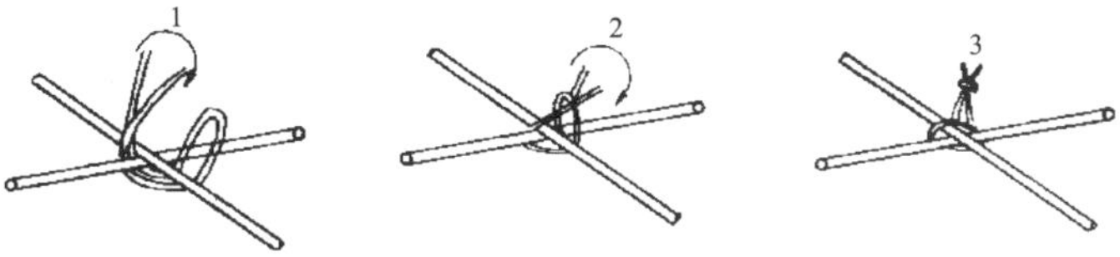

图 4.241　楼板钢筋绑扎示意图(顺扣)

1、2、3—绑扎顺序

图 4.242　楼板钢筋绑扎

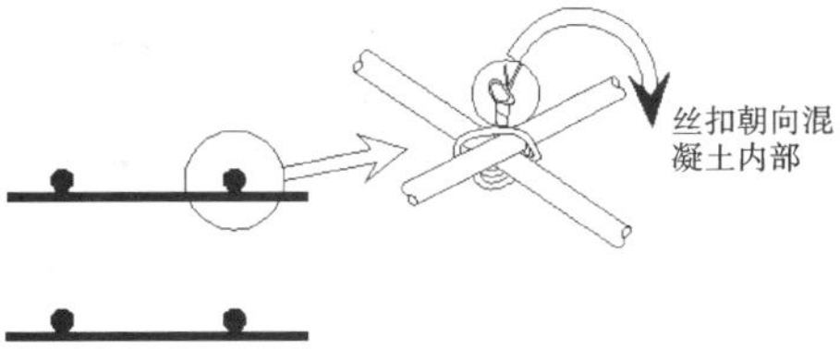

图 4.243　楼板钢筋绑扎丝扣朝向示意图

(三) 钢筋的连接

钢筋混凝土工程中，钢筋连接有三种连接方法，即绑扎搭接(图 4.244)、焊接(图 4.245)、机械连接(图 4.246)。

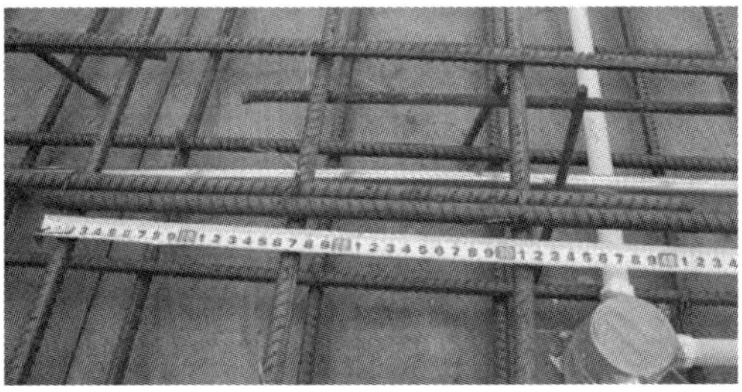

图 4.244　绑扎搭接

图 4.245　焊接

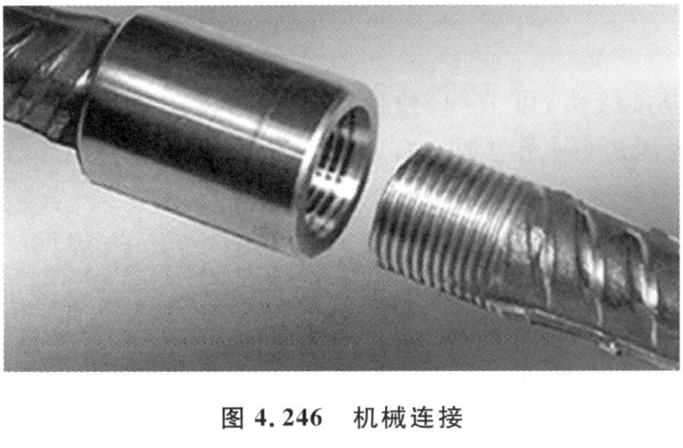

图 4.246　机械连接

1. 绑扎搭接施工

《混凝土结构工程施工规范》(GB 50666—2011)规定如下。

(1) 同一构件中相邻纵向受力钢筋的绑扎搭接接头宜相互错开。绑扎搭接接头中钢筋的横向净距 s 不应小于钢筋直径，且不应小于 25 mm。纵向受力钢筋绑扎搭接接头的最小搭接长度应符合附录 D 的规定。

(2) 纵向受力钢筋绑扎搭接接头连接区段的长度应为 $1.3l_l$（l_l 为搭接长度），凡搭接接头中点位于该连接区段长度内的搭接接头均应属于同一连接区段。同一连接区段内，纵向受力钢筋接头面积百分率为该区段内有接头的纵向受力钢筋截面面积与全部纵向受力钢筋截面面积的比值(图 4.247)。

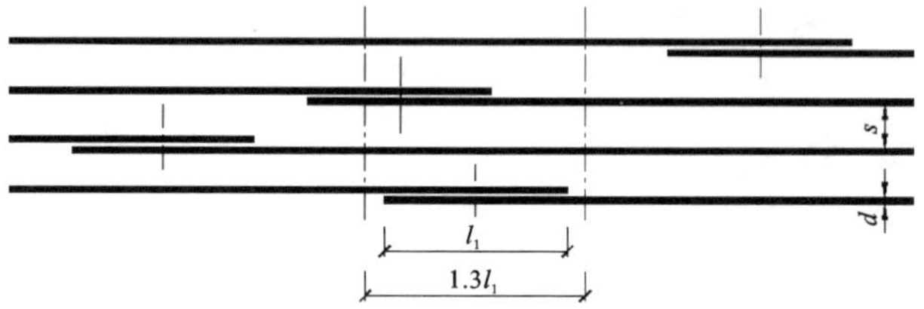

图 4.247　钢筋绑扎搭接接头连接区段及接头面积百分率

注：图中所示搭接接头同一连接区段内的搭接钢筋为两根，当各钢筋直径相同时，接头面积百分率为 50%。

(3) 同一连接区段内，纵向受拉钢筋绑扎搭接接头面积百分率应符合下列规定：

①梁、板类构件不宜超过 25%，基础筏板不宜超过 50%；

②柱类构件，不宜超过 50%；

③当工程中确有必要增大接头面积百分率时，对梁类构件，不应大于 50%；对其他构件，可根据实际情况适当放宽。

(4) 钢筋绑扎搭接的细部构造应符合下列规定：钢筋的绑扎搭接接头应在接头中心和两端用铁丝扎牢；搭接范围内三点绑扎。用双丝绑扎搭接钢筋两端头 30mm 处，中间绑扎一道(图 4.248)。

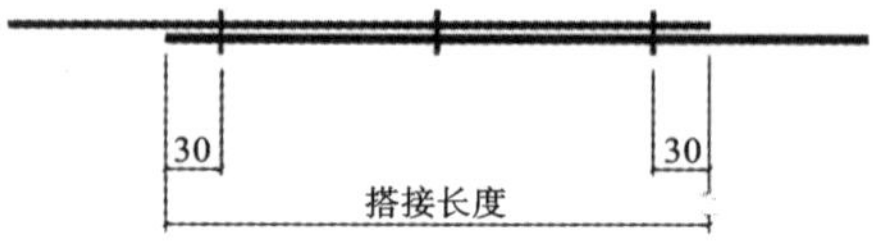

图 4.248　钢筋绑扎搭接接头绑扎方法示意

2. 钢筋焊接连接

钢筋连接采用焊接接头，可节约钢材、改善结构受力性能、提高工效、降低成本。常用的焊接方法可分为压焊(闪光对焊、电阻点焊、气压焊)和熔焊(电弧焊、电渣压力焊)。

(1) 一般规定。

①细晶粒热轧钢筋 HRBF335、HRBF400、HRBF500 施焊时，可采用与 HRB335、HRB400、HRB500 钢筋相同的或者近似的，并经试验确认的焊接工艺参数。直径大于 28 mm的带肋钢筋，焊接参数应经试验确定；余热处理钢筋不宜焊接。

②电渣压力焊适用于柱、墙、构筑物等现浇混凝土结构中竖向受力钢筋的连接；不得在竖向焊接后横置于梁、板等构件中作为水平钢筋使用。

③焊工必须持证操作，在工程开工正式焊接之前，参与该项施焊的焊工应进行现场条件下的焊接工艺试验，经试验合格后，方可正式生产。试验结果应符合质量检验与验收时的要求。焊接工艺试验的资料应存于工程档案。

④钢筋焊接施工之前，应清除钢筋、钢板焊接部位以及钢筋与电极接触处表面上的锈斑、油污、杂物等；当钢筋端部有弯折、扭曲时，应予以矫直或切除。

⑤带肋钢筋闪光对焊、电弧焊、电渣压力焊和气压焊，宜将纵肋对纵肋安放和焊接。

⑥焊剂应存放在干燥的库房内，若受潮，在使用前应经 250～350 ℃烘焙 2 h。使用中回收的焊剂应清除熔渣和杂物，并应与新焊剂混合均匀后使用。

⑦两根相同牌号、不同直径的钢筋可进行闪光对焊、电渣压力焊或气压焊，闪光对焊时直径差不得超过 4 mm，电渣压力焊或气压焊时，其直径差不得超过 7 mm。焊接工艺参数可在大、小直径钢筋焊接工艺参数之间偏大选用，两根钢筋的轴线应在同一直线上。对接头强度的要求，应按较小直径钢筋计算。

⑧两根相同直径、不同牌号的钢筋进行电渣压力焊或气压焊时，焊接工艺参数按较高牌号钢筋选用，对接头强度的要求按较低牌号钢筋强度计算。

⑨进行电阻点焊、闪光对焊、埋弧压力焊时，应随时观察电源电压的波动情报况；当电源电压下降大于 5%且小于 8%时，应采取提高焊接变压器级数的措施；当大于或等于 8%时，不得进行焊接。

⑩在环境温度低于－5℃条件下施焊时，焊接工艺应符合下列要求。

a. 闪光对焊，宜采用预热→闪光焊或闪光→预热→闪光焊；可增加调伸长度，采用较低变压器级数，增加预热次数和间歇时间。

b. 电弧焊时，宜增大焊接电流，减低焊接速度。电弧帮条焊或搭接焊时，第一层焊缝应从中间引弧，向两端施焊；以后各层控温施焊，层间温度控制在 150～350 ℃。多层施焊时，可采用回火焊道施焊。

⑪当环境温度低于－20℃时，不宜进行各种焊接。雨天、雪天不宜在现场进行施焊；必须施焊时，应采取有效遮蔽措施。焊后未冷却接头不得碰到冰雪。在现场进行闪光对焊或电弧焊，当超过四级风力时，应采取挡风措施。进行气压焊，当超过三级风力时，应采取挡风措施。

⑫焊机应经常维护保养和定期检修，确保正常使用。

⑬妥善管理氧气、乙炔、液化石油气等易燃易爆品，制定并实施各项安全技术措施，防止烧伤、触电、火灾、爆炸以及烧坏焊接设备事故的发生。

(2) 施工准备。

①材料。

a. 钢材：焊接钢筋的化学成分和力学性能应符合《钢筋焊接及验收规程》(JGJ 18—2012)的规定。

b. 预埋件钢筋焊接接头、熔槽帮条焊接头和坡口焊接头中的钢板和型钢，可采用低碳钢或低合金钢，其力学性能和化学成分应符合国家标准《碳素结构钢》(GB/T 700—2006)或《低合金高强度钢结构》(GB/T 1591—2018)中的规定。

c. 焊条：电弧焊所用的焊条应符合《非合金钢及细晶粒钢焊条》(GB/T 5117—2012)、《热强钢焊条》(GB/T 5118—2012)的规定，有出厂合格证或产品质量证明书。焊条的型号应符合设计要求，如设计无规定，应按《钢筋焊接及验收规程》(JGJ 18—2012)的规定选用。

d. 氧气：质量应符合《工业氧》(GB/T 3863—2008)的规定，其纯度应大于或等于 99.5%；瓶装氧气的质量应符合工业用气态氧一级的技术要求。

e. 乙炔气(C_2H_2):宜使用瓶装溶解乙炔,纯度要求大于98%,其质量应符合《溶解乙炔》(GB 6819—2004)的规定。当使用乙炔发生器时,电石的质量应符合国家现行有关标准一级以上的要求。

f. 液化石油气:应符合《液化石油气》(GB 11174—2011)的有关规定。

g. 焊剂:有出厂合格证、产品质量证明书。焊剂应放在干燥的库房内,当焊剂受潮时,使用前应经250～300℃烘焙2h。如使用回收的焊剂,应清除熔渣和杂物,并与新焊剂混合均匀后使用。焊接HRB335级钢筋选用HJ431型焊剂,焊接HRB400级钢筋选用HJ431型或HJ330型焊剂。

②主要机具。

a. 钢筋闪光对焊:对焊机、对焊平台、钢筋切断机、无齿切割机、空压机、除锈机、防护深色眼镜、电焊手套、绝缘鞋、钢丝刷等。

b. 钢筋电弧焊接:弧焊机、焊接电缆、电焊钳、防护用具、焊条烘干箱、防护面罩、绝缘鞋、电源开关箱(内接电流表和电压表)、弯筋工具、手锤、钢卷尺、焊缝检验尺等。

c. 钢筋气压焊接:供气装置包括氧气瓶、溶解乙炔气瓶(或中压乙炔发生器)、干式回火防止器、减压器及胶管等。溶解乙炔气瓶的供气能力应满足现场最大直径钢筋焊接时供气量的要求。如一瓶不能满足使用,可多瓶并联使用。多嘴环管加热器、加压器(油泵、油管、油压表、顶压油缸)、焊接夹具、无齿切割机等。

d. 钢筋电渣压力焊接:钢筋无齿切割机、电渣焊机、焊接夹具、焊剂盒、焊接电源、控制箱、电压表、电流表、时间继电器及自动报警器、石棉绳、铁丝球、秒表等。

③作业条件。

a. 焊工必须有焊工考试合格证,持证上岗,并在规定的范围内进行焊接操作。

b. 焊接的机具以及辅助设备等齐全、完好。施焊前应认真检查机具设备是否处于正常工作状态。

c. 电渣压力焊接施工前,应搭好操作脚手架,钢筋端头已处理好,并清理干净,焊剂干燥;根据焊接钢筋直径的大小,选定焊接电流、电弧工作电压、电渣工作电压、通电时间等工作参数,符合施焊要求。

d. 气压焊接正式施焊前,应在现场做相同条件的焊接工艺试验,试件经外观检查及拉伸、弯曲试验,合格后确定焊接工艺参数。

e. 作业场地应有安全防护措施,制定和执行安全技术措施,加强焊工的劳动保护,防止发生烧伤、火灾、爆炸以及损坏设备等事故。

(3) 施工流程与要点。

①钢筋闪光对焊。

在非固定的专业预制厂(场)或钢筋加工厂(场)内,对直径大于或等于22 mm的钢筋进行连接作业时,不得使用钢筋闪光对焊工艺。

a. 工艺流程。

检查焊接设备→确定焊接工艺及参数→试焊、做试件→钢筋闪光对焊。

b. 检查焊接设备。

主要应检查的焊接设备有检查对焊机、电源、对焊平台、绝缘橡胶垫、冷却水、压缩空气等。

c. 确定焊接工艺及参数。

(a)当钢筋直径较小、钢筋级别较低时，宜采用连续闪光焊。

(b)当钢筋直径较大、端面较平整时，宜采用预热闪光焊。

(c)当钢筋直径较大、端面不够平整时，应采用闪光→预热→闪光焊。

(d)闪光对焊时须合理选择的主要参数有调伸长度、闪光留置、闪光速度、顶锻留置、顶锻速度、顶锻压力及变压级次。

d. 试焊、做试件。

(a)正式焊接前，应进行现场条件下钢筋闪光对焊工艺性能试验，并选择最佳的焊接参数。

(b)试验的钢筋应从进场钢筋中截取，每批钢筋焊接六个试件，其中三个做拉伸试验，三个做冷弯试验。经试验合格后，方可按确定的焊接参数成批生产。

e. 钢筋闪光对焊施工。

(a)连续闪光焊。在接通焊接电源的情况下，借助操作杆使钢筋逐渐移动，让两钢筋端面轻微接触而形成闪光，为使闪光过程连续稳定，钢筋应以均匀速度移动，待预定的烧化留量消失立即进行顶锻，整个焊接过程结束。

(b)预热闪光焊。在接通焊接电源并施加一定压力的情况下，使两钢筋端面交替地接触和分开，这时钢筋端面的间隙发出断续闪光(闪光预热)，或发生电流脉冲(电阻预热)而形成预热，当钢筋达到预热温度后，随即进入闪光和顶锻。

(c)闪光→预热→闪光焊。一次闪光过程，应尽量保持闪光的连续性，避免多次接触而导致加热不匀。一次烧化留量应足以将钢筋在断料时刀口严重压伤部分烧掉，为下一步的均匀加热创造条件。预热应优先采用频率较低的电阻预热法，并根据钢筋级别和直径，灵活掌握其预热程度，以获得良好的预热效果。二次闪光过程，应先慢后快，临近顶锻时，熔化过程应强烈、稳定，以防止焊口金属氧化。待二次烧化留量消失，即进行顶锻。

②钢筋电弧焊接。

a. 适用范围：本工艺标准适用于钢筋及埋件的手工电弧焊接。

b. 工艺流程：设备检查→选择焊接参数→试焊、做试件→钢筋电弧焊接。

c. 设备检查：焊接前，检查电源、焊机及工具，确保地线与焊接钢筋接触良好，避免因起弧而烧伤钢筋。

d. 选择焊接参数：根据钢筋的级别、直径、接头形式和焊接位置，选择适宜的焊条型号、直径、焊接层数和焊接电流，保证焊缝与焊件熔合良好。

e. 试焊、做试件：正式焊接前，应进行现场条件下钢筋电弧焊工艺性能试验，并选择最佳的工艺参数；试验的钢筋应从进场钢筋中截取，每批钢筋焊接三个接头，经外观检验合格后做拉伸试验，试验合格后，按确定的工艺进行电弧焊。

f. 钢筋电弧焊接施工。

(a)帮条焊。

帮条焊和搭接焊均分单面焊和双面焊。

帮条焊时，宜采用双面焊(图 4.249(a))；当不能进行双面焊时，方可采用单面焊(图 4.249(b))，帮条长度应符合表 4-10 的规定。当帮条牌号与主筋相同时，帮条直径可与主筋相同或小一个规格。当帮条直径与主筋相同时，帮条牌号可与主筋相同或低一个牌号。

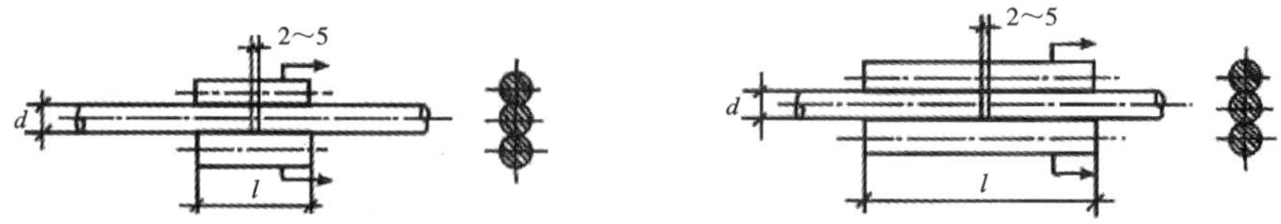

(a) 双面焊　　(b) 单面焊

图 4.249　钢筋帮条焊接头

d—钢筋直径；*l*—帮条长度

表 4-10　钢筋帮条长度

钢筋牌号	焊缝形式	帮条长度 *l*
HPB300	单面焊	≥8*d*
	双面焊	≥4*d*
HRB335 HRB400 RRB400	单面焊	≥10*d*
	双面焊	≥5*d*

注：*d* 为主筋直径(mm)。

帮条焊时，两主筋端面的间隙宜为 2～5 mm。

帮条焊接头的焊缝厚度不应小于主筋直径的 30%，焊缝宽度不应小于主筋的80%。

帮条焊时，帮条与主筋之间应用四点定位焊固定，定位焊缝与帮条端部的距离应大于或等于 20 mm。

(b)搭接焊。

焊接时宜采用双面焊。HRB335、HRB400、RRB400 钢筋的焊缝长度应大于或等于钢筋直径的 5 倍。不能进行双面焊接时，方可采用单面焊，其焊缝长度应比双面焊增加一倍。钢筋搭接焊接头如图 4.250 所示。

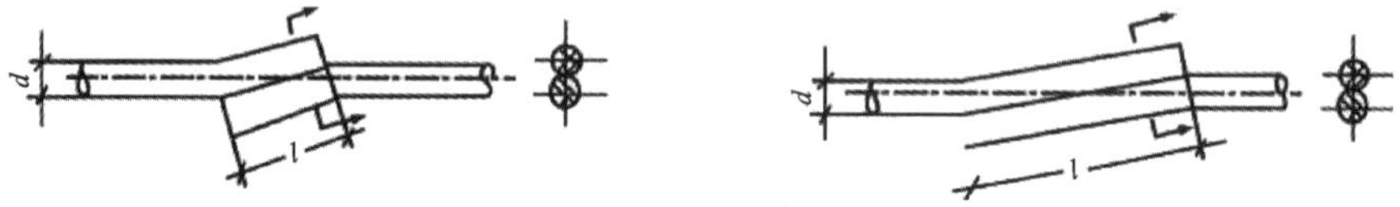

(a) 双面焊　　(b) 单面焊

图 4.250　钢筋搭接焊接头

d—钢筋直径；*l*—帮条长度

进行搭接焊时，搭接端部的钢筋应预弯，并使两钢筋的轴线在同一直线上。

搭接焊应用两点固定，定位焊缝与搭接端部的距离宜大于或等于 20 mm。焊接时，应在搭接焊形成的焊缝中引弧，在端头收弧前应填满弧坑，并使主焊缝与定位焊缝的始端和终端熔合。

搭接焊接头的焊缝厚度不应小于主筋直径的 30%，焊缝宽度不应小于主筋直径的 80%。搭接焊接头的焊缝尺寸如图 4.251 所示。

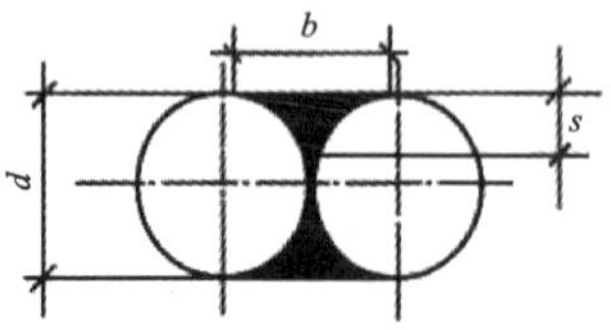

图 4.251　搭接焊接头的焊缝尺寸示意图

b—焊缝宽度；*s*—焊缝厚度；*d*—钢筋直径

(c)坡口焊。

坡口焊是将二根钢筋的连接处切割成一定角度的坡口，辅助以钢垫板进行焊接连接的一种工艺。坡口焊的准备工作要求：

Ⅰ. 坡口面应平顺，切口边缘不得有裂纹、钝边和缺棱；

Ⅱ. 坡口角度可按图 4.252 中数据选用；

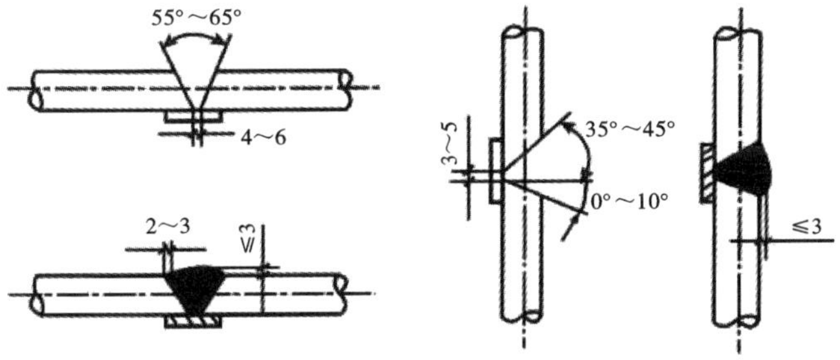

(a) 平焊　　(b) 立焊

图 4.252 钢筋坡口焊接示意图

Ⅲ. 钢垫板厚度宜为 4～6 mm，长度宜为 40～60 mm；平焊时，垫板宽度应为钢筋直径加 10 mm；立焊时，垫板宽度宜等于钢筋直径。

采用坡口焊时应注意：焊缝的宽度应大于 V 形坡口的边缘 2～3 mm，焊缝余高不得大于 3 mm，并平缓过渡至钢筋表面；钢筋与钢垫板之间，应加焊二、三层侧面焊缝；当发现接头中有弧坑、气孔及咬边等缺陷时，应立即补焊。

(d)预埋件电弧焊。

预埋件钢筋电弧焊 T 形接头可分为角焊和穿孔塞焊两种(图 4.253)。当采用 HRB335 和 HRB400 钢筋装配和焊接时，焊脚(k)不得小于钢筋直径的 60%；钢板厚度 δ 不应小于钢筋直径的 60%，且不小于 6mm。

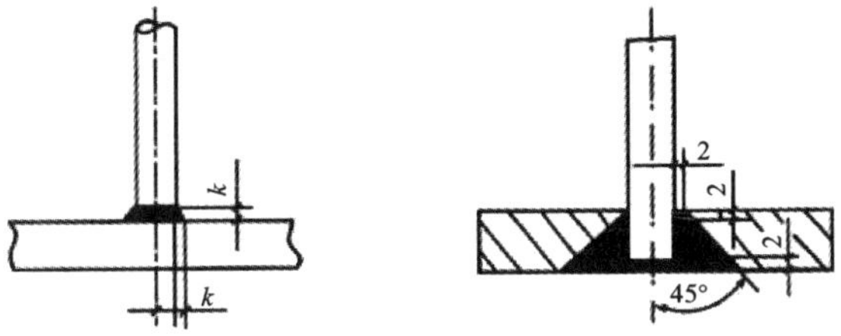

(a) 角焊　　(b) 穿孔塞焊

图 4.253 预埋件钢筋电弧焊 T 形接头

k—焊脚

预埋件应采用 HRB335 级钢筋焊接，受力锚固钢筋的直径不宜小于 8 mm，构造锚固钢筋的直径不宜小于 6 mm。

当锚固钢筋直径为 18 mm 以下时，宜选择角焊；当锚固钢筋直径大于 20 mm 时，宜采用穿孔塞焊。采用穿孔塞焊时，钢板的孔洞应做成喇叭口，其内口直径应比钢筋直径(d)大 4 mm，倾斜角为 45°，钢筋缩进 2 mm。

施焊中，不得使钢筋咬边和烧伤。

钢筋与钢板搭接焊时，焊接接头(图 4.254)应符合下列要求：HRB335 和 HRB400 钢筋搭接长度(*b*)不得小于 5 倍钢筋直径;焊缝宽度不得小于钢筋直径的 60%,焊缝厚度不得小于钢筋直径的 35%。

(e)熔槽帮条焊。

熔槽帮条焊是在焊接的两钢筋端部形成焊接熔槽,融化金属焊接钢筋的一种方法。

熔槽帮条焊适用于直径 20mm 及以上钢筋的现场安装焊接。焊接时加角钢作垫板模,接头形式(图 4.255)、角钢尺寸和焊接工艺应符合下列要求:角钢边长宜为 40~60 mm;钢筋端头应加工平整;从接缝处垫板引弧后应连续施焊,并应使钢筋端部熔合,防止未焊透、产生气孔或夹渣;焊接过程中应停焊清渣 1 次;焊平后,再进行焊缝余高的焊接,其高度不得大于 3 mm;钢筋与角钢垫板之间,应加焊侧面焊缝 1~3 层,焊缝应饱满,表面应平整。

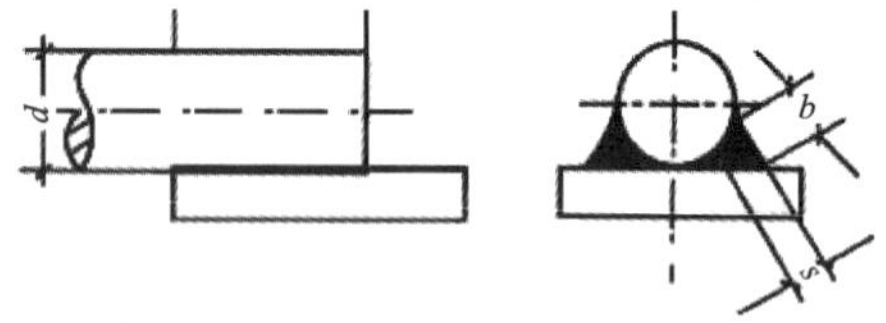

图 4.254 钢筋与钢板搭接焊接头

d—钢筋直径;*l*—搭接长度;*b*—焊缝宽度;*s*—焊缝厚度

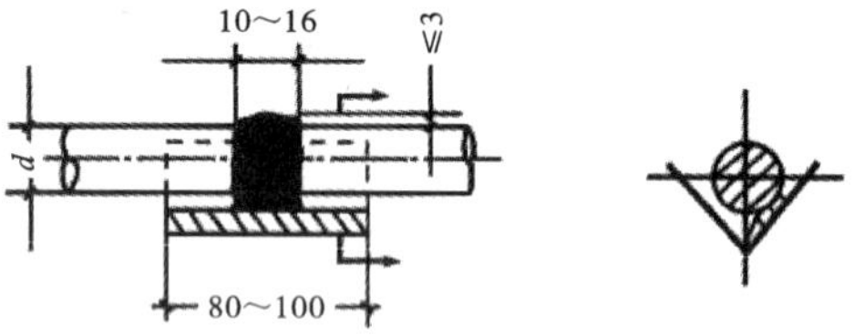

图 4.255 钢筋熔槽帮条焊接头

(f)窄间隙焊。

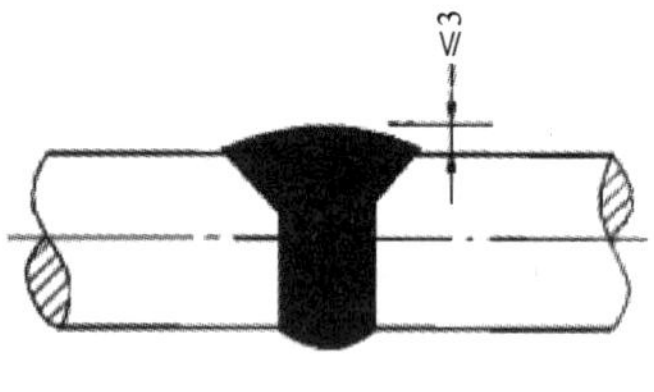

图 4.256 钢筋窄间隙焊接头

窄间隙焊适用于直径 16 mm 及以上钢筋的现场水平连接。焊接时,钢筋端部应置于铜模中,并应留出一定间隙,用焊条连续焊接,熔化钢筋端面,使熔敷金属填充间隙,形成接头(图 4.256)。其焊接工艺应符合下列要求:钢筋端面应平整;应选用低氢型碱性焊条;从焊缝根部引弧后应连续进行焊接,左右来回运弧,在钢筋端面处电弧应少许停留,并使其熔合。当焊至端面间隙的 4/5 高度后,焊缝逐渐扩宽;当熔池过大时,应改连续焊为断续焊,避免过热。焊缝余高不得大于 3 mm,且应平缓过渡至钢筋表面。

③钢筋气压焊接。

a. 适用范围。

适用于现浇钢筋混凝土结构中采用气压焊工艺的竖向及水平钢筋焊接。

b. 工艺流程。

检查设备、气源→钢筋下料→钢筋端头处理→钢筋安装就位→焊炬火焰调校→钢筋加热加压。

c. 检查设备、气源。

在焊接前,要检查焊接设备、机具和气源是否齐全完好,保证在焊接时处于正常状态。

d. 钢筋下料。

钢筋下料宜用无齿锯,不宜使用切断机,以免钢筋端头弯折或呈马蹄形而影响焊接质量,下料时并应考虑钢筋焊接后的压缩量,每个接头的压缩量为所焊钢筋直径的 1~

1.5倍。下料时钢筋焊接接头位置、同一截面内接头数量等应符合设计要求或混凝土结构工程施工质量验收规范的要求。

e. 钢筋端头处理。

施焊前应用角向磨光机对钢筋端部稍微倒角，并将钢筋端面打磨平整（钢筋端面与钢筋轴线要基本垂直），清除氧化膜，露出光泽。离端面两倍钢筋直径长度范围内钢筋表面上的铁锈、油污、泥浆等附着物应清刷干净。

f. 钢筋安装就位。

将所需焊接的两根钢筋用焊接夹具分别夹紧并调整对正，两根钢筋的轴线要在同一直线上。钢筋夹紧对正后，须施加初始轴向压力顶紧，两根钢筋间局部间隙不得大于3 mm。

g. 焊炬火焰调校。

在每个接头开始施焊时，应先将焊炬的火焰调校为碳化焰（即还原焰，O_2/C_2H_2 = 0.85～0.95），火焰的形状要充实。

h. 钢筋加热加压。

(a)焊接的开始阶段，采用碳化焰，对准两根钢筋接缝处集中加热。此时须使用内焰包围着钢筋缝隙，以防钢筋端面氧化。同时，须增大对钢筋的轴向压力至30～40 MPa。

(b)当两根钢筋端面的缝隙完全闭合后，须将火焰调整为中性焰（O_2/C_2H_2 = 1.0～1.1），以加快加热速度。此时操作焊炬，使火焰在以压焊面为中心两侧各一倍钢筋直径范围内均匀往复加热。钢筋端的合适加热温度为1150～1250 ℃。

在加热过程中，火焰因各种原因发生变化时，要注意及时调整，使之始终保持中性焰，同时如果在压接面缝隙完全密合之前发生焊炬回火中断现象，应停止施焊，拆除夹具，将两钢筋端面重新打磨、安装，然后再次点燃火焰继续加热、加压完成焊接作业。

(c)当钢筋加热到所需的温度时，操作加压器使夹具对钢筋再次施加至30～40 MPa的轴向压力，使钢筋接头镦粗区形成合适的形状，然后可停止加热。

(d)当钢筋接头处温度降低，即接头处红色大致消失后，可卸除压力，然后拆下夹具。

④钢筋电渣压力焊接（图4.257）。

电渣压力焊（简称竖焊）是利用电流通过渣池产生的电阻热将钢筋端部熔化，再施加压力使钢筋焊合的工艺。该工艺操作简单、工效高、成本低，比电弧焊接节电80%以上，比绑扎连接和帮条焊节约钢筋30%。

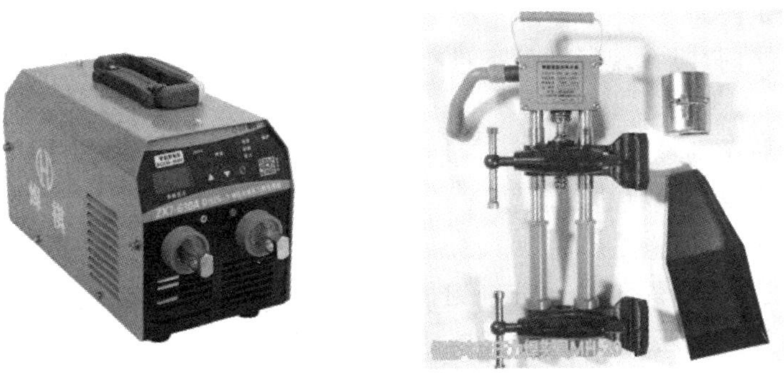

图4.257　钢筋电渣压力焊焊机及配件

a. 适用范围。

适用于工业与民用建(构)筑物的钢筋混凝土结构中的竖向或斜向(倾斜度在 4∶1 范围内)钢筋的焊接。可焊接 HRB335、HRB400 级直径为 12～40 mm 的钢筋。

b. 工艺流程。

钢筋端头处理→选择焊接参数→试焊、做试件→钢筋电渣压力焊。

c. 钢筋端头制备。

钢筋安装之前,焊接部位和电极钳口接触(150 mm 区段内)钢筋表面上的锈斑、油污、杂物等,应清除干净;钢筋端部如有弯折、扭曲,应予以矫正或切除。

d. 选择焊接参数。

焊接电流、电压和通电时间是电渣压力焊的主要焊接参数,该参数应根据焊剂或焊机说明书并通过试验确定。

如采用 HJ431 型焊剂,电渣压力焊焊接参数宜符合表 4-11 的规定。不同直径钢筋焊接时,应按较小直径钢筋选择参数,焊接通电时间可延长约 10%。

表 4-11 电渣压力焊焊接参数

钢筋直径/mm	焊接电流/A	焊接电压/V		焊接通电时间/s	
		电弧过程	电渣过程	电弧过程	电渣过程
12	160～180	35～45	18～22	9	2
14	200～220			12	3
16	200～250			14	4
18	250～300			15	5
20	300～350			17	5
22	350～400			18	6
25	400～450			21	6
28	500～550			24	6
32	600～650			27	7
36	700～750			30	8
40	850～900			33	9

e. 试焊、做试件。

(a)正式焊接前,应在现场条件下进行钢筋电渣压力焊工艺性能试验,并选择最佳的工艺参数。

(b)试验的钢筋应从进场钢筋中截取,每批钢筋焊接三个接头,经外观检验合格后做拉伸试验,试验合格后按确定的工艺进行电渣压力焊。

f. 钢筋电渣压力焊施工。

(a)焊接钢筋时,用焊接夹具分别钳固上下的待焊接的钢筋,上下钢筋安装时,中心线要一致,不同直径钢筋焊接时,尤其要注意此点。

(b)安放引弧钢丝球:抬起上钢筋,将预先准备好的铁丝球安放在上、下钢筋焊接端面的中间位置,放下上钢筋,轻压钢丝球,使之接触良好。放下上钢筋时,要防止钢丝球被压扁变形。

(c)装上焊剂盒:先在安装焊剂盒底的位置上缠上石棉绳,然后再装上焊剂盒,并往焊剂盒满装焊剂。

(d)接通电源,引弧造渣:按下开关,接通电源,在接通电源的同时将上钢筋微微向上提,引燃电弧,同时进行“造渣延时读数”计算造渣通电时间。“电弧过程”工作电压控制在 35～45 V,电弧通电时间约占整个焊接过程所需通电时间的 3/4。

(e)“电渣过程”:随着造渣过程结束,即时转入“电渣过程”的同时进行“电渣延时读数”,计算电渣通电时间,并降低上钢筋,把上钢筋的端部插入渣池中,徐徐下送上钢筋,直到“电渣过程”结束。“电渣过程”工作电压控制在 18～22 V,电渣通电时间约占整个焊接过程所需通电时间的 1/4。

(f)顶压钢筋,完成焊接:电渣过程结束,迅速下压上钢筋,使其端面与下钢筋端面相互接触,趁热排除熔渣和熔化金属,同时切断焊接电源。

(g)接头焊毕,应稍作停歇(20～30 s),方可卸出焊剂,拆除焊剂盒、石棉绳及夹具;焊接完成后的接头被包围在渣壳中,让接头保温半小时左右。带冷却敲去渣壳后露出带金属光泽的鼓包接头,四周焊包凸出钢筋表面的高度不得小于 4 mm。卸出焊剂时,应将接料斗卡在剂盒下方,回收的焊剂应除去溶渣及杂物,受潮的焊剂烘焙、干燥后,可重复使用。

(h)钢筋焊接完成后,应及时进行焊接接头的检验。

Ⅰ.外观检查:外观检查不合格的接头,应切除重焊;电渣压力焊接头应逐个进行外观检查,要求接头焊包均匀、凸出部分高出钢筋表面 4 mm,不得有裂纹和明显的烧伤缺陷;接头处钢筋轴线偏离不超过 0.1 d,且不大于 2 mm;接头处的弯折角不得大于 30°。

Ⅱ.力学性能检测:从同一楼层中以 300 个同类型接头为一批(不足 300 个时仍为一批),切三个接头进行拉伸试验。

钢筋电渣压力焊焊接过程见表 4-12。

表 4-12　钢筋电渣压力焊焊接过程展示

1.扶直钢筋并夹牢

2.小铁簸箕将焊剂装入　　3.将焊机负极线连接于上钢筋

续表

4.接通电源,引弧造渣

5.摇动手柄下送上钢筋顶锻

6.将焊机负极线取下

7.焊接完成后回收剩余的焊剂

8.拆除焊剂盒、夹具

9.接头被包围在渣壳中

10.带金属光泽的鼓包接头

3. 钢筋机械连接

钢筋机械连接又称为“冷连接”,是继绑扎、焊接之后的第三代钢筋接头技术,具有接头强度高于钢筋母材、速度比电焊快 5 倍、无污染、节省钢材 20%等优点。

机械连接接头可分为镦粗直螺纹接头、带肋钢筋套筒冷挤压接头、滚压直螺纹接头,滚压直螺纹接头又可分为直接滚压直螺纹连接和剥肋滚压直螺纹连接。目前各种连接方式中剥肋滚压直螺纹连接是直螺纹套筒连接(图 4.258)的主流技术。剥肋滚压直螺纹连接:先将钢筋接头纵、横肋剥切处理,使钢筋滚丝前的柱体直径达到同一尺寸,然后滚压成型(图 4.259)。它集剥肋、滚压于一体,成型螺纹精度高,滚丝轮寿命长;螺纹套筒连接能在现场连接直径为 14~40 mm 的同径、异径的竖向、水平或任何倾角的钢筋,它连接速度快、对中性好、工艺简单、安全可靠、节约钢材和能源,可全天候施工。可用于一、二级抗震设防的工业与民用建筑的梁、板、柱、墙、基础的施工,但不得用于预应力钢筋或承受反复动荷载及高应力疲劳荷载的结构。螺纹套筒由专业厂家提供,采用优质碳素钢制作,套筒的受拉承载力不小于钢筋抗拉强度的 1.1 倍。

图 4.258　直螺纹套筒

图 4.259　钢筋螺纹剥肋滚压

(1) 工艺流程。

钢筋下料、切割→剥肋或滚压螺纹→丝头检查、检验→连接钢筋。

(2) 钢筋下料、切割。

钢筋先调直后下料，端头弯曲、马蹄现象严重的应采用砂轮切割机切割(图 4.260)，切口断面与钢筋轴线垂直。

图 4.260　套丝的钢筋必须用无齿锯切割

(3) 剥肋或滚压螺纹。

将待加工的钢筋夹持在夹钳上，开动滚丝机或剥肋滚丝机，扳动给进装置，使动力头向前移动，开始滚丝或剥肋滚丝，待滚压到调整位置后，设备自动停机并反转，将钢筋退出滚压装置，扳动给进装置将动力头复位停机，螺纹即加工完成。

滚压螺纹前，根据钢筋直径安设滚丝轮，根据丝头长度调整丝头长度控制点，设置挡块控制钢筋初始位置。滚压钢筋螺纹时，滚压机应采用水溶性切削润滑液。当气温低于0℃时，应掺入 15%～20%亚硝酸钠，不得用机油作润滑液或不加润滑液滚压螺纹。

(4) 丝头检查、检验。

检查牙形是否饱满，用环规、止通规或卡尺检查丝头的直径与长度是否合格(图 4.261)。加工后毛刺太多的丝头要用钢丝刷刷干净，出现不合格丝头应切去重新加工。在加工合格的钢筋丝头上拧上连接套或保护帽。质检员按加工数量的 10%抽检，对不合格的丝头要重新加工并加倍抽检。抽检后填写滚压直螺纹加工检验记录，钢筋分类存放备用。剥肋滚丝头加工尺寸应符合表 4-13 的规定，丝头加工长度为标准型套筒长度的 1/2，其公差为 $2P$(P 为螺距)；直接滚压直螺纹和挤压滚压直螺纹的加工尺寸应符合相应标准。

图 4.261　丝头长度检查

表 4-13　剥肋滚丝头加工尺寸(mm)

钢筋规格	剥肋直径	螺纹尺寸	丝头长度	完整扣丝圈数
16	15.1±0.2	M16.5×2	22.5	≥8
18	16.9±0.2	M19×2.5	27.5	≥7
20	18.8±0.2	M21×2.5	30	≥8
22	20.8±0.2	M23×2.5	32.5	≥9
25	23.7±0.2	M26×3	35	≥9
28	26.6±0.2	M29×3	40	≥10
32	30.5±0.2	M33×3	45	≥11
36	34.5±0.2	M37.5×3.5	49	≥9
40	35.1±0.2	M41×3.5	52.5	≥10

直螺纹丝扣加工长度应大于 1/2 套筒长度，但外露不超过一个完整丝扣，钢筋切头整齐，不得倾斜或弯曲。

用专用的环规和止规检验丝头尺寸，其环通规应能顺利地旋入，环止规旋入长度不得超过 3 倍螺距。丝头的不完整螺纹不得超过两个螺纹周长(图 4.262)。

图 4.262　环规检验示意图

检查合格的丝头应加以保护，在其端头加戴保护帽或用套筒拧紧，按规格分类堆放整齐(图 4.263、图 4.264)。

图 4.263　完成后戴上保护帽

图 4.264　钢筋套筒安装成品

（5）钢筋连接。

①从下向上依次连接竖向钢筋，从一端向另一端依次连接水平钢筋，不得从两头往中间连接。

②同径或异径正丝扣连接时，将待连接的两根钢筋丝头拧入连接套筒，用两把专用扳手分别卡住待连接钢筋，将钢筋接头拧紧，使两钢筋丝头在套筒中间位置顶紧。

③正反丝扣连接时，将待连接的两根正反丝扣钢筋同时对准正反丝扣连接套筒，用两把专用扳手分别卡住待连接钢筋，再用第三把扳手拧紧连接套筒。

④可调丝头连接时，先将连接套筒和锁紧螺母全部拧入长丝头钢筋端，再把短丝头钢筋端对准套筒，旋转套筒使其从长丝头钢筋头中逐渐退出，并进入短丝头钢筋头中，与短丝头钢筋头拧紧，然后将锁紧螺母旋出，并与套筒拧紧定位。

⑤钢筋连接套筒的混凝土保护层厚度应符合设计要求，且不得小于 15 mm，连接套筒间横向净距不宜小于 25 mm。

⑥完成后用力矩扳手检查其扭紧力矩值是否符合表 4-14 的要求（图 4.265）。当听到扳手发出“咔哒”声时，表明钢筋接头已被拧紧。要求全数检查接头并用红油漆进行标记（图 4.266）。

表 4-14　接头拧紧力矩值

直径/mm	16～18	20～22	25	28	32
拧紧力矩/(N·m)	100	200	250	280	320

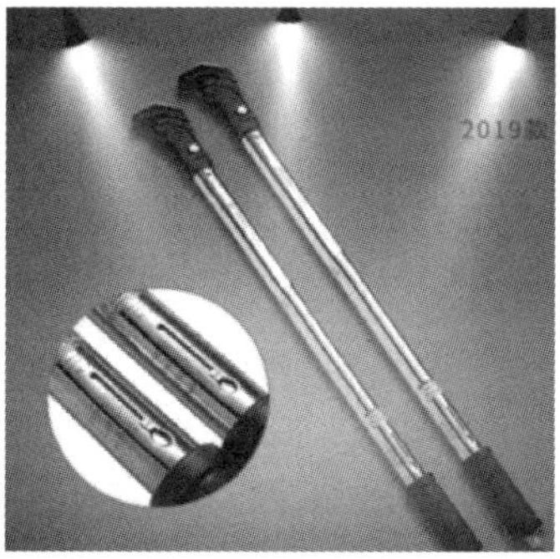

图 4.265　力矩扳手

图 4.266　检查后用红油漆进行标记

思考

1. 钢筋进场时应如何进行检查验收？

2. 对有抗震要求的框架结构纵向受力钢筋进行检验，所得的强度实测值还应符合什么要求？

3. 钢筋现场存放有哪些要求？

4. 给出构件钢筋图，如何计算下料长度？

5. 钢筋配料单的内容包括哪些？

6. 钢筋代换应符合哪些规定？

7. 钢筋除锈有哪些方法？

8. 钢筋现场连接有哪些方式？

9. 电渣压力焊适用于什么情况的钢筋连接？

10. 电渣压力焊对接头外观质量有何要求？

11. 钢筋机械连接有哪几种？钢筋直螺纹套筒连接的施工工艺流程是什么？

12. 基础钢筋绑扎的工艺流程是什么？

13. 绑扎钢筋骨架时，柱和梁的箍筋叠合处的开口方向应如何布置？

任务三　混凝土工程施工

任务目标

掌握混凝土工程施工工艺流程及施工要点。

混凝土现场制备
(自拌混凝土)

混凝土(商品混凝土)浇筑施工过程如下。

1. 一般要求

(1) 施工准备。

①材料。

组成混凝土拌和物的水泥、粗细骨料、拌和用水、掺合料、外加剂等原材料应符合有关规定。

②劳动力。

主要的劳动力工种类别包括钢筋工、木工、混凝土工、电工、机修工等。

③设备与机具。

所需的主要设备与机具包括混凝土运输车、混凝土泵车、平板式振动器、插入式振动器、抹面机等(表 4-15)。

表 4-15　主要设备与机具展示

1.混凝土运输车

2.混凝土泵车

3.混凝土泵

4.混凝土布料杆

5.混凝土泵送管

6.坍落度仪

7.抗渗试模

8.方形试模

9.平板式振动器

10.插入式振动器

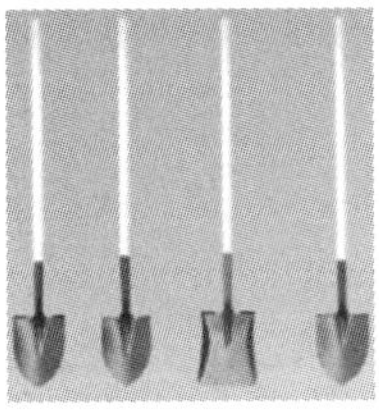

11.铁铲

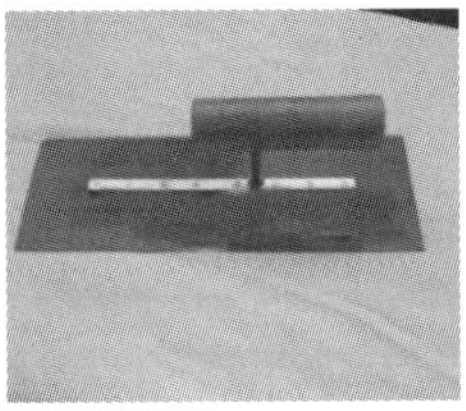

12.钢抹子

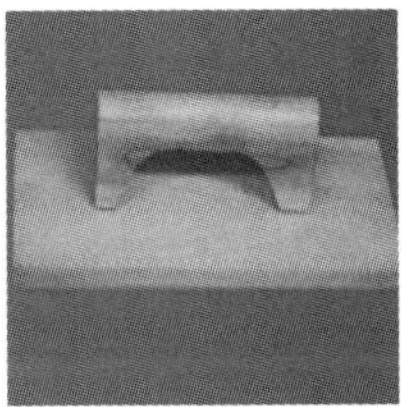

13.木抹子

14.抹面机

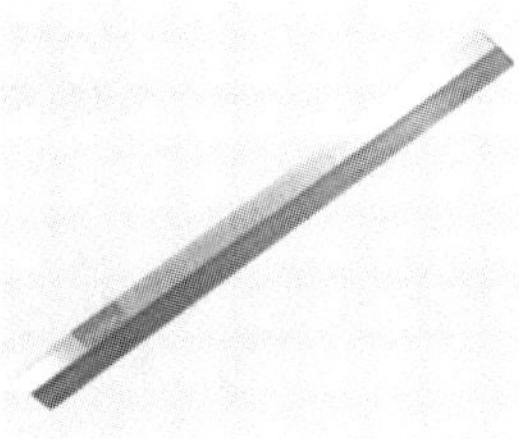

15.铝合金刮尺

16.防雨布

④浇筑施工前应向监理单位提出混凝土浇筑申请(表 4-16)。

表 4-16 混凝土浇筑申请报告单

混凝土浇筑申请报告单

承包单位:中建八局第二建设有限公司

监理单位:桂林南方建设监理有限责任公司　　　　编号:00-00-00024

<table>
<tr><td>工程名称</td><td colspan="3">广西建设职业技术学院实训综合楼</td><td colspan="2">工程单位</td><td>7 层 2～12 轴交 C～H 轴梁板(28、55 m)</td><td>混凝土标号</td><td>C30</td></tr>
<tr><td>申请日期</td><td colspan="3">2022 年 01 月 09 日</td><td colspan="2">预计浇筑时间</td><td>4h</td><td>工程量</td><td>164m³</td></tr>
<tr><td colspan="9">混凝土配合比</td></tr>
<tr><td rowspan="3">混凝土配合比试验编号</td><td rowspan="3">坍落度</td><td colspan="6"></td><td rowspan="3">备注</td></tr>
<tr><td rowspan="2">名称</td><td colspan="2">水泥</td><td rowspan="2">砂</td><td rowspan="2">石</td><td rowspan="2">水</td><td rowspan="2">外加剂</td></tr>
<tr><td>牌号</td><td>标号</td></tr>
<tr><td rowspan="3">SPB21 1245</td><td rowspan="3">195</td><td>规格</td><td>南宁红狮</td><td>P・O42.5</td><td>混合砂</td><td>石(5～31.5mm)</td><td>自来水</td><td>缓凝型聚羧酸高性能减水剂</td></tr>
<tr><td>配合比</td><td colspan="2">1</td><td>4.59</td><td>4.09</td><td>0.73</td><td>0.03</td></tr>
<tr><td>数量</td><td colspan="2">220</td><td>1010</td><td>900</td><td>100</td><td>6.9</td></tr>
<tr><td colspan="2">机具、设备的数量</td><td colspan="7">混凝土输送泵 1 台,振动棒 2 根,磨光机 1 台</td></tr>
<tr><td colspan="2">主要技术工人名单</td><td colspan="7">[redacted]</td></tr>
<tr><td colspan="2">现场值班工长</td><td colspan="7">×××</td></tr>
<tr><td colspan="4">材料准备情况:

已准备就位</td><td colspan="5">模板、钢筋、预埋件验收情况:

已验收合格</td></tr>
<tr><td colspan="4">质检员验收意见:

经检查,各项准备工作已完成,符合要求。

质检员:</td><td colspan="5">监理工程师意见:

同意浇筑

监理工程师:</td></tr>
</table>

本表一式三份,建设、监理、施工单位各留一份。

广西建设工程质量安全监督总站监制

⑤应对商品混凝土随车的发货单进行强度等级、方量、坍落度、出厂时间、车牌号等信息的检查(图 4.267),确保进场的混凝土符合设计要求。

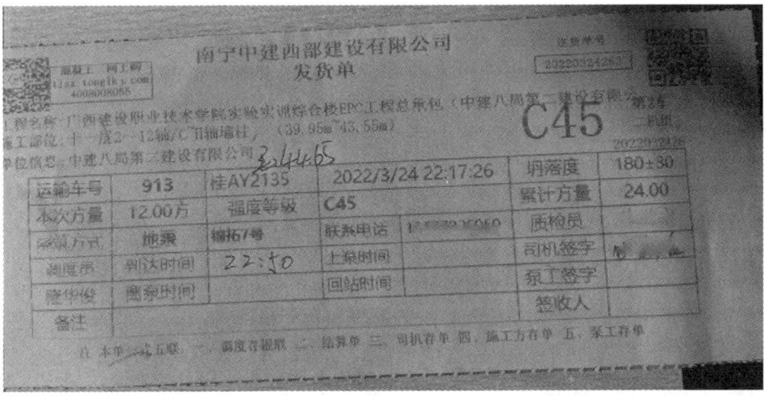

图 4.267　商品混凝土发货单展示

坍落度主要反映混凝土在自重作用下的流动性,如不符合要求则应退货。商品混凝土的坍落度检测应在交货地点进行(图 4.268),检测最低频次可与混凝土试块取样频次相同。

图 4.268　混凝土坍落度检测

关于坍落度的取样与检验,《预拌混凝土》(GB/T 14902—2012)规定:交货检验试样应随机从同一运输车卸料量的 1/4 至 3/4 抽取。坍落度试验应在混凝土运到交货地点的 20 min 内完成。坍落度允许偏差见表 4-17。

表 4-17　坍落度允许偏差

坍落度/mm	坍落度允许偏差/mm
100～160	±20
>160	±30

(2) 混凝土试件的取样与留置。

混凝土试件应在混凝土的浇筑地点随机抽取试样,试件制作应在混凝土运到交货地点的 40 min 内完成,取样与试件留置应符合下列规定:

①每 100 盘且不超过 100 m^3 的同配合比的混凝土,取样不得少于一次;

②每工作班的同一配合比的混凝土不足 100 盘时，取样不得少于一次；

③一次连续浇筑超过 1000 m^3 时，同一配合比的混凝土每 200 m^3 取样不得少于一次；

④每一楼层、同一配合比的混凝土，取样不得少于一次；

⑤每次取样应至少留置一组(3 个)标准养护试件，同条件养护试件的留置组数应根据实际需要确定。

每组三个试件应在浇筑地点的同盘混凝土中取样制作(图 4.269、图 4.270)。标准养护试块和同条件养护的试块送检执行唯一性标识，确保试块强度真实反映实体强度。同条件养护试块应放在相应的结构构件旁边养护，镶贴二维码，标识清楚(图 4.271、图 4.272)。

图 4.269　混凝土试块制作

图 4.270　混凝土抗渗试块

图 4.271　同条件养护的试块

图 4.272　试件二维码

试块拆模后，要在其上标注试块所代表的部位、强度等级、制作日期。

2. 普通混凝土施工工艺

(1) 工艺流程。

混凝土制备与运输→混凝土输送→混凝土浇筑→混凝土振捣→混凝土养护。

(2) 混凝土制备与输送施工要点。

①混凝土制备与运输。

a. 现场拌制混凝土的制备与运输应符合前文的有关规定。

b. 商品混凝土的制备与运输应符合下列规定。

(a)商品混凝土应采用符合规定的搅拌运输车运送，且应符合下列规定。

Ⅰ. 搅拌运输车装料前应用水湿润搅拌筒并排净筒内积水。

Ⅱ. 在运输途中及等候卸料时，应保持运输车搅拌筒正常运转，转速一般为 3～5 r/min，不得停转，防止混凝土离析。

Ⅲ. 搅拌运输车到达施工现场卸料前，搅拌筒应以 8～12 r/min 的转速再转 1～

2 min,然后进行反转卸料。如混凝土拌和物出现离析或分层现象,应使搅拌筒高速旋转,对混凝土拌和物做二次搅拌。

Ⅳ.运送时,严禁往运输车搅拌筒内任意加水。

(b)混凝土的运送频率,应能保证混凝土施工的连续性。

(c)混凝土的运送时间应满足合同要求。当合同未规定时,所运送的混凝土宜在1.5 h内卸料;当最高气温低于25 ℃时,运送时间可延长0.5 h。

(d)当坍落度损失较大不能满足施工要求时,应在运输车搅拌筒内加入适量的与混凝土配合比相同的水泥浆或减水剂进行搅拌,坍落度达到要求后再泵送或浇筑,严禁直接加水。

(e)运输车卸料完毕后,用高压水枪把残留在卸料溜槽和搅拌筒外表面的混凝土冲刷干净,收起并锁紧卸料溜槽。

②混凝土输送。

运输到现场的混凝土可采用输送泵、溜槽、吊车配备斗容器、升降设备配备小车等方式,将混凝土送至浇筑点。为提高效率,保证施工质量,混凝土输送应优先采用管道泵送或汽车泵送方式。

a.混凝土泵送工艺流程。

混凝土输送泵的选择及布置→混凝土输送泵管的选择及铺设、固定→混凝土输送布料设备的选择和布置→混凝土泵送。

(a)混凝土输送泵的选择及布置。

Ⅰ.输送泵的型号及数量应根据施工条件、混凝土浇筑量、混凝土输送高度和距离等因素确定。

Ⅱ.输送泵设置的位置应满足施工要求,场地应平整、坚实、道路畅通,场地空间应满足混凝土运输车进、退场或转弯掉头等要求。

Ⅲ.输送泵应置于平整、坚实的地面上,使其保持水平,并将泵机4个支腿的定位销和安全销锁紧,使轮胎脱离地面或卸掉轮胎。

Ⅳ.输送泵安装就位后应进行调试,确认符合要求后泵机方可启动运转。

(b)混凝土输送泵管的选择及铺设、固定。

Ⅰ.混凝土输送泵管应根据输送泵的型号、拌和物性能、总输出量、单位输出量、输送距离以及粗骨料粒径等进行选择,泵管管径一般可按表4-18选择。

表4-18　泵管管径选择

粗骨料最大粒径	≤25 mm	≤40 mm
泵管管径	≥125 mm	≥150 mm

Ⅱ.输送泵管的铺设及固定要求(图4.273、图4.274):

垂直输送混凝土时,地面水平输送泵管的直管和弯管总的折算长度不宜小于垂直输送高度的20%,且不宜小于15 m;

水平泵管铺设在地面或楼面结构时,应采用支架固定,支架应与结构牢固连接,输送泵管转向处支架应加密;水平泵管铺设在浇筑层模板上时,应采取在泵管下方垫设废旧轮胎或减振支架等减振措施;

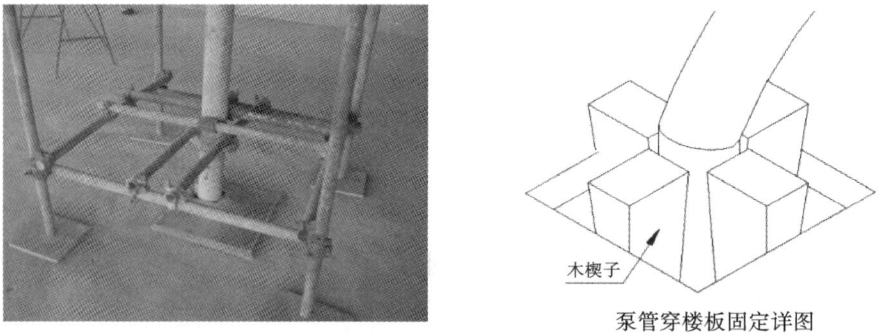

图 4.273　泵管固定(一)

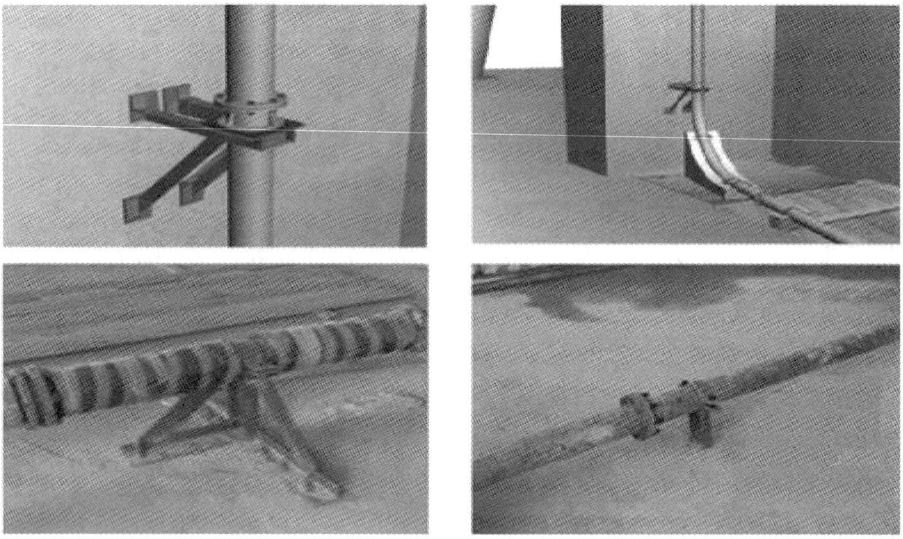

图 4.274　泵管固定(二)

竖向输送泵管应采用支架与现有结构牢固固定,固定间距不大于 3 m;输送泵管、支架严禁直接与脚手架或模架连接;

应经常对混凝土输送泵管的接头、管壁磨损情况及其固定支架进行检查,如出现松动、破损等,应及时进行更换或加固;

输送泵管的设置尚应符合《混凝土结构工程施工规范》(GB 50666—2011)第 8.2.3 条的有关规定。

(c)混凝土输送布料设备的选择和布置。

混凝土输送布料设备的选择和布置应满足下列要求:

Ⅰ.混凝土输送布料设备的选择和布置应符合《混凝土结构工程施工规范》(GB 50666—2011)第 8.2.4 条的有关规定;

Ⅱ.布料设备应安装牢固,且应采取抗倾覆稳定措施;布料设备安装在浇筑层模板支架上时,应对其下方的模板支架采取加固措施;

Ⅲ.当采用汽车泵时,其布料杆作业范围内不得有障碍物、高压线等。

(d)混凝土泵送。

Ⅰ.泵送混凝土前,先把储料斗内的清水从管道泵出,达到湿润和清洁管道的目的,然后向料斗内加与混凝土配合比相同的水泥砂浆(或 1∶2 水泥砂浆),润管砂浆应设置专用管道(或容器)进行回收,不得作为结构混凝土使用,润滑管道后即可开始泵送(图 4.275、图 4.276)。

图 4.275　润管砂浆收集(一)

图 4.276　润管砂浆收集(二)

Ⅱ.场地内应设置泵管清洗装置:采用预装立管(波纹管或 PVC 管)向下排放混凝土余料,以提高工效、保护环境、节约资源(图 4.277～图 4.279);选择合适部位确定管体安装位置,尽量安装在预留洞靠剪力墙位置;将直径不小于 300 mm 的立管分段连接,安装超出作业层 600 mm 为宜,将立管拼接并使用管箍安装固定于结构;在地面设置三级沉淀池(图 4.280),在沉淀池内安装水泵,将水抽至现场施工水箱,进行二次利用,避免浪费水资源;每次混凝土浇筑完成后须及时对沉淀池内的余料进行清理,余料可作为二次结构中过梁、预埋盒等预制构件的骨料,也可破碎后作回填料,防止材料浪费。

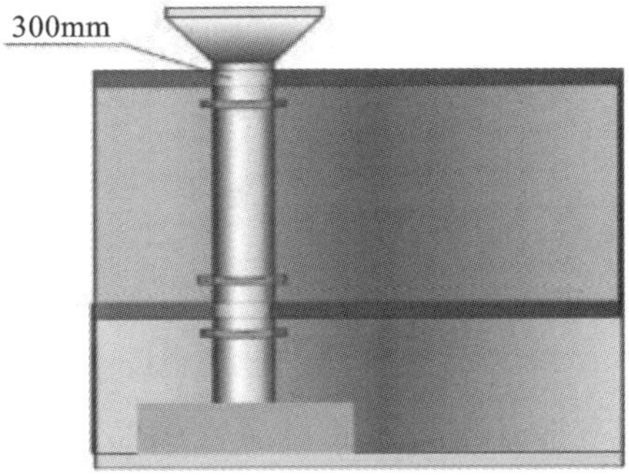

图 4.277　PVC 清洗管顶部效果图

图 4.278　PVC 清洗管中部实物图

图 4.279　PVC 清洗管底部实物图

图 4.280　底部设置沉淀池

Ⅲ.开始泵送混凝土时,泵送速度宜慢,油压变化应在允许值范围内,待混凝土送出管道端部时,速度可逐渐加快,并转入正常速度进行泵送。

Ⅳ.泵送期间,料斗内的混凝土量应保持在缸筒口上 100 mm 到料斗口下150 mm的位置之间,避免吸入空气而造成塞管。如输送管内吸入了空气,应立即反泵吸出混凝土至料斗中重新搅拌,排出空气后再泵送。

Ⅴ.泵送混凝土时,应保证混凝土泵连续工作。若混凝土供应不及时,则降低泵送速度;若泵送暂时中断,搅拌也不应停止。

Ⅵ.当泵送间歇时间超过 45 min 或当混凝土出现离析现象时,应立即用压力水或其他方法冲洗管内残留的混凝土,防止塞管。

Ⅶ.在高温季节泵送混凝土时,宜采用湿草袋覆盖管道,以降低混凝土入模温度。

(3) 混凝土浇筑施工要点。

①一般要求。

a.混凝土浇筑前准备工作:

(a)按要求完成模板支架的验收工作,并检查其稳定性;

(b)应清除模板内或垫层上的杂物,检查和处理模板较大的缝隙(图 4.281);

(c)表面干燥的地基、垫层、模板上应洒水润湿(图 4.282);现场环境温度高于 35 ℃时,宜对金属模板进行洒水降温,且洒水后不得留有积水;

图 4.281 清理干净的楼面模板

图 4.282 润湿模板

(d)浇筑楼板混凝土前,应设置操作平台,不得直接将泵管搁置在钢筋面上,应采用废旧轮胎等垫高泵管(图 4.283),还要设置马凳支架作为操作平台,避免操作人员直接踩踏楼板架立钢筋(图 4.284～图 4.286);

图 4.283 采用废旧轮胎垫高泵管

图 4.284 采用马凳支架作为操作平台

图 4.285　浇筑人员站在马凳支架上操作

图 4.286　浇筑人员站在马凳支架上操作(二)

(e)完成钢筋、预埋件、水电等验收工作,并形成记录。

b.浇筑要点。

(a)混凝土宜一次连续浇筑,混凝土采用分层浇筑时,上层混凝土应在下层混凝土初凝之前浇筑完毕。当不能一次连续浇筑时,可留设施工缝或后浇带分块浇筑,施工缝和后浇带的留设应符合《混凝土结构工程施工规范》(GB 50666—2011)有关规定。

(b)墙柱、梁板结构整体浇筑时,应先浇筑竖向结构构件,后浇筑水平结构构件(图 4.287);梁和板宜同时浇筑,有主次梁的楼板宜顺着次梁方向浇筑,单向板宜沿着板的长边方向浇筑;高度大于 1 m 的梁结构可先单独浇筑混凝土;浇筑区域结构平面有高差时,应先浇筑低区部分,再浇筑高区部分。

(c)混凝土运输、输送入模的过程宜连续进行,从运输到输送入模的持续时间应符合《混凝土结构工程施工规范》(GB 50666—2011)的有关规定。

(d)混凝土浇筑的布料机宜靠近浇筑位置,并应采取减少混凝土下料冲击力的措施,混凝土自布料管下落的自由倾落高度不得超过 3 m,浇筑高度如超过 3 m,则必须采取措施,可使用串筒或溜管、溜槽等装置。

(e)混凝土浇筑后,在混凝土初凝前和终凝前宜分别对混凝土裸露表面进行抹面处理。

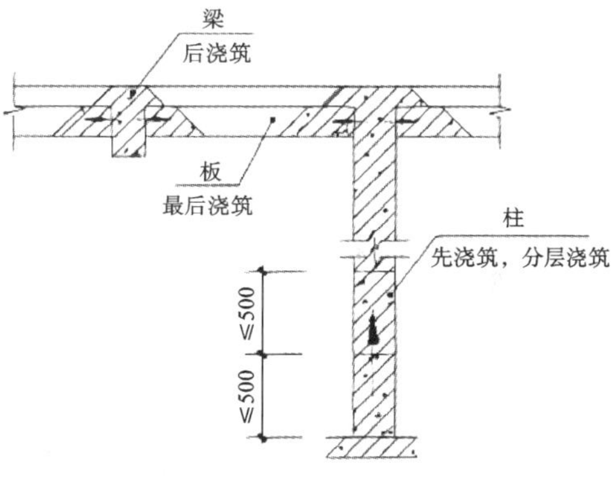

图 4.287　结构构件浇筑示意图

②不同部位的混凝土浇筑施工。

a.基础混凝土施工。

(a)台阶式柱基础混凝土浇筑。

浇筑单阶柱基础时可按台阶分层一次浇筑完毕,不允许留设施工缝,每层混凝土一次卸足,顺序是先边角后中间,务必使混凝土充满模板(图 4.288)。浇筑多阶柱基础时,为防止垂直交角处出现吊脚(上台阶与下口混凝土脱空),可在第一级混凝土捣固下沉 2～3 cm 暂不填平(图 4.289),在继续分层浇筑第二级混凝土时(图 4.290),沿第二级模板底圈将混凝土做成内外坡,外圈边坡的混凝土在第二级混凝土振捣过程中自动摊平,待第二级混凝土浇筑后,将第一级混凝土沿模板顶边拍实抹平。

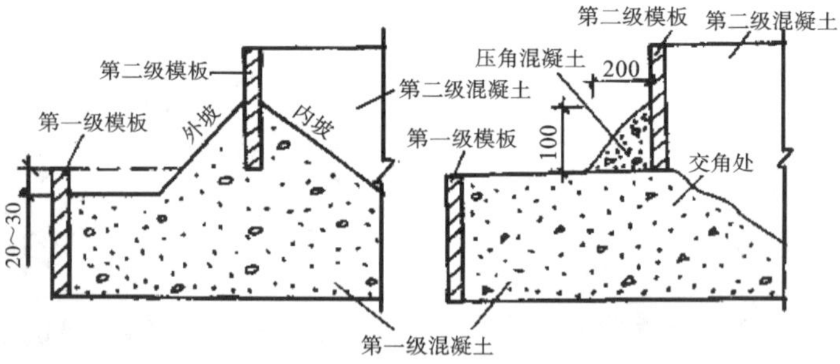

图 4.288 台阶式柱基础混凝土浇筑示意

图 4.289 独立柱基础第一级混凝土浇筑

图 4.290 独立柱基础第二级混凝土浇筑

(b)筏板基础混凝土浇筑。

Ⅰ.分层连续浇筑,每层厚度小于等于 500 mm。

Ⅱ.混凝土浇筑应连续进行,间隔时间小于等于 2 h。

Ⅲ.振捣点布置均匀。振捣点间距 500 mm,每个振捣点振捣时间 20~30 s。

Ⅳ.底板混凝土表层进行二次振捣时,应待第一次振捣完成 20~30 min 并已浇筑出一定面积后,在混凝土初凝前再进行第二次振捣,以提高混凝土的密实度(图 4.291)。

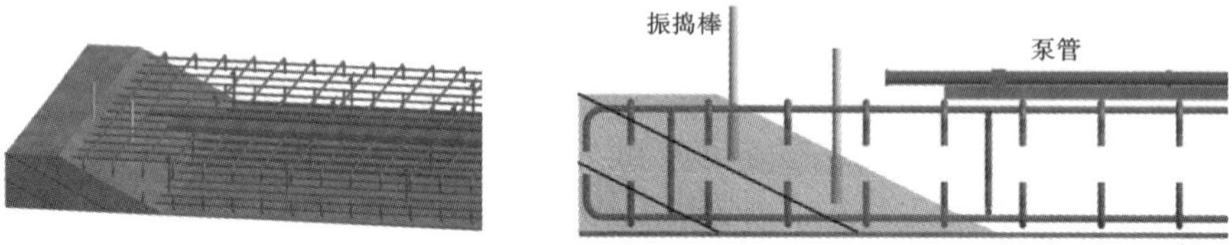

图 4.291 筏板基础混凝土浇筑示意

Ⅴ.当基础为大体积混凝土时,有斜面分层、全面分层、分段分层三种浇筑方法(图 4.292)。大体积混凝土浇筑时应缩短间歇时间,并在前层混凝土初凝之前将次层混凝土浇筑完毕。层间最长的间歇时间不应大于混凝土的初凝时间。浇筑过程中降低混凝土温度差,内外温差控制在 25 ℃内,预防温度及收缩裂缝的产生。

斜面分层:浇筑工作从浇筑层的下端开始,逐渐上移,适用于长度超过厚度 3 倍的基础。

全面分层:第一层全面浇筑完毕,在初凝前回来浇筑第二层,施工时从短边开始,沿长边逐层进行,适用于平面尺寸不大的基础。

分段分层:混凝土从底层开始浇筑,进行一定距离后回来浇筑第二层,依次向前浇筑以上各层,适用于厚度不大但面积或长度较大的基础。

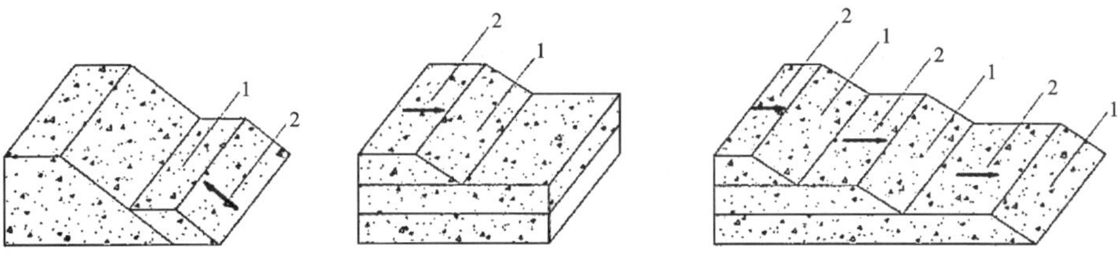

图 4.292　大体积混凝土分层浇筑示意

1—新浇筑混凝土；2—混凝土浇筑方向

b.柱混凝土施工。

(a)柱浇筑高度不超过 3 m 时，可从柱顶直接下料浇筑，超过 3 m 时，应采用串筒或在模板侧面开孔分段下料浇筑；超高柱宜采用分段施工法，每段高度宜为 3～4 m，每段施工完成且强度达到 75%以上时，方可进行下一施工段的施工。

(b)柱混凝土应分层浇筑，每层厚度不大于 350 mm；柱开始浇筑时应在柱底先浇筑一层 50～100 mm 厚的水泥砂浆，防止出现柱底部的烂根现象，柱混凝土应一次性连续浇筑，间隔时间不大于 2 h(图 4.293)。

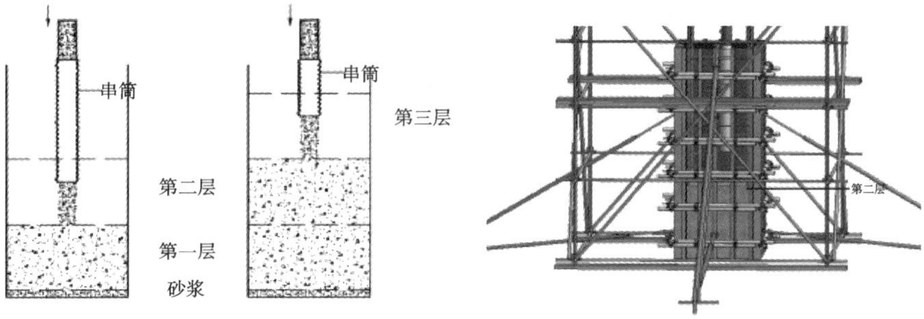

图 4.293　柱混凝土浇筑示意

Ⅰ.振捣应快插慢拔，均匀振捣，无漏振、欠振、过振现象。

Ⅱ.振捣棒不得触动钢筋和预埋件。

Ⅲ.逐点移动、顺序进行、均匀振实、不得遗漏(图 4.294)。

Ⅳ.移动间距小于等于 400 mm，振捣上层时插入下层距离不小于 50 mm(图 4.295)。

Ⅴ.柱截面小于等于 600 mm 时，采用中间振捣；柱截面大于 600 mm 时，采用梅花形振捣。

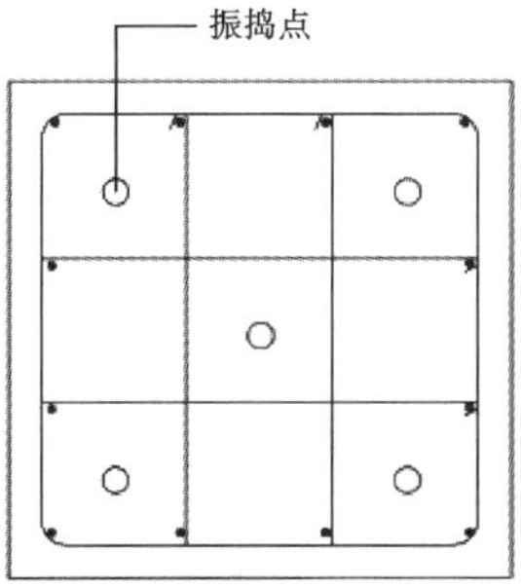

图 4.294　柱混凝土振捣点示意

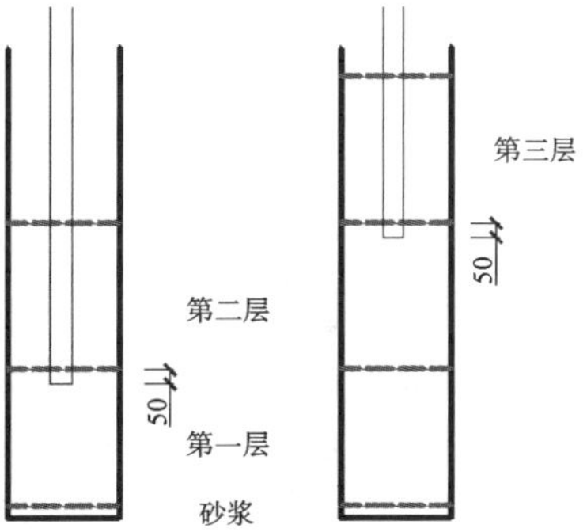

图 4.295　柱混凝土分层振捣示意

(c)控制方法:可制作一把有厘米刻度的木质活动尺,将木尺靠在墙模内壁,通过垫木挂于模板顶端,使刻度尺悬于下方,下悬长度根据计算确定,然后由铁销固定,则混凝土浇筑至尺底(图 4.296)。振捣棒不得触动钢筋和预埋件。除上面振捣外,下面要有人随时敲打模板。浇筑完成后,应随时将伸出的搭接钢筋整理到位。用木抹子按标高线将墙上表面混凝土找平。

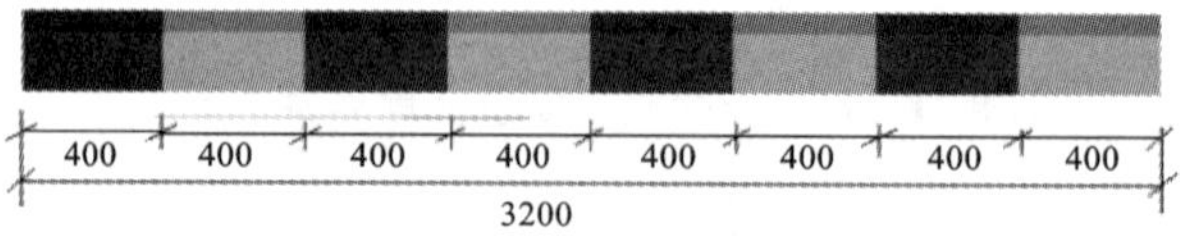

图 4.296 分层浇筑木质活动尺示例

c.剪力墙混凝土施工。

(a)使用溜槽、串筒或挡板将混凝土分层均匀注入模板内,采用长条流水作业,分段浇筑,均匀上升(图 4.297~图 4.299)。

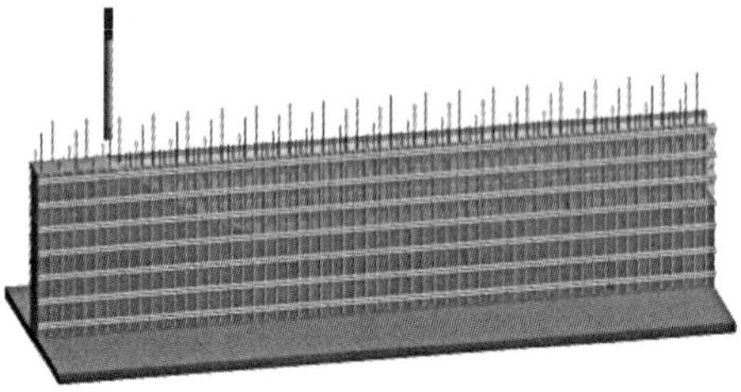

图 4.297 剪力墙混凝土浇筑示意(一)

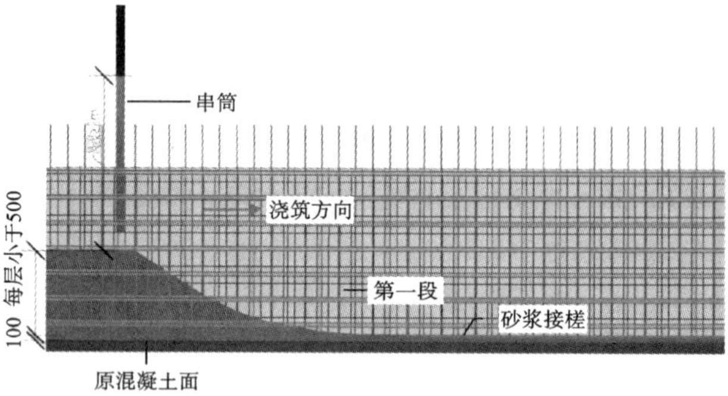

图 4.298 剪力墙混凝土浇筑示意(二)

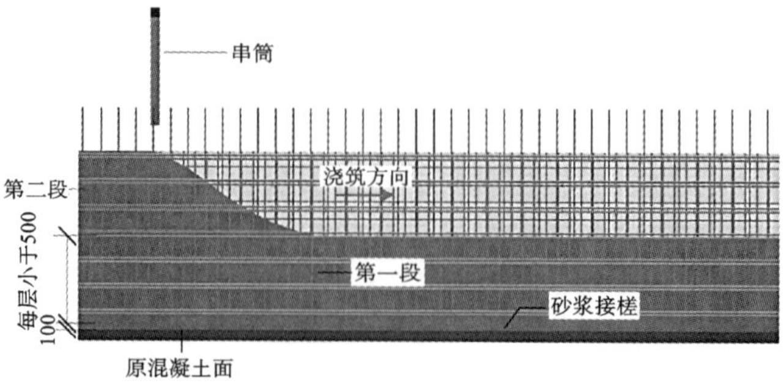

图 4.299 剪力墙混凝土浇筑示意(三)

(b)混凝土分层浇筑,每层厚度不大于 500 mm。

(c)混凝土浇筑应连续进行,间隔时间不大于 2 h。

(d)门窗洞口应两侧对称下料浇筑,以防门窗洞口位移或变形(图 4.300)。窗口位置应注意先浇窗台下部,后浇窗间墙,以防窗台位置出现蜂窝孔洞(图 4.301)。

图 4.300　窗洞位置发生位移

图 4.301　窗洞混凝土浇筑示意

(e)浇筑柱墙时应设置挡板挡料,避免混凝土洒落在板上(图 4.302)。

图 4.302　浇筑剪力墙时设置挡板挡料

(f)振捣要求如下:

Ⅰ.振捣应快插慢拔,均匀振捣,无漏振、欠振、过振现象;

Ⅱ.振捣点根据墙厚排成“单排式”或“梅花式”;

Ⅲ.振捣棒不得触动钢筋和预埋件;

Ⅳ.振捣倾斜表面时,由低向高处振捣;

Ⅴ.移动间距不大于 500 mm,振捣上层时插入下层距离不小于 50 mm(图 4.303、图 4.304)。

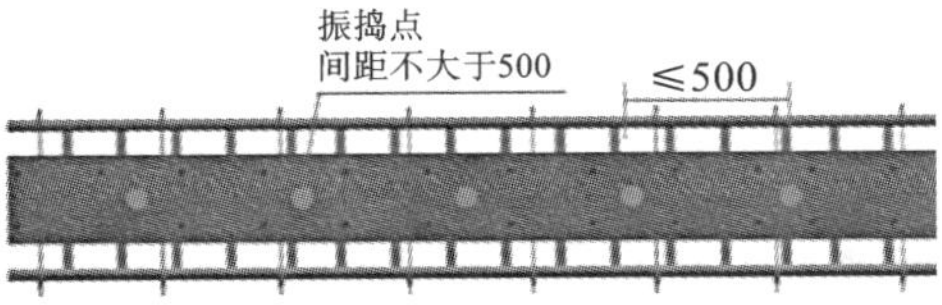

图 4.303　剪力墙混凝土振捣点示意(一)

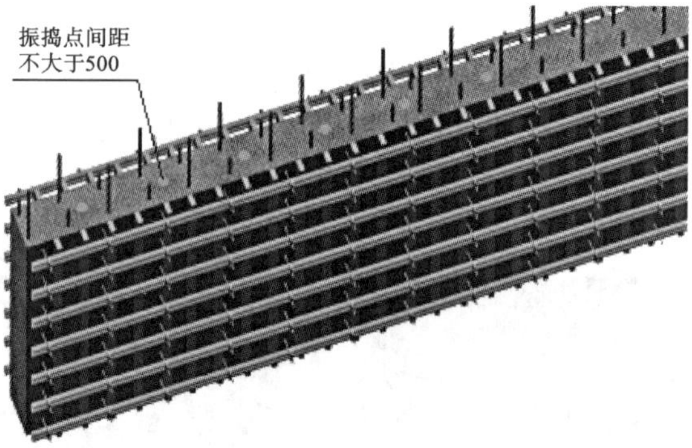

图 4.304　剪力墙混凝土振捣点示意(二)

d. 墙(柱)节点混凝土施工。

柱、墙混凝土设计强度等级高于梁、板混凝土设计强度等级时，混凝土浇筑应符合下列规定(图 4.305、图 4.306)：

(a)应先浇筑高强度等级混凝土，后浇筑低强度等级混凝土；

(b)柱、墙混凝土设计强度比梁、板混凝土设计强度高一个等级时，柱、墙位置梁、板高度范围内的混凝土经设计单位同意，可采用与梁、板混凝土设计强度等级相同的混凝土进行浇筑；

(c)柱、墙混凝土设计强度比梁、板混凝土设计强度高两个等级及以上时，应在交界区域采取分隔措施。分隔位置应处于低强度等级的构件中，且距高强度等级构件边缘不应小于 500 mm(图 4.307～图 4.311)。

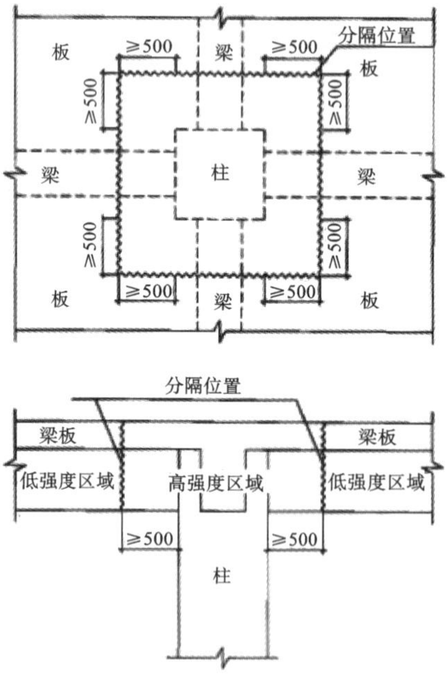

图 4.305　柱、梁、板结构分隔示意图

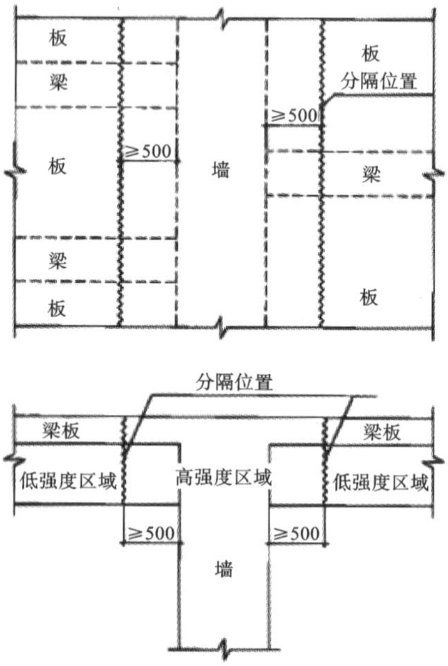

图 4.306　墙、梁、板结构分隔示意图

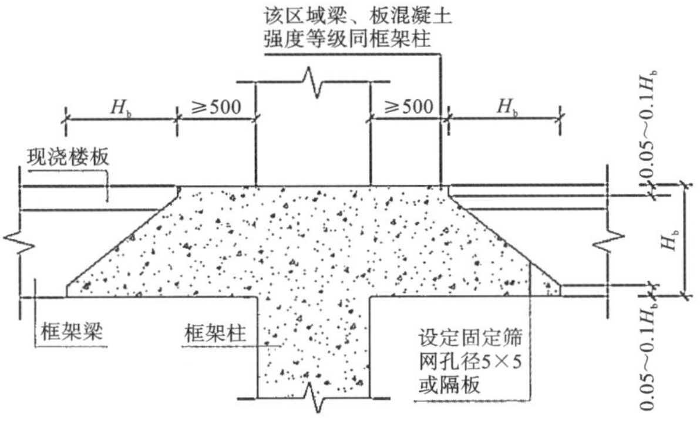

图 4.307　高、低强度等级混凝土拦截示意图

图 4.308　高、低强度等级混凝土拦截三维图

图 4.309　高、低强度等级混凝土拦截实例

图 4.310　高、低强度等级混凝土分离装置

图 4.311　高、低强度等级混凝土拦截成型效果

e. 梁、板混凝土的浇筑施工。

(a)梁、板应同时浇筑(图 4.312),浇筑方法为从一端开始用“赶浆法”,即先浇筑梁,根据梁高分层浇筑成阶梯形,当到达板底位置时再与板的混凝土一起浇筑,随着阶梯形不断延伸,梁、板混凝土浇筑连续向前进行。

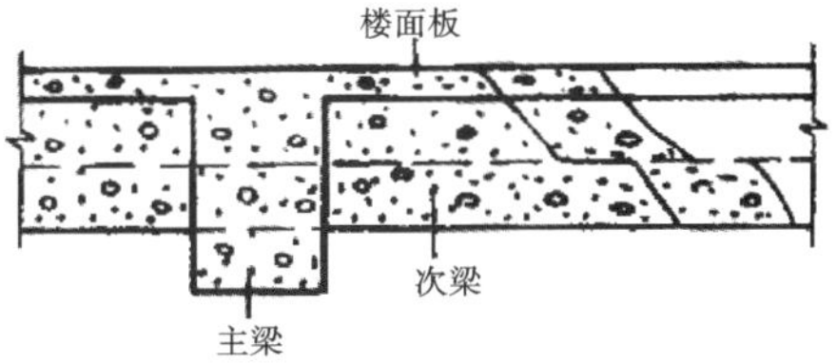

图 4.312　梁、板同时浇筑方法示意

(b)与板连成整体、高度大于 1 m 的梁,允许单独浇筑,其施工缝应留在板底以下 2～3 cm 处。浇捣时,浇筑与振捣必须紧密配合,第一层下料慢些,梁底充分振实后再下第二

层料,用“赶浆法”保持水泥浆沿梁底包裹石子向前推进,每层均应振实后再下料,梁底及梁帮部位要注意振实,振捣时不得触动钢筋及预埋件。梁、板混凝土的浇筑应由远而近,采用多根输送管同时浇筑时,其浇筑速度宜保持一致。混凝土倾倒方向应与浇筑方向相反,如图 4.313 所示。

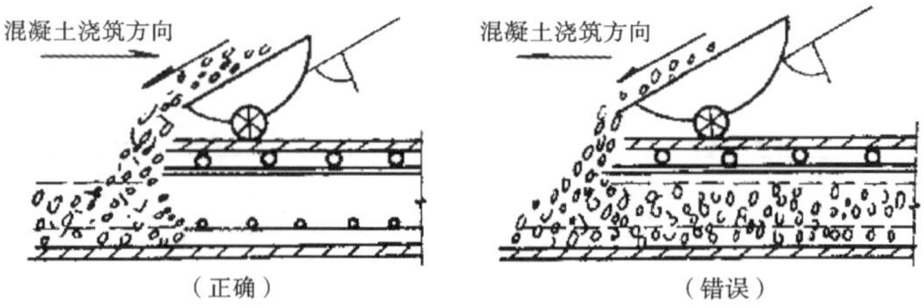

图 4.313 混凝土倾倒方向应与浇筑方向相反

(c)梁柱节点钢筋较密时,浇筑此处混凝土时宜用与小粒径石子相同强度等级的混凝土浇筑,并用小直径振捣棒振捣。

(d)浇筑板混凝土的虚铺厚度应略大于板厚,用平板振捣器垂直浇筑方向来回振捣,厚板可用插入式振捣器顺浇筑方向拖拉振捣,并用铁插尺检查混凝土厚度,振捣完毕后用长木抹子抹平。施工缝处或有预埋件及插筋处用木抹子找平。浇筑板混凝土时不允许用振捣棒摊铺混凝土。

(e)有竖向构件钢筋(墙、柱)时,通过钢筋上的 500 mm 控制点拉线控制,用人工刮杠找平。没有竖向构件钢筋时,屋面或跨度超过 8 m 时,临时点焊 $\phi16$ 以上竖向钢筋,并抄测 500 mm 控制点拉线控制,用人工刮杠找平(图 4.314)。

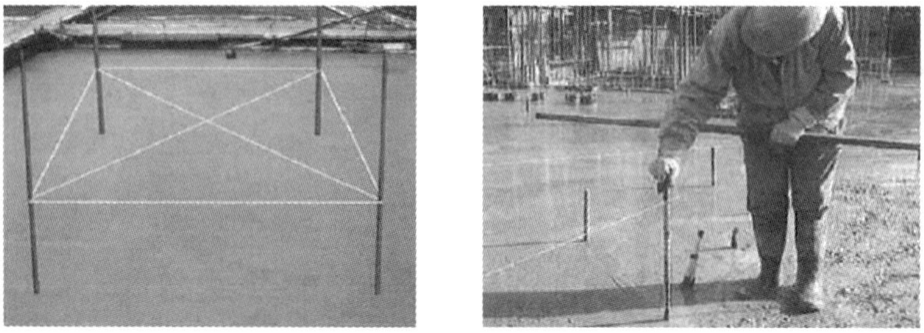

图 4.314 抄测 500 mm 控制点拉线及测量楼面标高

(f)板混凝土收面要求。

Ⅰ.混凝土地面浇捣一次成型,原浆抹平,终凝前打磨压实。如要想有较好的表面观感效果,收面时必须压实拉毛(图 4.315)。

Ⅱ.混凝土收面机械化施工。

混凝土刚开始终凝(以指压有 5 mm 深指印为宜)时,采用地面抹光机从一端按照浇筑的先后顺序对混凝土进行抹面(图 4.316～图 4.319),来回不少于 3 次,将局部不平整、细小龟裂处抹平,对于抹光机抹不到的地方采用铁抹子修整收光,压光后非屋面楼层可进行拉毛处理(图 4.320)。完成效果如图 4.321 所示。

(a) 粗平

(b) 第一次木抹子抹平

(c) 边角及吊模部位的收面工作

(d) 铁抹子伸入吊模下方抹平

(e) 第二次木抹子抹平

(f) 第二次钢抹子压光

图 4.315　混凝土收面过程实例组图

图 4.316　自动整平机

图 4.317　自动抹面(一)

图 4.318　自动抹面(二)

图 4.319　抹光机原浆收光

图 4.320　拉毛处理

图 4.321　完成效果

Ⅲ.以机械代替人工、实现建筑施工自动化与智能化，是建筑施工领域的发展趋势。

Ⅳ.混凝土提浆抹压应主要采用抹光机，抹压前应清除混凝土表面浮浆与泌水，墙、柱边缘及开间过小的房间或结构降板等不适于机械抹压的部位采用人工抹压辅助。

Ⅴ.注意混凝土提浆抹压时间，必须在初凝后、终凝前进行，提浆抹压应以混凝土踩上去有脚印但不下陷为宜，二次压实压平应在提浆以后 30～60 min 进行，并在终凝前完成。混凝土的凝结硬化时间受混凝土设计强度等级、外界温度等因素影响较大，应有专人随时观察凝结情况。

(g)楼梯混凝土浇筑:楼梯段混凝土自下而上浇筑，先振实底板混凝土，达到踏步位置时再与踏步混凝土一起浇捣，不断连续向上推进(图 4.322)，并随时用木抹子(或塑料抹子)将踏步上表面抹平。

图 4.322　楼梯段混凝土施工过程实例组图

③混凝土振捣施工要点。

a.混凝土振捣应采用插入式振动棒、平板振动器或附着振动器，必要时可采用人工辅助振捣。混凝土分层振捣的最大厚度参考表 4-19 的规定。

表 4-19　混凝土分层振捣的最大厚度

振捣方法	混凝土分层振捣最大厚度
振动棒	振动棒作用部分长度的 1.25 倍
表面振动器	200 mm
附着振动器	根据设置方式，通过试验确定

b.插入式振捣器可采用垂直振捣和斜向振捣两种方法(图 4.323、图 4.324)，操作应快插慢拔，插点要均匀排列，逐点移动，顺序进行，不得遗漏，做到均匀振实。移动间距不

大于振捣作用半径的 1.5 倍(一般为 30～40 cm),如图 4.325 所示。振捣上一层时应插入下层 5 cm,以消除两层间的接缝,振捣持续时间以表面出现浮浆为宜。表面振动器(或称平板振动器)的移动间距,应保证振动器的平板覆盖已振实部分的边缘。

图 4.323　垂直振捣

图 4.324　斜向振捣

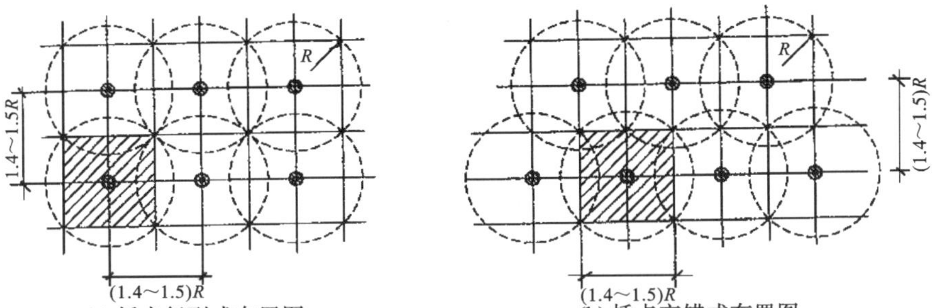

(a) 插点行列式布置图　(b) 插点交错式布置图

图 4.325　振动棒插点布置示意

c. 振捣时每一插点要掌握好振捣时间,时间过短不易振实,过长则会引起离析,应以混凝土表面呈水平、不大量泛气泡、不再显著下沉、不再浮出灰浆为准。边角处多加注意,防止漏振。

d. 上下层振捣的间隔时间不应超过 2 h,预先安排好混凝土下料点位置和振捣棒操作人员数量、振捣插入点位置。

e. 在振捣时注意钢筋密集及洞口部位,为防止漏振,须在洞口两侧同时振捣,振捣棒距洞边 30 cm 以上,下灰高度也要大体一致,大洞口的洞底模板上应开孔,并在此处浇筑振捣。

f. 外部振动器的使用。

外部振动器又称附着式振动器(图 4.326),它通过螺栓或夹钳等固定在模板外部,通过模板将振动传给混凝土拌和物,因而模板应有足够的刚度。它适于振捣断面小且钢筋密的构件,如薄腹梁、箱型桥面梁等及地下密封的结构,以及无法采用插入式振捣器的场合。其有效作用范围可通过实测确定。附着振动器应根据混凝土浇筑高度和浇筑速度,依次从下往上振捣;模板上同时使用多台附着振动器时应使各振动器的频率一致,并应交错设置在相对的模板上(图 4.327)。

图 4.326 附着式振动器

图 4.327 附着式振动器安装实例

g. 特殊部位的混凝土应采取下列加强振捣措施：

(a)宽度大于 0.3 m 的预留洞底部区域应在洞口两侧进行振捣，并应适当延长振捣时间；宽度大于 0.8 m 的洞口底部，应采取特殊的技术措施；

(b)后浇带及施工缝边角处应加密振捣点，并应适当延长振捣时间；

(c)钢筋密集区域或型钢与钢筋结合区域应选择小型振动棒辅助振捣，加密振捣点，并适当延长振捣时间；

(d)基础大体积混凝土浇筑流淌形成的坡顶和坡脚应适时振捣，不得漏振。

(4) 混凝土养护。

①混凝土浇筑后应及时进行保湿养护，施工现场的保湿养护通常采用自然养护的方式进行，即在自然气温条件下(高于+5 ℃)采取覆盖浇水、塑料薄膜喷涂养护剂等方式进行养护。

②混凝土浇筑完毕后的 3～12 h 内用塑料膜、麻袋等对混凝土进行覆盖(图 4.328、图 4.329)，12 h 左右或者踩上混凝土面无脚印时，进行浇水湿润，当气温在 15 ℃以上时，在混凝土浇筑后的最初 3 d，白天至少每 3 h 浇水一次，夜间应浇水两次，以后每昼夜浇水 3 次左右。高温或干燥气候应适当增加浇水次数。当日平均气温低于 5 ℃时，不得浇水。

图 4.328 塑料薄膜覆盖养护

图 4.329 织物覆盖养护

③混凝土的养护时间应符合如下规定：

a. 采用硅酸盐水泥、普通硅酸盐水泥或矿渣硅酸盐水泥配制的混凝土，养护时间不应少于7 d；采用其他品种水泥时，养护时间应根据水泥性能确定；

b. 采用缓凝型外加剂、大掺量矿物掺合料配制的混凝土，养护时间不应少于 14 d；

c. 抗渗混凝土、强度等级 C60 及以上的混凝土，养护时间不应少于 14 d；

d. 后浇带混凝土的养护时间不应少于 14 d。

④基础大体积混凝土裸露表面应采用覆盖养护方式；大面积结构(如地坪、楼板、屋

面等)可蓄水养护,贮水池类工程,可在拆除内模板后,待混凝土达到一定强度后注水养护。

⑤当混凝土表面以内 40～80 mm 位置的温度与环境温度的差值小于 25 ℃时,可结束覆盖养护。覆盖养护结束但尚未到达养护时间要求时,可采用洒水养护方式直至养护结束。

⑥柱、墙混凝土养护方法应符合如下规定:

a. 地下室底层和上部结构首层柱、墙混凝土带模养护时间,不宜少于 3 d;带模养护结束后可采用洒水养护方式继续养护,必要时也可采用覆盖养护或喷涂养护剂等养护方式继续养护;

b. 其他部位柱、墙混凝土可采用洒水养护(图 4.330);必要时,也可采用覆盖养护或喷涂养护剂养护(图 4.331)。

图 4.330　混凝土墙喷水养护

图 4.331　混凝土柱薄膜缠绕养护

⑦除了人工的自然养护,智能化喷淋养护系统也逐步在施工现场得到推广使用(图 4.332)。

图 4.332　智能化喷淋养护系统展示

⑧混凝土浇筑完毕后,施工员应填写混凝土施工记录(表 4-20),并由班组负责人、质量员、专业监理工程师签字确认。

表 4-20　混凝土施工记录示例

商品混凝土施工记录

天气:小雨　　　　气温:14～26 ℃　　　　编号:00-00-c4-005

工程名称	广西建设职业技术学院实验实训综合楼			部位标高	二层 7～10 轴交 B～C 轴独立性
施工单位	中建八局第二建设有限公司	施工班组	混凝土班组		

续表

工程名称	广西建设职业技术学院实验实训综合楼				部位标高	二层7～10轴交B～C轴独立性	
施工单位	中建八局第二建设有限公司		施工班组	混凝土班组			
混凝土强度等级、抗渗等级	C50		配合比报告编号	C50-PT-21-03	当班浇捣量	15	
商品混凝土生产厂名称	南宁中建西部建设有限公司		质量证明文件是否齐全	齐全	实测坍落度	195	
当班开始时间	2021-11-21 20:30:30	停歇时间	1.不间断 2.从 时 分停止至 时 分开始。			当班终止时间	2021-11-21 21:09:00
模板及支撑体系是否已验收,是否牢固,是否可能漏浆		已验收	钢筋及其他预埋预留是否已验收	已验收	原材料是否已验收,并符合要求		已验收
钢筋定位措施是否可靠(板负筋及底筋、柱插筋、预留筋)		是	是否已有控制板标高、厚度的措施	是	模板是否已涂隔离剂,已淋湿,已清理干净		是
振捣方式	机械振捣						
中途有无停歇	/	停歇部位	/		停歇原因	/	
施工缝(如果有)位置	/	施工缝处理方法	/				
标准养护试块	编号:01014AMA08-2111750 28天强度:60.4	同条件养护试块	编号:01014AMA08-2111938 600 (4/DN) · d强度:60.8		拆模判别试块	编号: 拆模时强度:	
初次淋水养护时间	2021-11-22	覆盖养护措施	浇水养护		结束养护时间	2021-12-5	
拆侧模日期	预计:2021-11-23 实际:2021-11-23		拆底模日期		预计:/ 实际:/		

其他情况(包括事故处理、必要时附图):

施工过程中无异常情况发生。

签字栏	混凝土施工班组负责人	施工单位专业质量员	专业监理工程师
	(签名)	(签名)	(签名)

广西建设工程质量安全管理站编制

3．施工缝或后浇带混凝土施工

（1）混凝土施工缝的留设。

由于施工技术或施工组织的原因，结构整体浇筑不能连续，预计间隙时间将超过规定时间时，应预先选定适当的部位留置施工缝，施工缝宜留在结构受剪力较小且便于施工的部位。

①柱子应留水平缝，柱子施工缝宜留在基础的顶面、梁或吊车梁牛腿的下面、吊车梁的上面、无梁楼板柱帽的下面（图 4.333～图 4.335）。

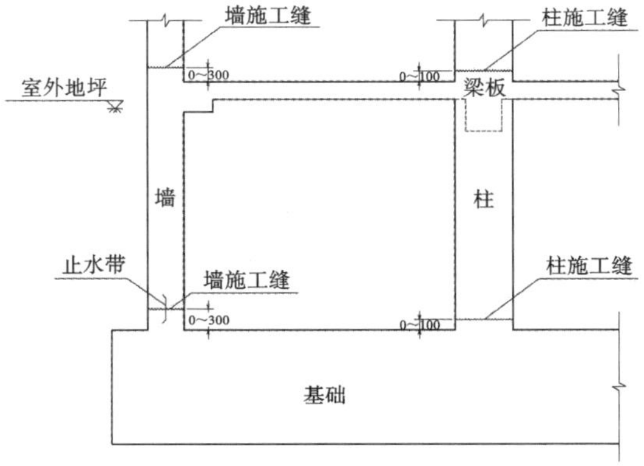

图 4.333　墙、柱施工缝留设位置示意

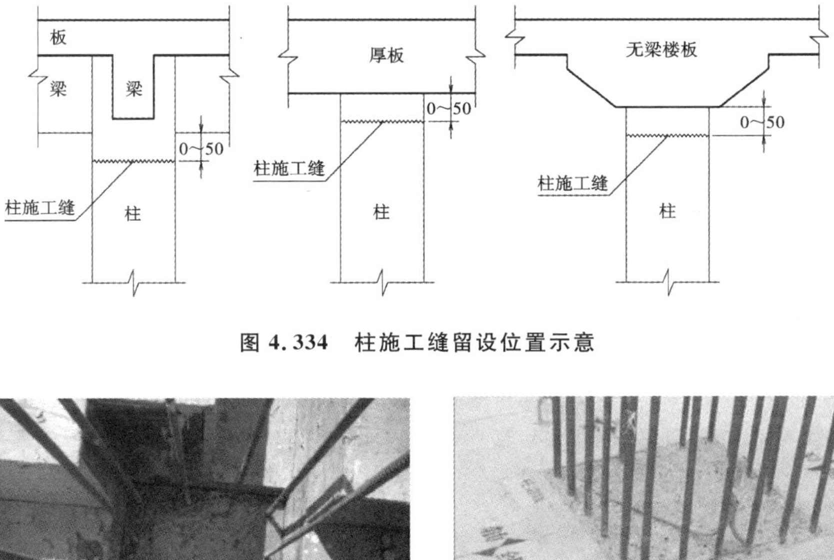

图 4.334　柱施工缝留设位置示意

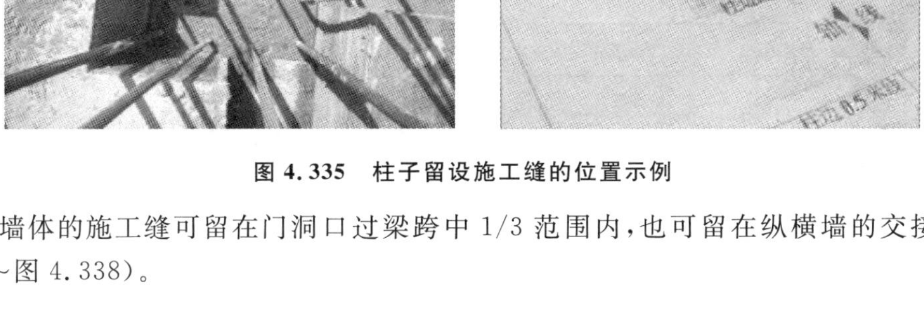

图 4.335　柱子留设施工缝的位置示例

②墙体的施工缝可留在门洞口过梁跨中 1/3 范围内，也可留在纵横墙的交接处（图 4.336～图 4.338）。

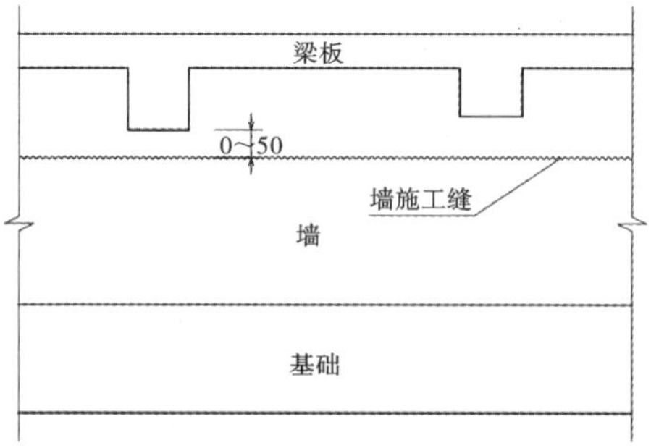

图 4.336　墙施工缝留设位置示意

图 4.337　墙施工缝留设位置示例

③单向板的施工缝留在平行于板的短边的任何位置；双向受力楼板、大体积混凝土结构、拱、蓄水池、多层刚架的施工缝应按设计要求留置(图 4.339～图 4.341)。

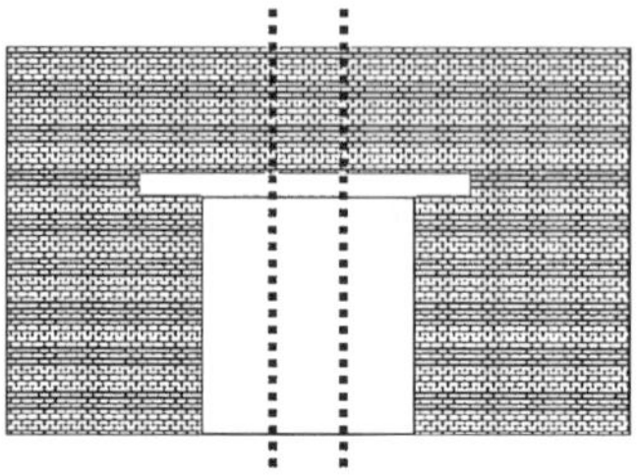

图 4.338　门洞口施工缝留设示意

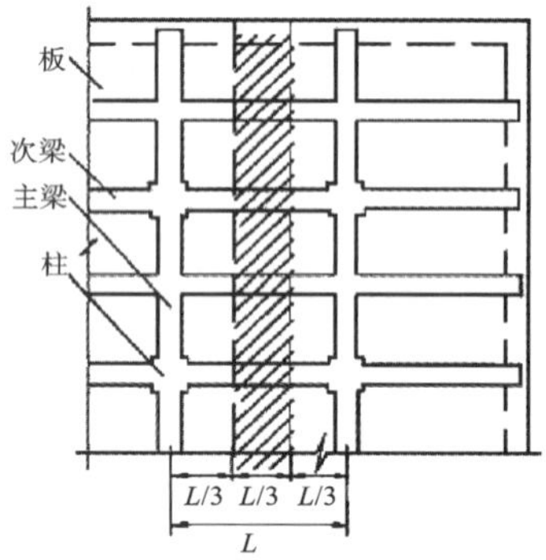

图 4.339　板施工缝留设平面示意

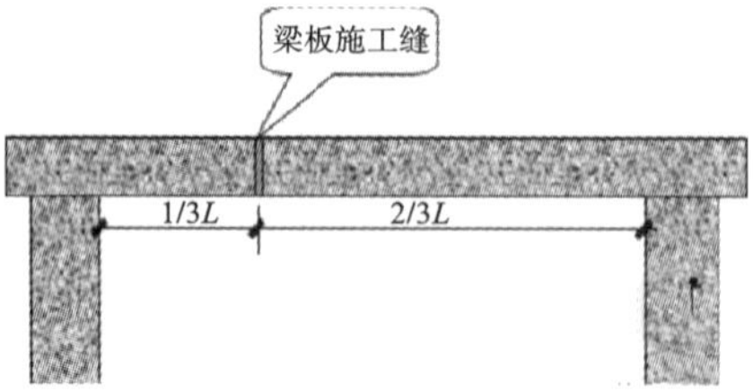

图 4.340　板施工缝留设剖面示意

图 4.341　板施工缝留设示例

④有主次梁的楼板宜顺着次梁方向浇筑，施工缝应留在次梁跨度的中间 1/3 范围内。

⑤楼梯段施工缝留设如图 4.342、图 4.343 所示。

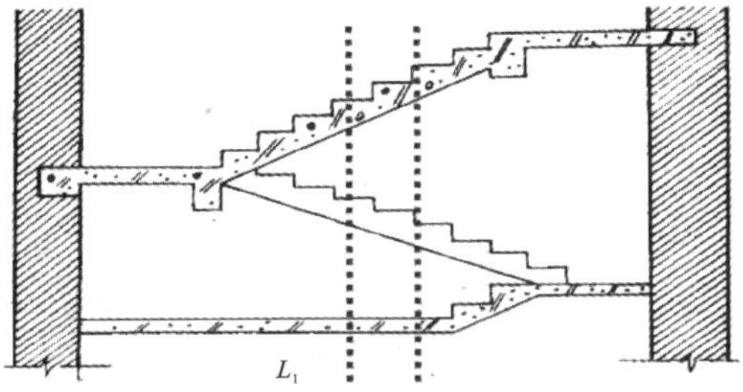

图 4.342　楼梯段施工缝留设示意

图 4.343　楼梯段施工缝实例

(2) 后浇带的留设。

①后浇带是防止因温度变化和混凝土收缩导致结构产生裂缝的有效措施。后浇带的间距由设计确定，一般为 30 m，后浇带的保留时间一般为 40 d，最少应为 28 d，后浇带宽度一般为 70～100 cm，后浇带处的钢筋不宜断开。

②浇筑前，应将接缝处混凝土表面的浮浆、软弱混凝土层及松动的石子清除，露出粗骨料后再用水冲洗干净，且模板不得积水。

③对后浇带处的钢筋位置、间距、保护层等进行调整。

④浇筑前，对钢筋进行隐蔽工程验收，确认符合设计要求并形成记录。

⑤后浇带混凝土浇筑。

a. 浇筑前，应铺设一层与混凝土浆液成分相同的、厚度小于 30 mm 的水泥砂浆。

b. 后浇带混凝土宜使用预拌混凝土，混凝土运抵现场后，采用吊车配备斗容器、升降设备配备手推车等方式，将混凝土输送至浇筑点。

c. 后浇带混凝土浇筑还应符合下列规定。

(a)后浇带封闭浇筑时间应按设计要求，如设计无具体要求，可参考以下要求：

Ⅰ. 伸缩后浇带应根据现浇部分混凝土收缩完成情况而定，一般为施工后 60 d；

Ⅱ. 沉降后浇带一般在建筑物主体结构封顶 28 d 后再浇筑。

(b)已浇筑的混凝土，其抗压强度不应小于 1.2 N/m^2；

(c)后浇带混凝土可采用掺入微膨胀剂等减少收缩量的技术；混凝土强度应比原结构提高一个等级。

4. 梁柱节点混凝土施工

(1) 墙柱混凝土设计强度比梁、板混凝土设计强度高时，应在交界区域采取分隔措施。分隔位置应在低强度等级的构件中，且距高强度等级构件边缘不应小于 500 mm。

(2) 梁钢筋绑扎时，在靠近柱、剪力墙交界部位按 1/2 梁高或不小于 500 mm 处，采用快易收口网或铝线网分隔，收口网成 45°放置。收口网应在梁钢筋绑扎完成前绑扎完成。

(3)施工缝的表面应与梁轴线或板面垂直，不得留斜槎。施工缝宜用木板或钢丝网挡牢。施工缝处须待已浇筑混凝土的抗压强度不小于 1.2 MPa 时，才允许继续浇筑。在施工缝已硬化的混凝土表面浇筑混凝土前，应清除垃圾、杂物及已松动的砂、石和软弱混凝土层,必要时混凝土表面应凿毛,用水冲洗干净并充分湿润,混凝土浇筑前水平施工缝宜先铺 10～15 mm 的水泥砂浆,避免直接靠近缝边下料,振动器由远向缝边接近,在靠近缝边 80～100 mm 处停止振捣,但应加强施工缝接缝的捣实工作,使新旧混凝土紧密结合。

施工缝的处理如图 4.344～图 4.349 所示。

图 4.344　柱施工缝处理

图 4.345　板施工缝处理

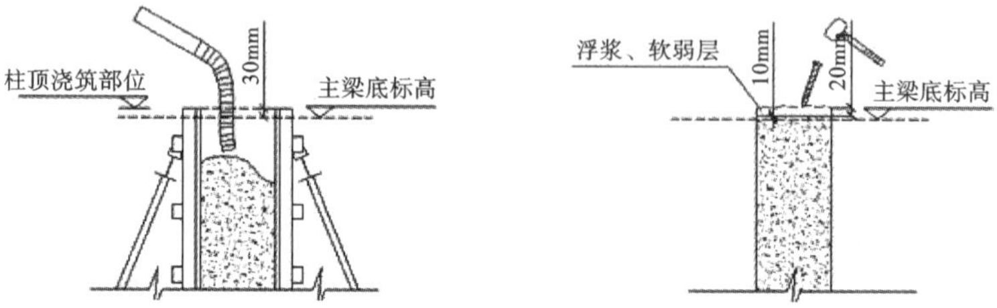

图 4.346　墙柱施工缝留设方法

图 4.347　柱施工缝处理示例

图 4.348　墙柱施工缝处理示例

(4)施工缝处理不当的后果:接缝观感差、不密实、接缝渗漏(图 4.350～图 4.352)。

图 4.349　楼梯施工缝接头处凿毛处理图

图 4.350　楼梯施工缝处理不当的状态

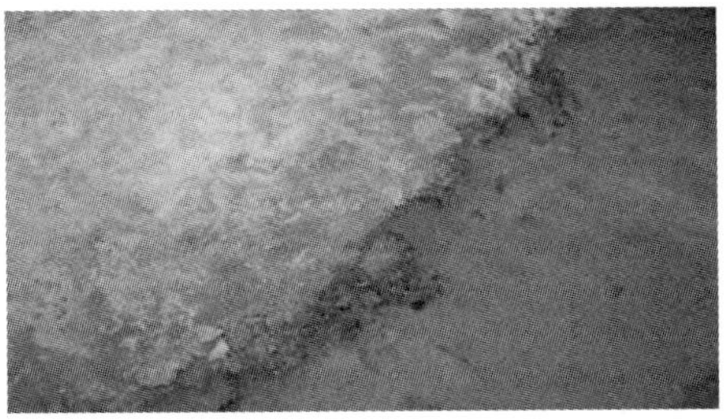

图 4.351　板施工缝留设缺陷示例(一)

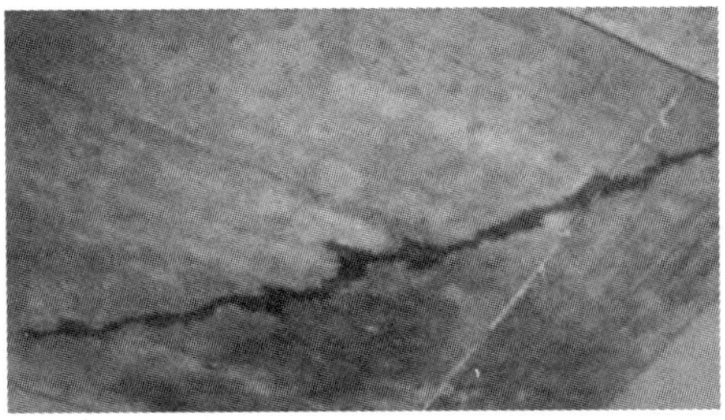

图 4.352　板施工缝留设缺陷示例(二)

5. 大体积混凝土施工工艺

(1) 工艺流程。

施工准备→预拌混凝土搅拌→混凝土运输→混凝土降温管及测温元件布置→混凝土泵送→混凝土浇筑与振捣→混凝土养护(降温、测温)。

(2) 施工要点。

①混凝土浇筑与振捣。

a. 大体积混凝土浇筑除应符合《混凝土结构工程施工规范》(GB 50666—2011)和《大体积混凝土施工标准》(GB 50496—2018)的有关规定,尚应符合下列规定:

(a)混凝土浇筑宜从低处开始,沿长边方向自一端向另一端进行。当混凝土供应量有保障时,亦可多点同时浇筑;

(b)浇筑应在室外气温较低时进行,入模温度不宜大于 30 ℃。冬季施工时,混凝土出罐温度不低于 10 ℃,入模温度不低于 5℃;

(c)混凝土的泌水宜采用抽水机抽吸或在侧模上开设泌水孔排除。

b. 大体积混凝土振捣应符合下列规定:

(a)振捣混凝土时,振捣器移动的间距宜为 400 mm 左右,振捣时间以混凝土表面呈现浮浆和不再沉落为宜,振捣器插入下层混凝土内的深度应不小于 50 mm;

(b)振捣混凝土时,应避免振捣器碰撞或振动地脚螺栓和固定架。当混凝土浇筑到地脚螺栓长度的三分之一时,应对主要螺栓中心线进行一次复查,发现移动应及时纠正,以保证螺栓中心线及标高准确。

②混凝土养护。

大体积混凝土应进行保温、保湿养护,在每次混凝土浇筑完毕后,除应按普通混凝土进行常规养护外,保温养护应符合《混凝土结构工程施工规范》(GB 50666—2011)和《大体积混凝土施工标准》(GB 50496—2018)的有关规定。

③降温。

a. 当出现下列情况之一时,宜采用水冷却方式对大体积混凝土进行降温:

(a)经计算或实测混凝土试样的中心温度大于 80℃;

(b)混凝土的厚度大于 2500 mm、强度等级大于 C50,且混凝土入模温度大于 30℃;

(c)存在其他需要控制混凝土中心温度的情况。

b. 采用预埋冷却水管进行冷却时,应进行水冷却系统参数设计。

c. 水冷却系统温度控制具体需按《大体积混凝土温度测控技术规范》(GB/T 51028—2015)第 6.3 节内容设置(图 4.353)。

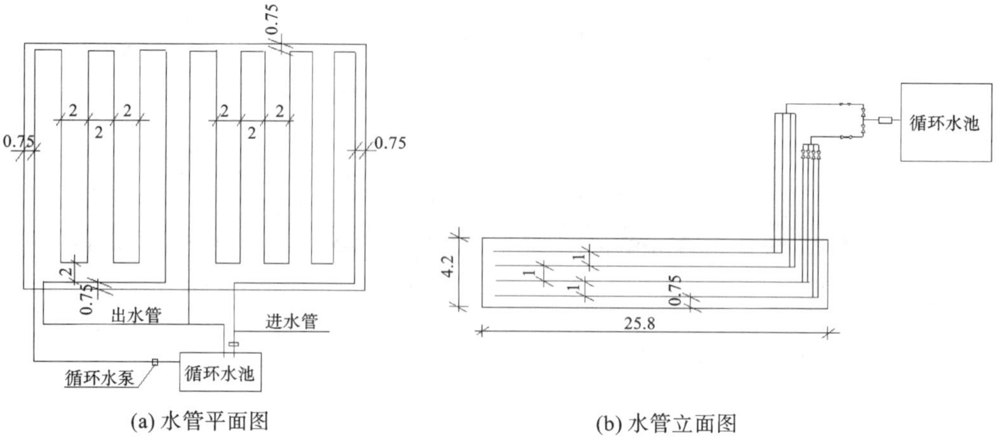

图 4.353 循环水管(水冷却系统)安装布置图例

④测温。

a. 混凝土入模温度宜控制在 5～30 ℃,每台班测量次数不应少于 2 次。

b. 在混凝土浇筑完成后,大体积混凝土浇筑体里表温差、降温速率及环境温度的测试,每昼夜不应少于 4 次。

c. 在养护阶段,混凝土浇筑体里表温差不应超过 25 ℃;结束养护时,混凝土浇筑体表面温度与环境温度差值不应大于 25 ℃。

d. 大体积混凝土浇筑体内监测点的布置应符合《大体积混凝土施工标准》(GB 50496—2018)的有关规定(图 4.354～图 4.356)。

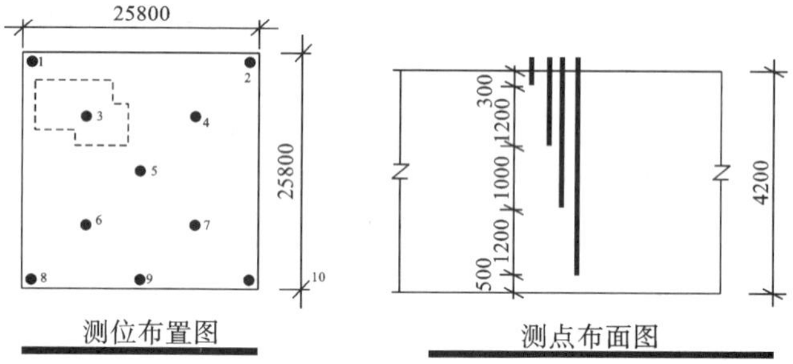

图 4.354 测温点布置示例

图 4.355 循环水管(水冷却系统)安装实例

图 4.356 现场测温数据采集器

6. 冬期、高温与雨期施工

(1) 一般要求。

①根据当地多年气象资料统计，当室外日平均气温连续 5 日稳定低于 5 ℃时，应采取冬期施工措施；当室外日平均气温连续 5 日稳定高于 5 ℃时，可解除冬期施工措施。当混凝土未达到受冻临界强度而气温骤降至 0 ℃以下时，应按冬期施工的要求采取应急防护措施。

②当日平均气温达到 30 ℃及以上时，应按高温施工要求采取措施。

③降雨期间，应按雨期施工要求采取措施。

④混凝土冬期施工应按现行行业标准《建筑工程冬期施工规程》(JGJ/T 104—2011)的有关规定进行热工计算。

(2) 冬期施工。

①冬期施工混凝土原材料控制要点。

a. 配制混凝土宜选用硅酸盐水泥或普通硅酸盐水泥。

b. 混凝土的粗、细骨料中，不得含有冰、雪冻块及其他易冻裂物质。

c. 混凝土用外加剂应符合现行国家标准《混凝土外加剂应用技术规范》(GB 50119—2013)的有关规定。采用非加热养护方法时，混凝土中宜掺入引气剂、引气型减水剂或含有引气组分的外加剂，混凝土含气量宜控制在 3.0%～5.0%。

②冬期施工混凝土配合比控制：应根据施工期间环境气温、原材料、养护方法、混凝土性能要求等经试验确定，并宜选择较小的水胶比和坍落度。

③冬期施工混凝土搅拌操作要点：

a. 液体防冻剂使用前应搅拌均匀，由防冻剂溶液带入的水分应从混凝土拌和水中扣除；

b. 蒸汽法加热骨料时，应加大对骨料含水率测试频率，并应将由骨料带入的水分从混凝土拌和水中扣除；

c. 混凝土搅拌前应对搅拌机械进行保温或采用蒸汽进行加热，搅拌时间应比常温搅拌时间延长 30～60 s；

d. 混凝土搅拌时应先投入骨料与拌和水，预拌后再投入胶凝材料与外加剂。胶凝材料、引气剂或含引气组分的外加剂不得与 60 ℃以上热水直接接触。

④混凝土拌和物的温度控制要求及方法：

a. 混凝土拌和物温度不宜低于 10 ℃，入模温度不应低于 5 ℃；

b. 对预拌混凝土或需远距离输送的混凝土，混凝土拌和物的出机温度可根据运输和输送距离经热工计算确定，但不宜低于 15 ℃。大体积混凝土的入模温度可根据实际情况适当降低；

c. 混凝土运输、输送机具及泵管必要时应采取保温措施。

⑤冬期混凝土浇筑施工操作要点：

a. 混凝土浇筑前，应清除地基、模板和钢筋上的冰雪和污垢，并应进行覆盖保温；

b. 分层浇筑时，分层厚度不应小于 400 mm。在被上一层混凝土覆盖前，已浇筑层的温度应满足热工计算要求，且不得低于 2 ℃；

c. 混凝土浇筑后，对裸露表面应采取防风、保湿、保温措施，对边、棱角及易受冻部位应加强保温。

⑥混凝土结构工程冬期施工养护操作要点：

a. 宜采用保温材料覆盖的蓄热法养护，并应增加结构易受冻部位的保温措施；

b. 当采用蓄热法不能满足要求时，可采用综合蓄热法养护。采用综合蓄热法养护时，混凝土中应掺加具有减水、引气性能的早强剂或早强型外加剂；

c. 对不易保温养护，且对强度增长无具体要求的一般混凝土结构，可采用掺防冻剂的负温养护法进行施工；

d. 在混凝土养护和越冬期间，不得直接对负温混凝土表面进行浇水养护；

e. 混凝土强度未达到受冻临界强度和设计要求时，应继续进行养护。工程越冬期间，应编制越冬维护方案并进行保温维护。

⑦混凝土工程冬期施工管理要求：

a. 应加强对骨料含水率、防冻剂掺量的检查，以及原材料、入模温度、实体温度和强度的监测；

b. 应依据气温的变化，检查防冻剂掺量是否符合配合比与防冻剂说明书的规定，并应根据需要调整配合比；

c. 应按国家现行有关标准的规定对混凝土拌和水温度、外加剂溶液温度、骨料温度、混凝土出机温度、浇筑温度、入模温度以及养护期间混凝土内部和大气温度进行测量；

d. 冬期施工混凝土强度试件的留置除应符合现行国家标准《混凝土结构工程施工质量验收规范》(GB 50204—2015)的有关规定外，尚应增设与结构同条件的养护试件，养护试件不应少于 2 组。同条件养护试件应在解冻后进行试验。

(3) 高温施工。

①高温施工混凝土配合比设计除应符合国家现行相关标准的规定，尚应符合下列规定：

a. 应考虑原材料温度、环境温度、混凝土运输方式与时间对混凝土初凝时间、坍落度损失等性能指标的影响，根据环境温度、湿度、风力和采取温度控制措施的实际情况，对混凝土配合比进行调整；

b. 宜在近似现场运输条件、时间和预计混凝土浇筑作业最高气温的天气条件下，进行混凝土试拌和与试运输的工况试验后，调整并确定适合高温天气条件下施工的混凝土配合比；

c. 宜采用低水泥用量的原则，应选用水化热较低的水泥，并可采用粉煤灰取代部分水泥；

d. 混凝土坍落度不宜小于 70 mm。

②高温施工混凝土搅拌操作要点：

a. 应对粗、细骨料采取遮阳、防晒等措施，必要时，可对粗骨料进行喷雾降温；

b. 对搅拌站料斗、储水器、皮带运输机等采取遮阳、防晒措施；

c. 可采用冷却装置冷却拌和用水，也可在水中加碎冰作为拌和用水的一部分(拌和用水中应扣除其重量)，固体冰应确保在搅拌结束前融化；

d. 原材料入机温度不宜超过表 4-21 的规定；

e. 混凝土拌和物出机温度不宜大于 30 ℃，必要时，可采取掺加干冰等附加温度控制措施。

表 4-21　原材料最高入机温度

原　材　料	最高入机温度/℃
水泥	60
骨料	30
水	25
粉煤灰等掺合料	60

③高温施工混凝土浇筑施工操作要点：

a. 混凝土浇筑前，施工作业面宜采取遮阳措施，并应对模板、钢筋和施工机具采用洒水等降温措施，但浇筑时模板内不得有积水；

b. 混凝土浇筑宜在早间或晚间进行，且宜连续浇筑；

c. 白天烈日下浇筑时，应对混凝土输送管进行遮阳覆盖，并洒水降温；在混凝土浇筑施工作业面可采取挡风、遮阳等措施；

d. 混凝土浇筑入模温度不应高于 35℃；

e. 混凝土浇筑完成后，应及时进行保湿养护，侧模拆除前宜采用带模湿润养护。

（4）雨期施工。

①雨期施工期间材料控制要求：

a. 对水泥和掺合料应采取防水和防潮措施，并应实时监测粗、细骨料含水率；

b. 应选用具有防雨水冲刷性能的模板脱模剂；

c. 必要时应调整混凝土配合比。

②雨期施工期间安全管理措施：

a. 对混凝土搅拌、运输设备和浇筑作业面应采取防雨措施，并应加强施工机械检查维修及接地、接零检测工作；

b. 雨后应检查地基面的沉降，并对模板及支架进行检查后，方可浇筑混凝土；

c. 台风来临前，应对尚未浇筑混凝土的模板及支架采取临时加固措施；台风结束后，应检查模板及支架，已验收合格的模板及支架应重新办理验收手续。

③雨期施工混凝土浇筑控制措施：

a. 大雨、暴雨天气不应进行混凝土露天浇筑。除采用防护措施外，小雨、中雨天气不宜进行混凝土露天浇筑，且不应开始大面积作业面的混凝土露天浇筑；

b. 应采取防止基槽或模板内积水的措施，基槽或模板内在混凝土浇筑分层面出现积水时，应在排水后再浇筑混凝土；

c. 混凝土浇筑过程中，对因雨水冲刷而使水泥浆流失严重的部位，应采取补救措施后再继续施工；

d. 混凝土浇筑完毕后，应及时采取覆盖塑料薄膜等防雨措施。

项目五　预应力混凝土工程施工

任务目标

了解预应力混凝土的工作原理，了解预应力混凝土施工材料和张拉设备，掌握预应力混凝土先张法、后张法施工工艺流程和施工要点。

一、基础知识

预应力混凝土是预先对混凝土或构件施加压应力，使之建立一种人为的应力状态，这种应力的大小和分布规律能有力抵消荷载作用下产生的拉应力，因而使构件在荷载作用下不致开裂，或延迟开裂，或者减小裂缝开展的宽度，以提高构件抗裂度及刚度。我国1950年开始采用预应力混凝土结构，现在无论是在数量还是在结构类型方面均得到了迅速发展。预应力技术已经从开始的单个构件发展到预应力结构新阶段，广泛应用于房屋建筑、道路桥梁等建设领域，如大跨度预应力框架结构、装配式整体预应力板柱结构、预应力薄板叠合板结构、无黏结预应力现浇平板结构等(图 5.1、图 5.2)。

图 5.1　预应力混凝土箱梁

图 5.2　预应力混凝土 T 形梁

1. 预应力混凝土的产生

混凝土抗拉性能很差，因此，钢筋混凝土存在两个不能解决的问题：一是需要带裂缝工作，裂缝不仅使构件刚度下降，而且使钢筋混凝土不能应用于不允许开裂的结构中；二是从保证结构耐久性出发，必须限制裂缝的开展宽度，这使得高强度钢筋无法在钢筋混凝土结构中充分发挥作用，相应地，也不能充分发挥高强度混凝土的作用。

当荷载增加时，只能依靠钢筋混凝土构件中的截面尺寸或采用增加钢筋用量的方法来控制构件的裂缝和变形。这样做既不经济，又必然会增加构件自重。采用预应力混凝土是解决这一矛盾的有效办法。与钢筋混凝土比较，预应力混凝土具有构件截面小、自重轻、刚度大、抗裂度高、耐久性好、材料省等优点。在大开间、大跨度与重荷载的结构中，采用预应力混凝土结构，可减少材料用量，扩大使用功能，综合经济效益好，在现代结构中具有广阔的发展前景。

2. 预应力混凝土的基本原理

预应力混凝土能充分发挥高强度钢材的作用，即在外荷载作用于构件之前，利用钢筋张拉后的弹性回缩，对构件受拉区的混凝土预先施加压力，产生预压应力，使混凝土结构在荷载作用下充分发挥钢筋抗拉强度高和混凝土抗压能力强的特点，可以提高构件的承载能力。当构件在荷载作用下产生拉应力时，首先抵消预应力，然后随着荷载的不断增加，受拉区混凝土才受拉开裂，从而延迟了构件裂缝的出现和限制了裂缝的开展，提高了构件的抗裂度和刚度。

3. 预应力混凝土的种类

(1) 预应力混凝土按施工方式不同，可分为预制预应力混凝土、现浇预应力混凝土和叠合预应力混凝土等。

(2) 预应力混凝土按预加应力的方法不同，可分为先张法预应力混凝土和后张法预应力混凝土。

①先张法是在浇筑混凝土之前，先张拉预应力钢筋，并将预应力筋临时固定在台座或钢模上，待混凝土达到一定强度(一般不低于混凝土设计强度标准值的75%)，混凝土与预应力筋具有一定的黏结力时，放松预应力筋，在预应力的作用下，使构件受拉区的混凝土承受预压应力。先张法适用于构件厂生产中、小型构件(楼板、屋面板、吊车梁、薄腹梁等)，如图5.3、图5.4所示。

图5.3　预应力混凝土板

图5.4　预应力混凝土屋架

②后张法是先制作混凝土构件，并在预应力筋的位置预留出相应孔道，待混凝土强度达到设计规定的数值后，穿入预应力筋进行张拉，并利用锚具把预应力筋锚固，最后进行孔道灌浆(图5.5)。后张法预应力施工不需要台座设备，灵活性大，广泛用于施工现场生产大型预制预应力混凝土构件和就地浇筑预应力混凝土结构。后张法预应力施工又可分为有黏结预应力施工和无黏结预应力施工(图5.6)。后张法预应力施工的特点：不需要台座，但工序多、工艺复杂，锚具不能重复利用。

图5.5　后张法预应力混凝土

图5.6　无黏结预应力混凝土

二、施工准备

(一) 预应力混凝土施工材料

1. 预应力筋

预应力筋是在结构构件使用前,通过张拉后回缩对构件混凝土施加预压应力的单根或成束的预应力钢丝、钢绞线或钢筋等材料。

(1) 预应力钢丝。

①冷拉钢丝:经冷拔后直接用于预应力混凝土的钢丝(图 5.7)。这种钢丝存在残余应力,屈强比低,伸长率小,仅用于铁路轨枕、压力水管、电杆等。

②消除应力钢丝:分为普通松弛型、低松弛型两类,目前工程中多使用低松弛型消除应力钢丝。消除应力钢丝(低松弛型)是冷拔后在张力状态下经回火处理的钢丝,经稳定化处理后,弹性极限和屈服强度提高,应力松弛率大大降低,这种钢丝已逐步在房建、桥梁、市政、水利等大型工程中推广应用(图 5.8)。

图 5.7 预应力冷拉钢丝

图 5.8 消除应力钢丝

③刻痕钢丝:用冷轧或冷拔方法使钢丝表面产生周期性变化的凹痕或凸纹的钢丝(图 5.9)。钢丝表面凹痕或凸纹可增加与混凝土的握裹力。这种钢丝可用于先张法预应力混凝土构件。

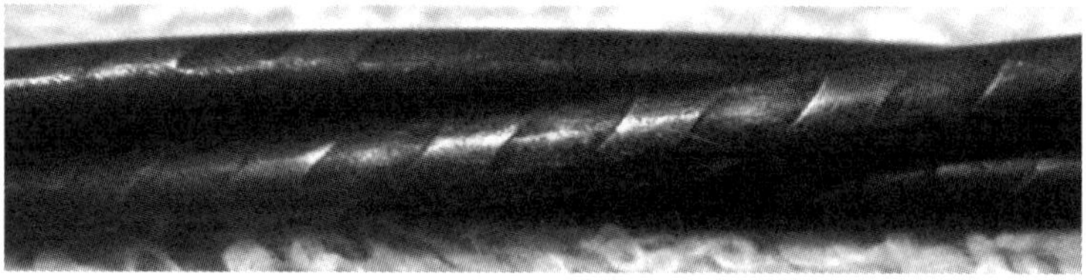

图 5.9 刻痕钢丝

④螺旋肋钢丝:通过专用拔丝模冷拔方法使钢丝表面沿长度方向上产生规则间隔的肋条的钢丝,钢丝表面螺旋肋可增加与混凝土的握裹力(图 5.10)。这种钢丝可用于先张法预应力混凝土构件。

⑤预应力钢丝的验收。

a. 外观检查。

预应力钢丝的外观质量应逐盘检查。钢丝表面不得有油污、氧化铁皮、裂纹或机械损伤,但表面上允许有浮锈和回火色。镀锌钢丝的锌层应光滑均匀,无裂纹。钢丝直径应检查 10%盘,且不得少于 6 盘。

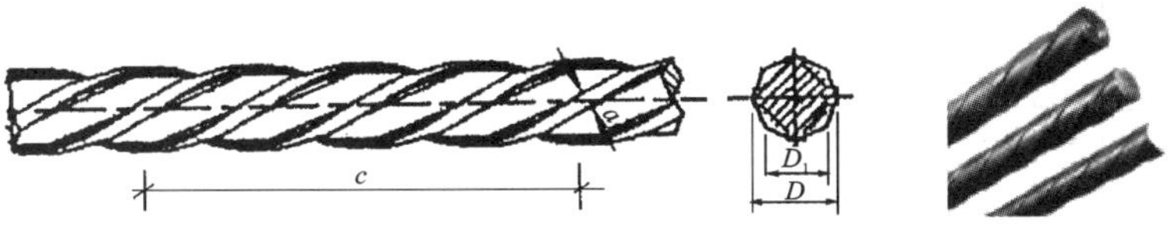

图 5.10　螺旋肋钢丝

b. 力学性能试验。

钢丝的力学性能应抽样试验。每验收批应由同一牌号、同一规格、同一生产工艺制度的钢丝组成，质量不大于 60 t。钢丝外观检查合格后，从同一批中任意选取 10%盘(不少于 6 盘)钢丝，每盘在任意位置截取两根试件，一根做拉伸试验(抗拉强度与伸长率)，一根做反复弯曲试验。如有某一项试验结果不符合现行国家标准《预应力混凝土用钢丝》(GB/T 5223—2014)的要求，则该盘钢丝为不合格品；并从同一批未经试验的钢丝盘中再取双倍数量的试件进行复验，如仍有一项试验结果不合格，则该批钢丝判为不合格品，或逐盘检验取用合格品。

对设计文件有指定要求的疲劳性能、可镦性等，应再进行抽样试验。

(2) 预应力钢绞线。

预应力钢绞线是由多根冷拉钢丝在绞线机上呈螺旋形绞合，并经消除应力、回火处理而成的(图 5.11)。预应力钢绞线按捻制结构不同可分为 1×2 钢绞线、1×3 钢绞线和 1×7 钢绞线等，1×7 钢绞线是由 6 根外层钢丝围绕着一根中心钢丝(直径加大 2.5%)绞成，用途广泛。1×2 钢绞线和 1×3 钢绞线仅用于先张法预应力混凝土构件。

图 5.11　预应力钢绞线

钢绞线根据深加工要求不同，又可分为标准型钢绞线、刻痕钢绞线和模拔钢绞线。

①标准型(低松弛)钢绞线的力学性能优异、质量稳定、价格适中，是工程中用途广、用量大的一种预应力筋。

②刻痕钢绞线是由刻痕钢丝捻制成的钢绞线，可增加钢绞线与混凝土的握裹力。

③模拔钢绞线是在捻制成型后，再经模拔处理制成的。这种钢绞线内的钢丝在模拔时被压扁，各根钢丝之间为面接触，钢绞线的密度提高。在截面面积相同时，该钢绞线的外径较小，可减少孔道直径；在相同直径的孔道内，可使钢绞线的数量增加，而且它与锚具的接触面较大，易于锚固。

图 5.12　无黏结预应力钢绞线

④无黏结预应力钢绞线，是用防腐润滑油脂涂敷在钢绞线表面上，并外包塑料护套制成的(图 5.12)。它主要用于后张预应力混凝土结构中的无黏结预应力筋。

⑤预应力钢绞线的验收。

a. 外观检查。

钢绞线的外观质量应逐盘检查。钢绞线的捻距应均匀，切断后不松散，其表面不得带有油污、锈斑或机械损伤，但允许有浮锈和回火色。镀锌或涂环氧钢绞线、无黏结钢绞线等涂层表面应均匀、光滑、无裂纹、无明显褶皱。无黏结预应力筋的油脂重量与护套厚度，应按 60 t 为一批，抽取 3 个试件进行检验。

b. 力学性能试验。

钢绞线的力学性能，应抽样检验。每验收批应由同一牌号、同一规格、同一生产工艺制度的钢绞线组成，质量不大于 60 t。

钢绞线外观检查合格后，从同一批中任意选取 3 盘钢绞线，每盘在任意位置截取一根试件进行拉伸试验，如有某一项试验结果不符合现行国家标准《预应力混凝土用钢绞线》(GB/T 5224—2014)的要求，则不合格盘报废；再从未试验过的钢绞线中取双倍数量的试件进行复验，如仍有一项不合格，则该批钢绞线判为不合格品。

对设计文件有指定要求的疲劳性能、偏斜拉伸性能等，应再进行抽样试验。

(3) 精轧螺纹钢筋。

①精轧螺纹钢筋是一种用热轧方法在整根钢筋表面上轧出不带纵肋而横肋为不连续的梯形螺纹的直条钢筋(图 5.13)。该钢筋在任意截面处都能拧上带内螺纹的连接器进行接长，或拧上特制的螺母进行锚固，无须冷拉与焊接，施工方便，主要用作房屋、桥梁与构筑物等的直线筋。

图 5.13 精轧螺纹钢筋

②精轧螺纹钢筋的验收。

a. 外观检查。

精轧螺纹钢筋的外观质量应逐根检查。钢筋表面不得有锈蚀、油污、横向裂纹、结疤，允许有不影响钢筋力学性能、工艺性能以及连接的其他缺陷。

b. 力学性能试验。

精轧螺纹钢筋的力学性能应抽样检验。每验收批质量不大于 60 t。从中任取两根，每根取两个试件分别进行拉伸和冷弯试验。当有一项试验结果不符合有关标准规定时，应取双倍数量试件重做试验。复验结果仍有一项不合格时，该批高强精轧螺纹钢筋判为不合格品。

(4) 预应力筋存放。

预应力筋运输与储存时，应满足下列要求。

①成盘卷的预应力筋，宜在出厂前加防潮纸、麻布等材料包装。

②装卸无轴包装的钢绞线、钢丝时，宜采用 C 形钩或三根吊索，也可采用叉车。每次吊运一件，避免因碰撞而损害钢绞线。

③在室外存放时，不得直接堆放在地面上，必须采取垫枕木并用苫布覆盖等有效措

施，防止雨露和各种腐蚀性气体、介质的影响。

④长期存放应设置仓库，仓库应干燥、防潮、通风良好、无腐蚀气体和介质。

⑤如储存时间过长，宜用乳化防锈剂喷涂预应力筋表面。

2. 锚(夹)具

预应力筋用锚具、夹具和连接器按锚固方式不同，可分为夹片式(单孔与多孔夹片锚具)、支承式(激头锚具、螺母锚具等)、锥塞式(钢质锥形锚具等)和握裹式(挤压锚具、压花锚具等)四类。锚具是后张法结构或构件中为保持预应力筋拉力并将其传递到混凝土上的永久性锚固装置。夹具是先张法构件施工时为保持预应力筋拉力并将其固定在张拉台座(或钢模)上的临时性锚固装置。

(1) 单孔夹片锚具：由锚环与夹片组成(图 5.14、图 5.15)。夹片的种类很多，按片数可分为三片式或两片式。预应力筋锚固时夹片自动跟进，不需要顶压。单孔夹片锚具适用于锚固单根无黏结预应力钢绞线，也可用作先张法夹具。

图 5.14　单孔夹片锚具

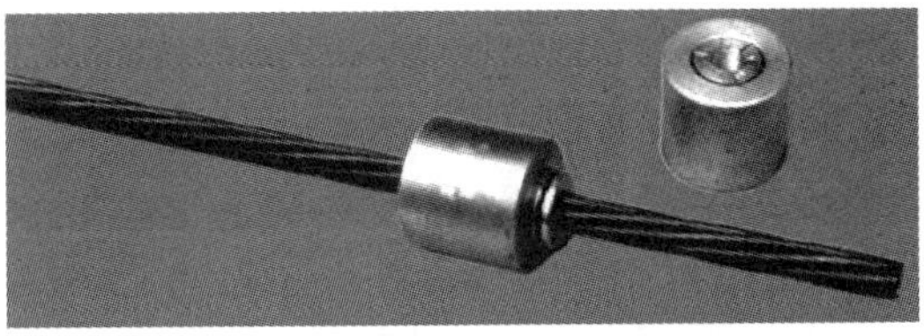

图 5.15　固定端单孔夹片锚具

(2) 多孔夹片锚具：由多孔夹片锚具、锚垫板、螺旋筋等组成(图 5.16)。这种锚具是在一块多孔的锚板上，利用每个锥形孔装一副夹片，夹持一根钢绞线(图 5.17)。多孔夹片锚固体系在后张法有黏结预应力混凝土结构中应用最广。

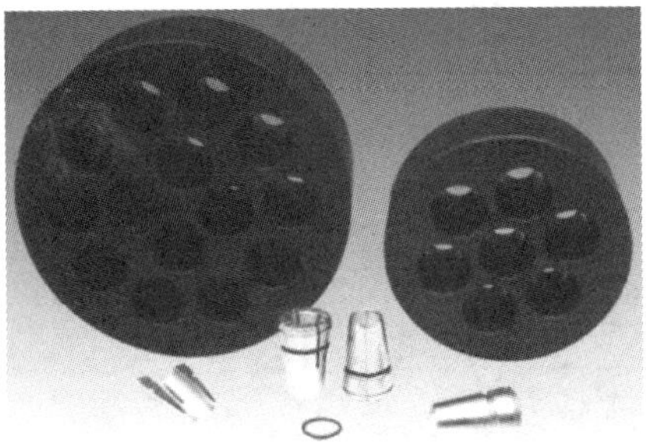

图 5.16　多孔夹片锚具

图 5.17　夹片式锚具的组装

(3) 扁型夹片锚具：由扁型夹片锚具、扁型锚垫板等组成，主要适用于楼板、城市低高度箱梁，以及桥面横向预应力等(图 5.18)。

(4) 固定端锚具。

固定端锚具有以下几种类型：挤压锚具、压花锚具、环形锚具等。

①挤压锚具：是在钢绞线端部安装异形钢丝衬圈和挤压套，利用专用挤压机将挤压套挤过模孔后，使其产生塑性变形而握紧钢绞线，形成可靠的锚固(图 5.19)。挤压锚具既可埋在混凝土结构内，也可安装在结构之外，对有黏结预应力钢绞线、无黏结预应力钢绞线都适用，应用范围最广。

图 5.18　扁型夹片锚具

图 5.19　挤压锚具

②压花锚具:利用专用压花机将钢绞线端头压成梨形散花头的一种握裹式锚具(图 5.20)。压花锚具仅用于固定端空间较大且有足够的黏结长度的情况,但成本最低。

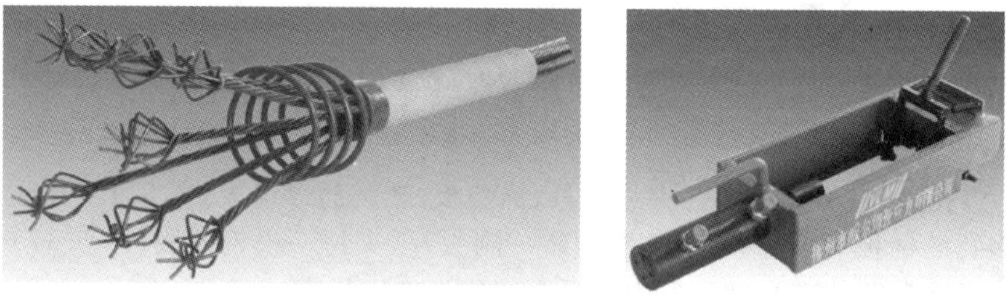

图 5.20　压花锚具及压花机

③环形锚具:应用于圆形结构的环状钢绞线束,或用在两端不能安装普通张拉锚具的钢绞线上(图 5.21)。

图 5.21　环形锚具

(5)镦头锚具:镦头锚体系可张拉 ϕP5、ϕP7 高强钢丝束,常用镦头锚分为 A 型和 B 型,A 型由锚杯和螺母组成,用于张拉端;B 型为锚板,用于固定端(图 5.22)。预应力筋采用钢丝镦头器镦头成型,配套张拉使用 YDC 系列穿心式千斤顶,主要用于后张法施工中。

图 5.22　镦头锚具

(6) 精轧螺纹钢锚具：由螺母和垫板组成，可锚固 ϕ25、ϕ32 高强精轧螺纹钢筋，主要用于先张法、后张法施工的预应力箱梁、纵向预应力及大型预应力屋架(图 5.23)。

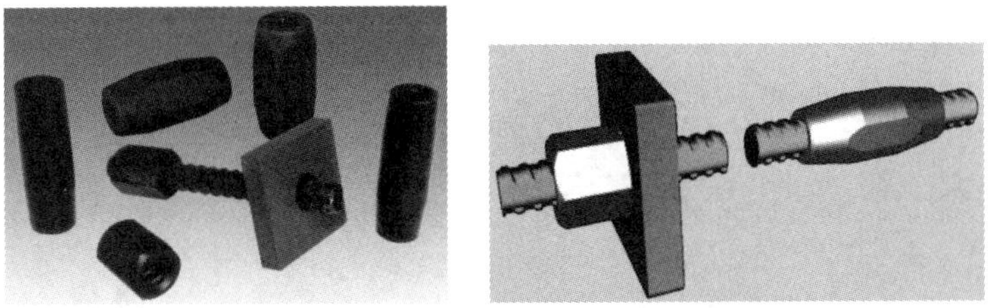

图 5.23　精轧螺纹钢锚具、钢筋连接器

(7) 先张法的夹具：分为将预应力筋锚固在台座上的锚固夹具和张拉时夹持预应力筋用的夹具。锚固夹具与张拉夹具都是重复使用的工具。夹具的种类繁多，张拉端如偏心式夹具、压销式夹具等(图 5.24、图 5.25)。

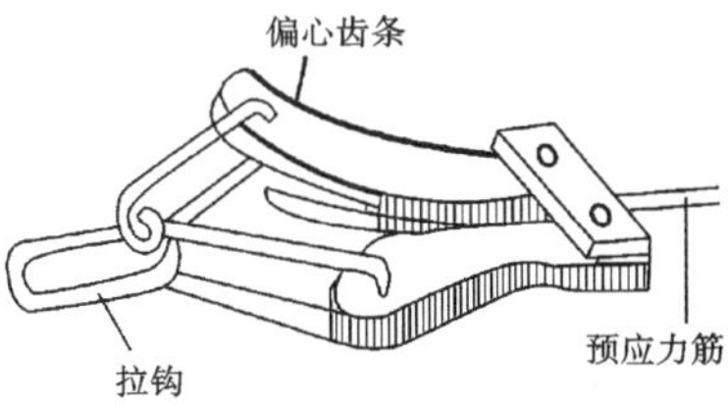

图 5.24　偏心式夹具

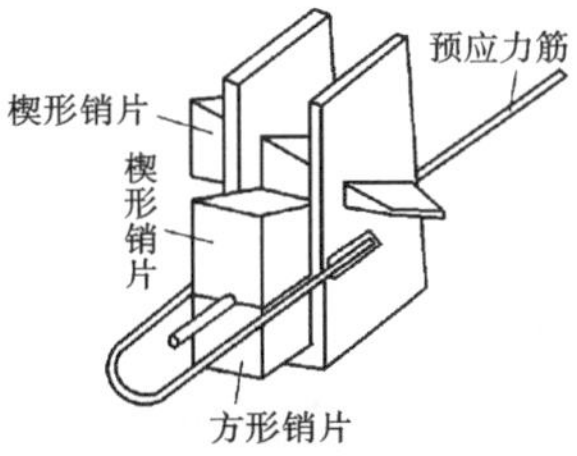

图 5.25　压销式夹具

(二) 预应力混凝土张拉设备

预应力混凝土张拉设备主要有电动张拉设备和液压张拉设备两大类。电动张拉设备仅用于先张法，液压张拉设备可用于先张法与后张法。张拉设备应装有测力仪器，以准确建立预应力值。张拉设备应由专人使用和保管，并定期维护和校验。

(1) 电动张拉设备。常用的电动张拉设备主要有电动螺杆张拉机(图 5.26)、电动卷扬张拉机(图 5.27)等，常用于先张法施工。

图 5.26　电动螺杆张拉机

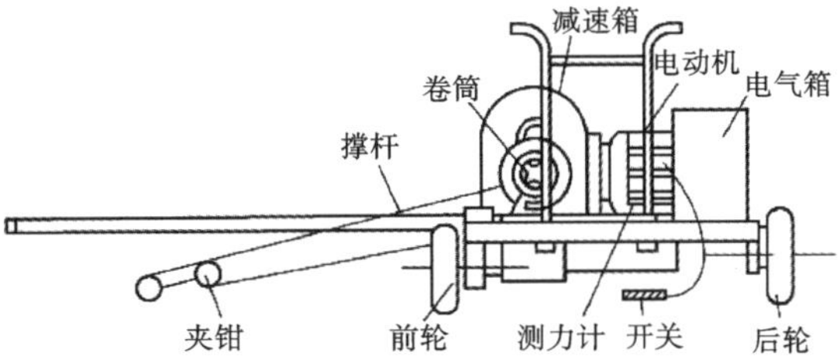

图 5.27　电动卷扬张拉机

(2) 液压张拉设备。液压张拉设备可用于先张法与后张法施工,由液压千斤顶、高压油泵和外接油管组成。

①台座式千斤顶:在先张法台座上整体张拉或放松预应力筋的单作用千斤顶(图5.28)。

②穿心式千斤顶:一种具有穿心孔,利用双液缸张拉预应力筋和顶压锚具的双作用千斤顶(图5.29)。这种千斤顶适应性强,既适用于张拉需要顶压的锚具,配上撑脚与拉杆后,也可用于张拉螺杆锚具和镦头锚具。

图5.28 台座式千斤顶

图5.29 穿心式千斤顶

③锥锚式千斤顶:一种具有张拉、顶锚和退楔功能的三作用千斤顶,仅用于带钢质锥形锚具的钢丝束(图5.30)。

④前卡式千斤顶:一种张拉工具锚内置于千斤顶前端的穿心式千斤顶(图5.31),可自动夹紧和松开工具锚夹片,不仅简化了施工工艺,节省了张拉时间,而且缩短了预应力筋预留张拉长度。前卡式千斤顶主要用于各种有黏结筋和无黏结筋的单根张拉。

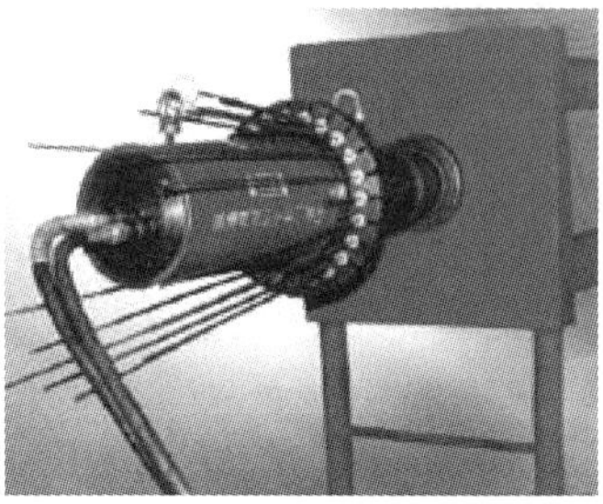

图5.30 锥锚式千斤顶

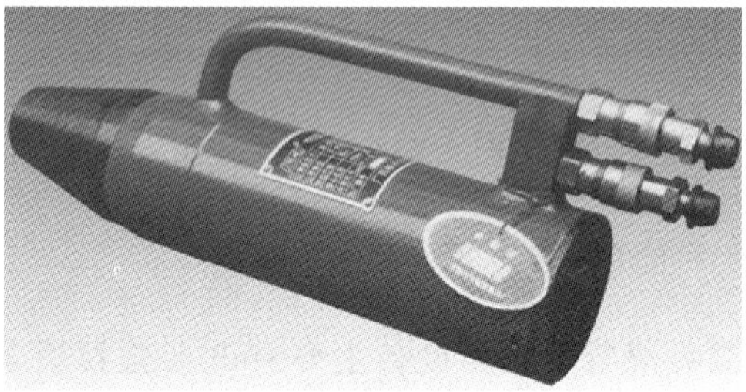

图5.31 前卡式千斤顶

(3) 高压油泵是向液压千斤顶各个油缸供油,使其活塞按照一定速度伸出或回缩的主要设备(图5.32)。油泵的额定压力应等于或大于千斤顶的额定压力。高压油泵的额定压力为40~80 MPa。千斤顶张拉时,张拉力的大小是通过油泵上的油压读数来控制的。油压表的读数表示千斤顶张拉油缸活塞单位面积的油压力。在理论上如已知张拉力 N,活塞面积 A,则可求出张拉时油表的相应读数 P。

图5.32 高压油泵

三、施工工艺流程及要点

(一) 先张法

1. 先张法施工工艺流程

先张法施工工艺流程：台座准备→张拉固定钢筋→浇筑混凝土→养护（至设计强度标准值的 75%）→放张钢筋，如图 5.33 所示。

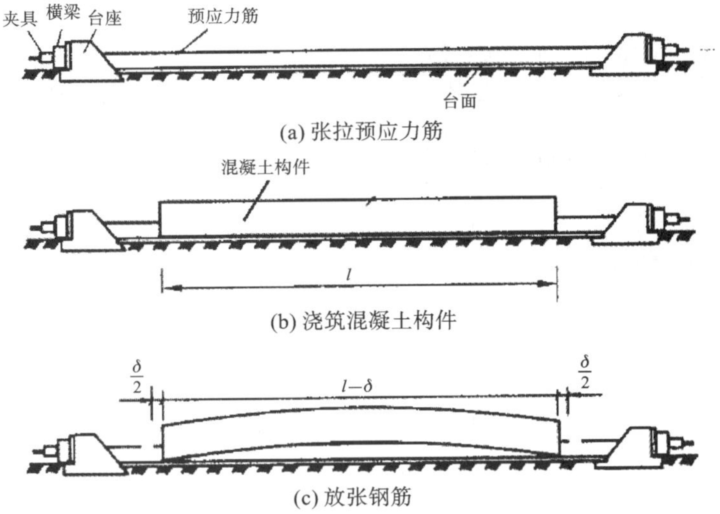

图 5.33　先张法施工工艺流程示意图

2. 先张法施工工艺

(1) 台座准备。

台座由台面、横梁和承力结构组成，按构造形式不同，可分为墩式台座、槽形台座和桩式台座等。台座可成批生产预应力构件。台座承受全部预应力筋的拉力，故台座应具有足够的强度、刚度和稳定性，以免因台座变形、倾覆和滑移而引起预应力的损失。

①要求：有足够的强度、刚度和稳定性；满足生产工艺的要求。

②形式。

a. 墩式台座：由传力墩、台面、横梁组成，长度 100～150 m，宽 2～4 m，适于张拉中、小型构件，如图 5.34 所示。

图 5.34　墩式台座

b. 槽式台座：由端柱、传力柱、横梁和台面组成，既可承受张拉力和倾覆力矩，加盖后又可作为蒸汽养护槽，适于张拉吨位较大的吊车梁、屋架、箱梁等大型预应力混凝土构件。槽式台座长 45～76 m，适于张拉双向预应力构件，易于蒸汽养护。槽式台座如图5.35所示。

③台座稳定性验算。台座稍有变形、滑移、倾角，均会引起较大的应力损失，应进行稳定性验算。稳定性验算包括抗倾覆验算和抗滑移验算。台座的抗倾覆安全系数 K 不小于 1.5；抗滑移安全系数不小于 1.3(台墩与台面共同工作时，预应力筋的张拉力几乎全部传给了台面，可不进行抗滑移验算)。

图 5.35 槽式台座

(2) 预应力筋的铺设。

预应力钢丝和钢绞线下料，应采用砂轮切割机，不得采用电弧切割。长线台座台面在铺设钢丝前应涂隔离剂。隔离剂不应沾污钢丝，以免影响钢丝与混凝土的黏结。如果预应力筋遭受污染，应使用适宜的溶剂清洗干净。在生产过程中，应防止雨水冲刷台面上的隔离剂。

(3) 预应力筋的张拉。

①预应力筋的张拉程序。

预应力筋张拉可按下列之一进行(其中 σ_{con} 为预应力筋的张拉控制应力)。

a. 为了减少应力松弛损失，预应力钢筋宜采用 $0 \to 1.05\sigma_{con}$(持荷 2 min)$\to \sigma_{con}$ 的张拉程序。

b. 预应力钢丝张拉工作量大时，宜采用一次张拉程序：$0 \to 1.03\sigma_{con}$。

超张拉的目的是减少因钢筋松弛变形而造成的预应力损失。持荷 2 min 的目的是加速钢筋松弛的早期发展(第 1 min 内完成损失总值的 50%)。

应力松弛：钢材在常温、高应力状态下，具有不断产生塑性变形的特点，导致钢筋应力下降。

②控制应力及最大应力。

张拉控制应力是指在张拉预应力筋时所达到的规定应力，应按设计规定采用。张拉控制应力的数值直接影响预应力的效果。施工中采用超张拉工艺，使超张拉应力比控制应力高 3%～5%。

预应力筋的张拉控制应力应符合设计要求。施工中预应力筋需要超张拉时，可比设计要求提高 3%～5%，但其最大张拉控制应力不得超过表 5-1 的规定。

表 5-1 最大张拉控制应力允许值

钢筋种类	张拉方法	
	先张法	后张法
消除应力钢丝、钢绞线	$0.75f_{ptk}$	$0.75f_{ptk}$
热处理钢筋	$0.70f_{ptk}$	$0.65f_{ptk}$

③预应力值的校核。

预应力钢绞线的张拉力一般采用伸长值校核(图 5.36)。张拉时预应力筋的理论伸长值与实际伸长值的允许偏差为±6%。

预应力钢丝张拉时,伸长值不作校核。钢丝张拉锚固后,应采用钢丝内力测定仪检查钢丝的预应力值。其偏差不得大于或小于设计规定相应阶段预应力值的 5%。

图 5.36　预应力伸长值的校核

④张拉要点。

a. 张拉时应校核预应力筋的伸长值。实际伸长值与设计计算值的偏差不得超过±6%,否则应停拉。

b. 从台座中间向两侧进行张拉(防止偏心损坏台座)。

c. 多根成组张拉,初应力应一致(测力计抽查)。

d. 拉速平稳,锚固松紧一致,设备缓慢放松。

e. 拉完的筋位置偏差不大于 5 mm,且不大于构件截面短边的 4%。

f. 冬季张拉时,温度不低于−15 ℃。

g. 注意安全:两端严禁站人,敲击楔块不得过猛。

(4) 混凝土浇筑与养护。

①混凝土一次浇完,混凝土等级不低于 C30。

②防止较大徐变和收缩:选收缩变形小的水泥,水灰比不大于 0.5,级配良好,振捣密实(特别是端部)。

a. 混凝土收缩:水泥浆在硬化过程中脱水密结和毛细孔压缩的结果。

b. 混凝土徐变:混凝土在荷载长期作用下产生的塑性变形。

③采用机械振捣密实时,要避免碰撞钢丝。混凝土未达到一定强度前,不允许碰撞或踩踏钢丝。

④减少应力损失:非钢模台座生产,采取二次升温养护(开始温差不高于 20 ℃,达 10 MPa后按正常速度升温)。

(5) 预应力筋放张。

①条件:混凝土达到设计规定且不小于设计强度标准值的 75%后。

②放张顺序。

a. 预应力筋放张时,应缓慢放松锚固装置,使各根预应力筋缓慢放松。

b. 预应力筋放张顺序应符合设计要求,当设计未规定时,可按下列要求进行:(a)承受轴心预应力构件的所有预应力筋应同时放张;(b)承受偏心预压力的构件,应先同时放张预压力较小区域的预应力筋,再同时放张预压力较大区域的预应力筋;(c)不能满足上述两项要求时,应分阶段、对称、交错地放张,以防止在放张过程中构件产生弯曲、裂纹和预应力筋断裂;(d)长线台座生产的钢弦构件,剪断钢丝宜从台座中部开始;(e)叠层生产的预应力构件,宜按自上而下的顺序放松;板类构件应从两边向中心逐渐、对称地放松。

③放张方法。

a. 对于中、小型预应力混凝土构件,预应力钢丝的放张宜从生产线中间处开始,以减少回弹量且有利于脱模;对于大型预应力混凝土构件,应从外向内对称、交错逐根放张,以免构件扭转、端部开裂或钢丝断裂。

b. 单根预应力筋一般采用千斤顶放张,如图 5.37(a)所示。

c. 构件预应力筋较多时,整批同时放张可采用砂箱、楔块等放松装置。砂箱放张装置如图 5.37(b)所示。楔块放张装置如图 5.37(c)所示。

除此之外,还可用锯断、剪断、熔断(仅限于Ⅰ～Ⅲ级冷拉筋)方法放张,但对钢丝、热处理钢筋,不得用电弧切割。

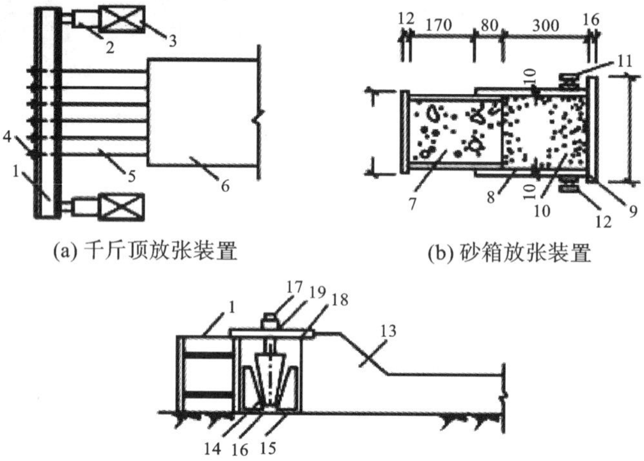

(a) 千斤顶放张装置

(b) 砂箱放张装置

(c) 楔块放张装置

图 5.37 预应力放张装置

1—横梁;2—千斤顶;3—承力架;4—夹具;5—钢丝;6—构件;7—活塞;8—套箱;
9—套箱底板;10—砂;11—进砂口(W25 螺丝);12—出砂口(M16 螺丝);13—台座;
14.15—钢固定楔块;16—钢滑动楔块;17—螺杆;18—承力板;19—螺母

(二) 后张法

1. 后张法施工工艺流程

后张法施工工艺流程:浇筑混凝土结构或构件(留孔)→养护拆模→(达设计强度标准值的 75%后)穿筋张拉→固定→孔道灌浆→移动、吊装(砂浆强度达 15 N/mm²,混凝土强度达 100%后)。后张法适用于大型构件及结构的现场施工(预制拼装、结构张拉)。后张法施工工艺流程如图 5.38 所示。

2. 后张法施工工艺

后张法施工工艺与预应力施工有关的主要是孔道留设、预应力筋张拉和孔道灌浆三部分。

(1) 孔道留设。

①孔道留设的基本要求。

构件中留设孔道主要为穿预应力钢筋(束)及张拉锚固后灌浆用,孔道留设的基本要求:

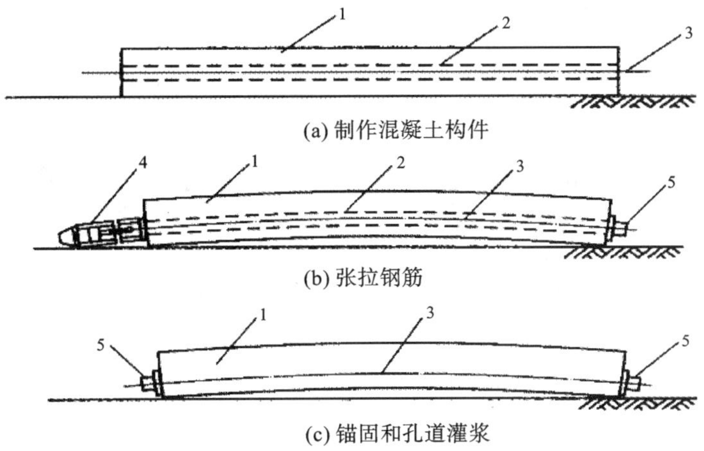

图 5.38　后张法施工工艺流程示意图

a. 孔道直径应保证预应力筋(束)能顺利穿过；

b. 孔道应按设计要求的位置、尺寸埋设准确、牢固，浇筑混凝土时不应出现移位和变形；

c. 在设计规定位置上留设灌浆孔；

d. 在曲线孔道的曲线波峰部位应设置排气兼泌水管，必要时可在最低点设置排水管；

e. 灌浆孔及泌水管的孔径应能保证浆液畅通。

②孔道留设的方法。

预留孔道形状有直线形、曲线形和折线形。孔道留设方法、直径与布置根据构件的受力性能、张拉锚固体系特点及尺寸确定。粗钢筋的孔道直径应比对焊接头外径或需穿过孔道的锚具、连接器外径大 10～15 mm；钢丝、钢铰线的孔道直径应比预应力束外径或锚具外径大 5～10 mm，且孔道面积宜为预应力筋净面积的 3～4 倍。孔道至构件边缘的净距不小于 40 mm，孔道之间的净距不小于 50 mm；端部的预埋钢板应垂直于孔道中心线；凡需起拱的构件，预留孔道应随构件同时起拱。

孔道成型的要求是：孔道的尺寸与位置正确，孔道平顺，接头不漏浆。

孔道成型方法有钢管抽芯法、胶管抽芯法和预埋管法。

a. 钢管抽芯法。

预先将平直、表面圆滑的钢管埋设在模板内预应力筋孔道位置上，用间距不大于 1 m 的井字钢筋架固定在构件中，在开始浇筑至浇筑后拔管前，间隔一定时间(一般 15 min)缓慢、匀速地转动钢管；在混凝土初凝后至终凝前，用卷扬机匀速拔出钢管，即在构件中形成孔道。钢管抽芯法只用于留设直线孔道，钢管长度不宜超过 15 m，钢管两端各伸出构件 500 mm 左右，以便转动和抽管，构件较长时，可采用两根钢管，中间用套管连接(图 5.39、图 5.40)。

抽管时间与水泥品种、浇筑气温和养护条件有关。采用钢筋束镦头锚具和锥形螺杆锚具留设孔道时，张拉端的扩大孔也可用钢管成型，留孔时应注意端部扩孔应与中间孔道同心。抽管时机：初凝后、终凝前，以手指按压混凝土无明显压痕又不沾浆为准；常温下一般在混凝土浇筑后 3～5 h。抽管顺序：先上后下；先中间后周边；当部分孔道有扩孔时，先抽无扩孔管道，后抽扩孔管道。抽管时边抽边转、速度均匀、与孔道成一直线。

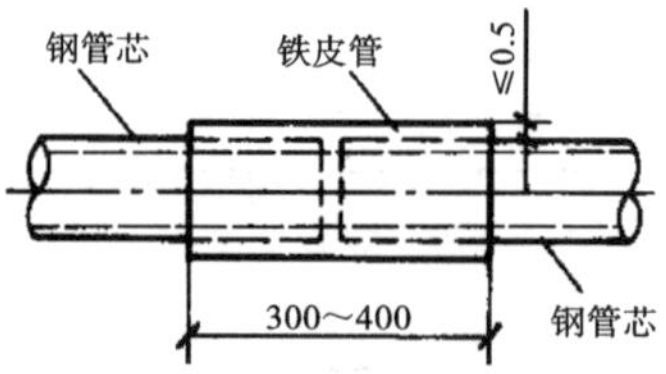

图 5.39　钢管连接

图 5.40　钢管抽芯法

b. 胶管抽芯法。

胶管可采用夹布胶管或钢丝网胶管两种。使用前，一端封堵，另一端与阀门连接，充水(气)加压至 0.5～0.8 MPa，使胶皮管直径增大约 3 mm。构件中用井字钢筋架固定，间距不大于 0.6 m；用于直线形、曲线形或折线形孔道成型。胶管一端密封，另一端接上阀门，安放在孔道设计位置上；在混凝土初凝后、终凝前，将胶管阀门打开放水(或放气)降压，胶管回缩与混凝土自行脱落(图 5.41、图 5.42)。一般按先上后下、先曲后直的顺序将胶管抽出。

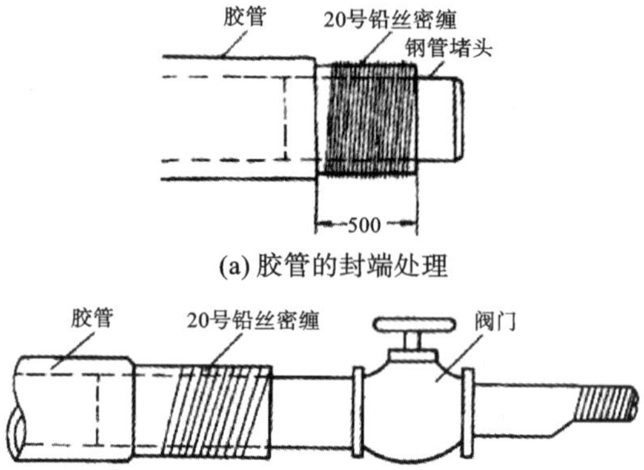

(a) 胶管的封端处理

(b) 胶管与阀门连接

图 5.41　胶管端头

图 5.42　胶管抽芯法

c. 预埋管法。

预埋管法是用井字钢筋架将黑铁皮管、薄钢管或金属波纹管(图 5.43)固定在设计位置上，在混凝土构件中埋管成型的一种施工方法。对于预埋管法，黑铁皮管、薄钢管或金属波纹管等埋入后不再抽出。预埋管法可用于各类形状的孔道，是目前大力推广的孔道留设方法。

波纹管要求：在 1 kN 径向力作用下不变形，使用前进行灌水试验，检查有无渗漏，防止水泥浆流入管内堵塞孔道；安装就位过程中避免反复弯曲，以防管壁开裂。

构件中固定：用井字钢筋架固定，间距不大于 1.0 m；波纹管固定后，必须用铅丝将其与钢筋扎牢，防止浇筑混凝土时因波纹管上浮而造成严重事故。

③灌浆孔、排气孔与泌水孔。

在孔道留设的同时应留设灌浆孔、排气孔与泌水孔(图 5.44)。

灌浆孔：一般在构件两端和中间每隔 12 m 设置一个灌浆孔，孔径 20～25 mm（与灌浆机输浆管口外径相适应），用木塞留设。曲线孔道应在最低点设置灌浆孔，以利于排出空气，保证灌浆密实；一个构件有多根孔道时，其灌浆孔不应集中留在构件的同一截面上，以免构件截面削弱过大。灌浆孔的方向应使灌浆时水泥浆自上而下垂直或倾斜注入孔道；对于灌浆孔的最大间距，抽芯成孔的不宜大于 12 m，预埋金属波纹管的不大于 30 m。

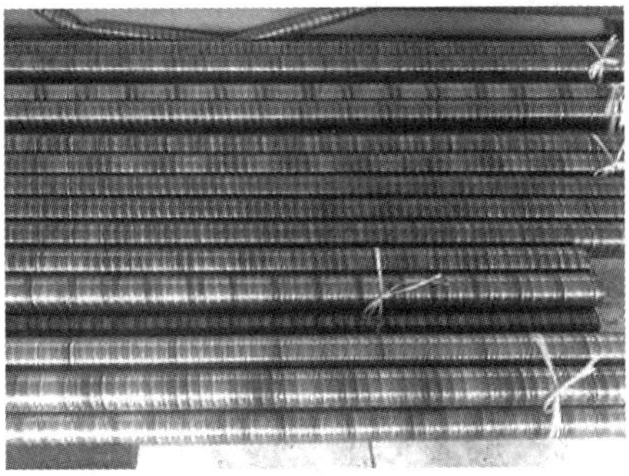

图 5.43　金属波纹管

图 5.44　金属波纹管的灌浆孔、排气孔与泌水孔

排气孔与泌水孔：构件的两端留设排气孔，曲线孔道的峰顶处应留设排气兼泌水孔，必要时可在最低点设置排水孔。

(2) 预应力筋张拉。

①张拉条件：

a. 结构的混凝土强度符合设计要求或达 75%设计强度标准值；

b. 做好各种准备工作。

②后张法张拉控制应力和超张拉最大应力见表 5-2。

表 5-2　后张法张拉控制应力和超张拉最大应力

预应力筋种类	σ_{con}	σ_{max}
碳素钢丝、刻痕钢丝、钢绞线	$0.7f_{ptk}$	$0.75f_{ptk}$
热处理钢筋、冷拔低碳钢丝	$0.65f_{ptk}$	$0.7f_{ptk}$
冷拉钢筋	$0.85f_{ptk}$	$0.9f_{ptk}$

③张拉方法。

对于曲线预应力筋和长度大于 24 m 的直线预应力筋，应采用两端同时张拉的方法；长度小于或等于 24 m 的直线预应力筋，可一端张拉，但张拉端宜分别设置在构件两端。

对于预埋波纹管孔道曲线预应力筋和长度大于 30 m 的直线预应力筋宜在两端张拉，长度等于或小于 30 m 的直线预应力筋可在一端张拉。

安装张拉设备时，对于直线预应力筋，应使张拉力的作用线与孔道中心线重合；对于曲线预应力筋，应使张拉力的作用线与孔道中心线末端的切线方向重合（图 5.45）。

④预应力筋张拉操作程序根据构件类型、张拉锚固体系、松弛损失等因素确定（图 5.46、图 5.47）。

a. 采用低松弛钢丝和钢绞线时，张拉程序为：$0 \rightarrow P_j$ 锚固。其中，$P_j = \sigma_{con} \times A_P$（预应力筋截面积）。

图 5.45　千斤顶安装

b. 采用普通松弛预应力钢筋时，按超张拉程序。

对镦头锚具等可卸载锚具：0→1.05P_j(持荷 2 min)→P_j→锚固。

对夹片锚具等不可卸载锚具：0→1.03P_j→锚固。

图 5.46　复核伸长率

图 5.47　拉力控制

⑤张拉安全事项。

在张拉构件的两端应设置保护装置，如用麻袋、草包装土筑成土墙，以防止螺帽滑脱、钢筋断裂飞出伤人；在张拉操作中，预应力筋的两端严禁站人，操作人员应在侧面工作。

(3) 孔道灌浆。

预应力筋张拉后，应尽快进行孔道灌浆：一是可保护预应力筋以免锈蚀，二是使预应力筋与混凝土有效黏结，控制超载时裂缝的间距与宽度，减轻梁端锚具的负荷情况。灌浆料应采用强度等级不低于 32.5 级的普通硅酸盐水泥配制，水灰比不大于 0.45，搅拌后 3 h 泌水率不宜大于 2%，且不应大于 3%。泌水应能在 24 h 内全部重新被水泥浆吸收。灌浆用水泥砂浆的抗压强度不应小于 30 N/mm^2。

图 5.48　灰浆泵

预应力筋张拉后，应尽快用灰浆泵(图 5.48)将水泥浆压灌到预应力孔道中。灌浆用水泥浆应有足够的黏结力，且应有较大的流动性、较小的干缩性和泌水性。

灌浆前应全面检查构件孔道及灌浆孔、泌水孔、排气孔是否畅通，对抽芯成孔的孔道采用压力水冲洗湿润，对预埋波纹管孔道可用压缩空气清孔。宜先灌下层孔道，后灌上层孔道。灌浆工作应缓慢均匀进行，不得中断，并应排气通顺，在出浆口冒出浓浆并封闭排气口后，继续加压至 0.5～0.7 N/mm^2，稳压 2 min，再封闭灌浆孔。

(4) 后张法施工注意事项。

①后张法预应力构件，断裂或滑脱的数量严禁超过同一截面预应力筋总根数的 3%，且每束钢丝不得超过一根(对于多跨双向连续板，其同一截面应按每跨计算)。

②预应力筋张拉锚固后实际建立的预应力值与设计规定检验值的相对允许误差为±5%。同一检验批内抽查预应力筋总数的 3%，且不少于 5 束。

③后张法预应力筋锚固后的外露部分宜用机械方法切割，其外露长度不宜小于预应力筋的 1.5 倍，且不小于 30 mm。长期的锚具可涂刷防锈油漆或用封端混凝土封裹。

④现浇混凝土构件的侧模板宜在预应力张拉前拆除，底模支架拆除时，孔道灌浆强度不应低于 15 N/mm^2。

⑤金属波纹管或无黏结预应力筋铺设后，其附近不得进行电焊作业，否则应采取防护措施。

⑥混凝土浇筑时，应防止振动器触碰金属波纹管、无黏结预应力筋或端部预埋件，不得踏压或碰撞预应力筋、钢筋支架。

(三) 无黏结预应力混凝土施工

无黏结预应力混凝土施工是在混凝土浇筑前将预应力筋铺设在模板内，然后浇筑混凝土，待混凝土达到设计规定强度后进行预应力筋的张拉锚固的施工方法。该工艺无须预留孔道及灌浆，预应力筋易弯成所需的多跨曲线形状，施工简单、方便，适用于双向连续平板、密肋板和多跨连续梁等现浇混凝土结构。

1. 无黏结预应力筋的制作

预应力筋主要采用钢绞线和高强钢丝，采用钢绞线时张拉端采用夹片式锚具(XM型锚具)，埋入端采用压花式埋入锚具；钢丝束的张拉端和埋入端均采用夹片式或镦头式锚具。

无黏结预应力筋是由 7 根 ϕ5 mm 高强钢丝组成的钢丝束或扭结成的钢绞线，通过专门设备涂包涂料层和包裹外包层构成的(图 5.49)。涂料层一般采用防腐沥青。无黏结预应力混凝土中，锚具必须具有可靠的锚固能力，要求不低于无黏结预应力筋抗拉强度的 95%。

图 5.49 无黏结预应力筋

2. 无黏结预应力筋的铺设

无黏结预应力筋通常在底部非预应力筋铺设后、水电管线铺设前进行铺设(图 5.50)，支座处负弯矩钢筋最后铺设。无黏结预应力筋应严格按照设计要求的曲线形状就位并固定牢靠，其竖向位置宜用支撑钢筋或钢筋马凳控制，保证无黏结预应力筋的曲线顺直。经检查无误后，用铅丝将无黏结预应力筋与非预应力筋绑扎牢固，防止钢丝束在浇筑混凝土过程中移位。

3. 无黏结预应力筋的张拉

无黏结预应力筋的张拉程序与有黏结后张法基本相同。无黏结预应力混凝土楼盖结构的张拉顺序：宜先张拉楼板，后张拉楼面梁。板中的无黏结预应力筋可依次张拉，梁中的无黏结预应力筋宜对称张拉。板中的无黏结预应力筋一般采用前卡式千斤顶单根张拉(图 5.51)，并用单孔式夹片锚具锚固；无黏结曲线预应力筋长度超过 35 m 时，宜两端张拉，超过 70 m 时宜分段张拉。

图 5.50　无黏结预应力筋铺设

图 5.51　无黏结预应力筋张拉

4. 锚头端部处理

无黏结预应力钢丝束两端在构件上预留有一定长度的孔道，其直径略大于锚具的外径。钢丝束张拉锚固后端部便留下孔道，该部分钢丝没有涂层，应封闭处理以保护预应力钢丝。无黏结预应力束锚头端部处理，目前常采用两种方法：第一种方法是在孔道中注入油脂并加以封闭，如图 5.52 所示；第二种方法是在两端留设的孔道内注入环氧树脂水泥砂浆，其抗压强度不低于 35 MPa，灌浆的同时将锚头封闭，防止钢丝锈蚀，同时也起一定的锚固作用，如图 5.53 所示。

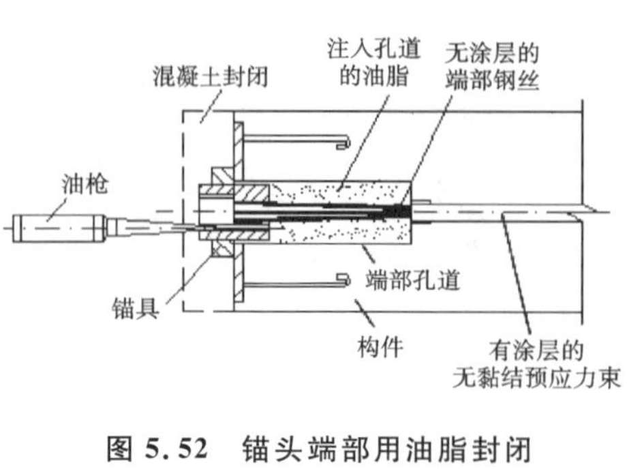

图 5.52　锚头端部用油脂封闭

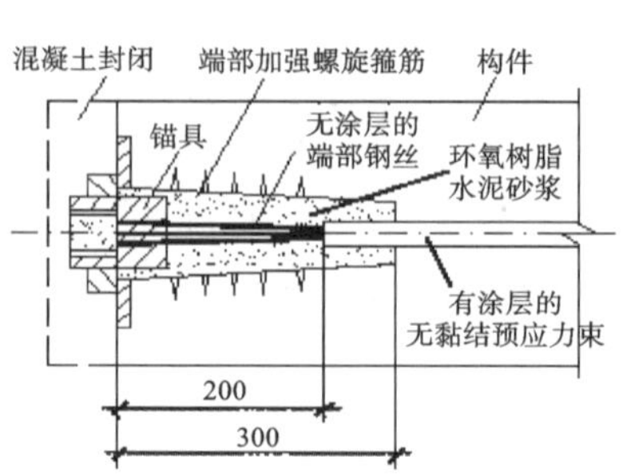

图 5.53　锚头端部用环氧树脂水泥砂浆封闭

思考

1. 为防止分层离析，浇筑混凝土时对倾落高度有什么要求？
2. 泵送混凝土施工前管道应如何润滑？
3. 泵送混凝土的施工顺序是什么？
4. 混凝土施工缝应设置在什么部位？
5. 在继续浇筑混凝土时，施工缝处如何处理？
6. 大体积混凝土浇筑方案有哪几种？
7. 插入式振捣器操作要点是什么？
8. 什么是混凝土的自然养护？混凝土浇筑后对养护时间有什么要求？
9. 混凝土标准养护和同条件养护试块对留置方式和取样数量有什么要求？

参 考 文 献

[1] 《建筑施工手册》编委会. 建筑施工手册[M]. 5 版. 北京：中国建筑工业出版社，2013.

[2] 中华人民共和国住房和城乡建设部. 建筑地基基础工程施工质量验收标准：GB 50202－2018[S]. 北京：中国计划出版社，2018.

[3] 中华人民共和国住房和城乡建设部. 建筑基坑支护技术规程：JGJ 120－2012[S]. 北京：中国建筑工业出版社，2012.

[4] 中华人民共和国住房和城乡建设部. 建筑地基处理技术规范：JGJ 79－2012[S]. 北京：中国建筑工业出版社，2013.

[5] 广西壮族自治区质量技术监督局. 建筑基坑工程安全管理规范：DB45/T 960－2014 [S]. 南宁：广西科学技术出版社，2014.

[6] 陈刚. 混凝土结构工程施工[M]. 2 版. 北京：化学工业出版社，2015.

[7] 广西壮族自治区质量技术监督局. 建筑施工模板及作业平台钢管支架构造安全技术规范：DB45/T 618—2009[S]. 南宁：广西科学技术出版社，2010.

[8] 中华人民共和国住房和城乡建设部. 建筑施工扣件式钢管脚手架安全技术规范：JGJ 130—2011[S]. 北京：中国建筑工业出版社，2011.

[9] 中华人民共和国住房和城乡建设部. 建筑施工模板安全技术规范：JGJ162—2008 [S]. 北京：中国建筑工业出版社，2008.

[10] 中华人民共和国住房和城乡建设部. 混凝土结构工程施工质量验收规范：GB 50204—2015[S]. 北京：中国建筑工业出版社，2015.

[11] 中华人民共和国住房和城乡建设部. 钢框胶合板模板技术规程：JGJ 96—2011 [S]. 北京：中国建筑工业出版社，2011.

[12] 国家市场监督管理总局，中国国家标准化管理委员会. 混凝土模板用胶合板：GB/T17656—2018[S]. 北京：中国标准出版社，2018.